U0365523

高职高专生物类专业教材系列

生物分离与纯化技术

付晓玲　主编

余彩霞　王海峰　副主编

科学出版社

北　京

内 容 简 介

本书概述了生物分离与纯化技术的研究内容、一般工艺流程及学习方法。以生物分离纯化技术的基本内容为主线，分章阐述了细胞破碎、沉淀、萃取、过滤与膜分离、色谱分离、浓缩、干燥和结晶等分离纯化技术的基本原理、基本操作和典型设备以及在生物技术中的具体应用，并适当介绍了有关新知识、新技术和新方法。各章有小结和复习思考题，并附有综合实训内容，以强化学生理论知识的掌握和实际技能的培养。

本书可作为食品生物类专业高职高专教材，也可供相关行业技术人员参考。

图书在版编目（CIP）数据

生物分离与纯化技术/付晓玲主编. —北京：科学出版社，2012
（高职高专生物类专业教材系列）
ISBN 978-7-03-033775-7

Ⅰ.①生… Ⅱ.①付… Ⅲ.①生物工程-分离-高等职业教育-教材②生物工程-提纯-高等职业教育-教材 Ⅳ.①Q81

中国版本图书馆 CIP 数据核字（2012）第 039937 号

责任编辑：沈力匀 / 责任校对：耿　耘
责任印制：吕春珉 / 封面设计：北京东方人华平面设计部

科学出版社 出版
北京东黄城根北街 16 号
邮政编码：100717
http://www.sciencep.com

新科印刷有限公司 印刷
科学出版社发行　各地新华书店经销

*

2012 年 5 月第　一　版　开本：787×1092 1/16
2019 年 7 月修　订　版　印张：13 1/4
2022 年 8 月第六次印刷　字数：320 000

定价：41.00 元

（如有印装质量问题，我社负责调换〈新科〉）
销售部电话 010-62142126　编辑部电话 010-62135235（VP04）

前言

生物分离与纯化技术是一门既古老又年轻的学科，是食品、生物工业下游技术的核心组成部分。为了适应食品生物科学发展的需要，适应高等职业教育教学改革的需要，我们在多年的教学和科研实践基础上，参考了相关的教材、专著和文献资料，并吸收本学科领域最新的知识与成就，编写了这本针对生物类专业的《生物分离与纯化技术》。

全书强调以“宽基础、重实践、引思考、便于教学、可读性强”的原则，使用和技术相结合，技术和产业相结合，贯彻基本理论“够用、实用”的指导思想，力求能够充分体现职业技术教育紧密联系生产、管理一线的特点，以有效满足食品生物类专业高职学生的学习需求。

本书共分为十章，首先概述分离与提纯技术的研究内容、发展动态，分离与提纯技术的基本过程和基本方法；并以分离提纯技术的基本过程为主线，分章论述了细胞破碎技术、沉淀技术、萃取技术、过滤与膜分离技术、色谱分离技术、浓缩与干燥技术、结晶技术；为加强实际技能的训练，在本书最后设计了实验两章。

本课程适宜学生在学完物理化学、微生物学、生物化学、化工原理、生物（发酵）工艺原理等课程后进行学习。

参加本书编写的有四川工商职业技术学院的付晓玲、余彩霞，包头轻工职业技术学院的王海峰，山西轻工职业技术学院的王以强，广东农工商职业技术学院的聂燕华和湖北轻工职业技术学院的赵锦。各位编写人员扎实的专业功底、严谨的治学态度以及认真负责的工作态度为本书的顺利完成奠定了坚实的基础，同时科学出版社的编辑们为本书的顺利出版也做了大量细致的工作，在此一并表示衷心的感谢！

鉴于编者水平有限，不妥之处在所难免，恳请读者批评指正。

前 言

目　录

前言
第一章　绪论 …… 1
一、什么是生物分离与纯化技术 …… 1
二、为什么学习生物的分离与纯化技术 …… 1
三、生物分离与纯化技术的研究内容及工艺特点 …… 1
四、怎样学习生物的分离与纯化技术 …… 6
第二章　细胞破碎技术 …… 8
第一节　细胞壁成分和结构 …… 8
一、微生物细胞 …… 8
二、植物细胞 …… 11
第二节　细胞破碎技术 …… 11
一、机械法 …… 12
二、非机械法 …… 15
第三节　破碎率的评价及破碎方法的选择依据 …… 18
一、细胞破碎率的评价 …… 18
二、破碎方法的选择依据 …… 19
三、细胞破碎方法的研究方向 …… 20
第三章　沉淀技术 …… 23
第一节　盐析法 …… 23
一、基本原理 …… 23
二、盐析常用的无机盐种类及其选择 …… 25
三、盐析的影响因素 …… 26
四、盐析操作过程 …… 28
五、盐析后的处理工作 …… 30
第二节　有机溶剂沉淀法 …… 31
一、基本原理 …… 31
二、常用有机溶剂及其选择 …… 32
三、有机溶剂沉淀的影响因素 …… 32
四、有机试剂沉淀的操作过程 …… 34
五、有机溶剂沉淀实例 …… 34
第三节　其他沉淀方法 …… 35
一、选择性变性沉淀法 …… 35
二、等电点沉淀法 …… 35

三、有机聚合物沉淀法 …… 37
四、金属离子沉淀法 …… 38
第四章　萃取技术 …… 40
第一节　概述 …… 40
一、基本概念 …… 40
二、基本原理 …… 41
三、液-液萃取的操作过程 …… 41
四、液-液萃取的基本流程 …… 42
五、液-液萃取的影响因素 …… 44
第二节　双水相萃取 …… 47
一、基本原理 …… 47
二、双水相萃取的特点 …… 48
三、双水相萃取操作过程 …… 49
四、双水相萃取的影响因素 …… 51
五、双水相萃取应用实例 …… 52
第三节　反胶团萃取技术 …… 53
一、反胶团萃取的原理 …… 54
二、反胶团体系的分类 …… 55
三、反胶团萃取蛋白质的过程 …… 56
四、影响反胶团萃取蛋白质的主要因素 …… 56
五、反胶团技术的应用 …… 57
第四节　超临界流体萃取 …… 58
一、超临界流体 …… 59
二、超临界流体萃取原理 …… 60
三、影响因素 …… 60
四、超临界流体萃取操作过程 …… 62
五、超临界流体萃取应用实例 …… 65
六、展望 …… 67
第五节　其他萃取技术 …… 68
一、浸取技术 …… 68
二、液膜萃取技术 …… 71
第五章　过滤与膜分离技术 …… 78
第一节　过滤技术 …… 78
一、过滤介质 …… 78
二、过滤基本原理 …… 79
三、过滤的方法 …… 80
四、过滤的影响因素 …… 82
五、过滤设备 …… 83

第二节　膜分离 …… 87
一、膜分离概述 …… 87
二、微滤技术 …… 95
三、超滤技术 …… 97
四、透析技术 …… 101
五、其他过滤技术 …… 104
第六章　色谱分离技术 …… 112
第一节　概述 …… 112
一、色谱分离技术的概念 …… 112
二、色谱分离技术的常用术语 …… 112
三、色谱分离技术的分类 …… 113
第二节　吸附色谱法 …… 114
一、基本原理 …… 114
二、分类 …… 115
三、吸附色谱法的应用 …… 123
第三节　离子交换色谱法 …… 123
一、离子交换色谱法的分离原理 …… 123
二、离子交换树脂的分类及常见种类 …… 124
三、离子交换色谱法的操作过程 …… 127
四、离子交换色谱法的应用 …… 129
第四节　凝胶色谱法 …… 130
一、基本原理 …… 130
二、凝胶应具备的条件 …… 130
三、凝胶的种类及性质 …… 131
四、凝胶色谱法的操作技术 …… 134
五、凝胶色谱法的应用 …… 136
第五节　亲和色谱法 …… 137
一、分离原理 …… 138
二、亲和色谱法的操作 …… 139
三、亲和色谱法的应用 …… 142
第六节　高效液相色谱法 …… 143
一、HPLC 特点 …… 143
二、HPLC 的分类及基本原理 …… 144
三、高效液相色谱仪的基本部件 …… 144
四、固定相 …… 146
五、流动相 …… 146
六、HPLC 的具体操作 …… 147
七、HPLC 的应用 …… 149

第七章　浓缩与干燥技术 ……… 151
第一节　浓缩技术 ……… 151
一、蒸发浓缩 ……… 151
二、冷冻浓缩 ……… 153
三、其他浓缩 ……… 154
第二节　干燥技术 ……… 154
一、概述 ……… 154
二、对流干燥 ……… 159
三、微波干燥 ……… 162
四、冷冻干燥 ……… 163
第八章　结晶技术 ……… 166
第一节　结晶基本理论 ……… 166
一、基本概念 ……… 166
二、结晶过程分析 ……… 168
第二节　结晶操作类型 ……… 173
一、分批结晶 ……… 173
二、连续结晶 ……… 174
三、影响晶体质量的因素及其控制 ……… 175
第三节　结晶设备 ……… 177
一、结晶设备的类型 ……… 177
二、典型结晶设备介绍 ……… 177
第九章　基础实验篇 ……… 182
实验一　酵母细胞的破碎及破碎率的测定 ……… 182
实验二　牛奶中酪蛋白粗品的制备 ……… 183
实验三　青霉素的萃取与萃取率的计算 ……… 184
实验四　纸层析法分离氨基酸 ……… 186
实验五　离子交换色谱分离氨基酸 ……… 188
实验六　凝胶色谱法分离蛋白质 ……… 189
第十章　综合实验篇 ……… 192
实验一　从番茄中提取番茄红素和β-胡萝卜素 ……… 192
实验二　酵母蔗糖酶的分离纯化 ……… 195
主要参考文献 ……… 200

第一章　绪　　论

一、什么是生物分离与纯化技术

生物分离与纯化技术是指从含有目的产物的发酵液、酶反应液或动植物细胞培养液中提取、精制并加工成高纯度的、符合规定要求的各种产品的生产技术，又称生物下游加工技术。

二、为什么学习生物的分离与纯化技术

早在数千年前，我们的祖先就已利用世代相传的经验和技艺制作生活中需要的物质。例如，从植物中提取药物；酿造葡萄酒时用布袋过滤葡萄汁……。但这些早期的人类生产活动都是以分散的手工业方式进行的，尚未形成科学的体系。后来，人们通过生产实践，发现不同产品的生产过程其实都是由许多相似的过程构成的，由此提出了单元操作的概念。也就是说，生物的分离与纯化技术是一门以单元操作为主线，研究生物物质的分离和纯化方法的技术学科。

生物技术是一门新兴的综合性学科，是人们利用微生物、动植物体对物质原料进行加工，以提供产品来为社会服务的技术，其中包括基因工程、细胞工程、发酵工程、酶工程和蛋白质工程五大板块。而在自然界中，许多天然物质都是以混合物的形式存在于生物材料中，要从其中获得具有使用价值的一种或几种产品，必须对混合物进行分离和提纯，才能使加工过程进行下去，最终获得符合使用要求的产品。也就是说，人们要想利用生物技术制备目的产品，就必须依靠分离与纯化技术中的各单元操作。由此可见，生物技术和生物的分离与纯化技术具有密切的联系，没有分离与纯化技术，生物技术就无法提供产品为社会服务。

三、生物分离与纯化技术的研究内容及工艺特点

（一）生物分离与纯化技术的研究内容

生物分离与纯化技术是以多组分、低浓度的生物材料为研究对象，以分离单元操作为主线构建其理论体系的。因此，本书需要掌握的知识及实验技能见图 1-1。

（二）生物分离与纯化技术的一般工艺

与一般的化学分离技术相比，生物分离过程具有以下特点：①生物材料组成非常复杂，所含杂质很高，目的物浓度很低，致使分离操作步骤多，不易获得高收率。②生物活性成分离开生物体后，易变性、失活。因此，在生物制品的制备过程中，所用的操作方法通用性较差，常无固定的操作方法可循。但尽管如此，细究多种生物制品的制备过

程，却不难发现生物制品的制备常有一定的规律可循。图 1-2 即为生物制品分离的一般工艺流程。

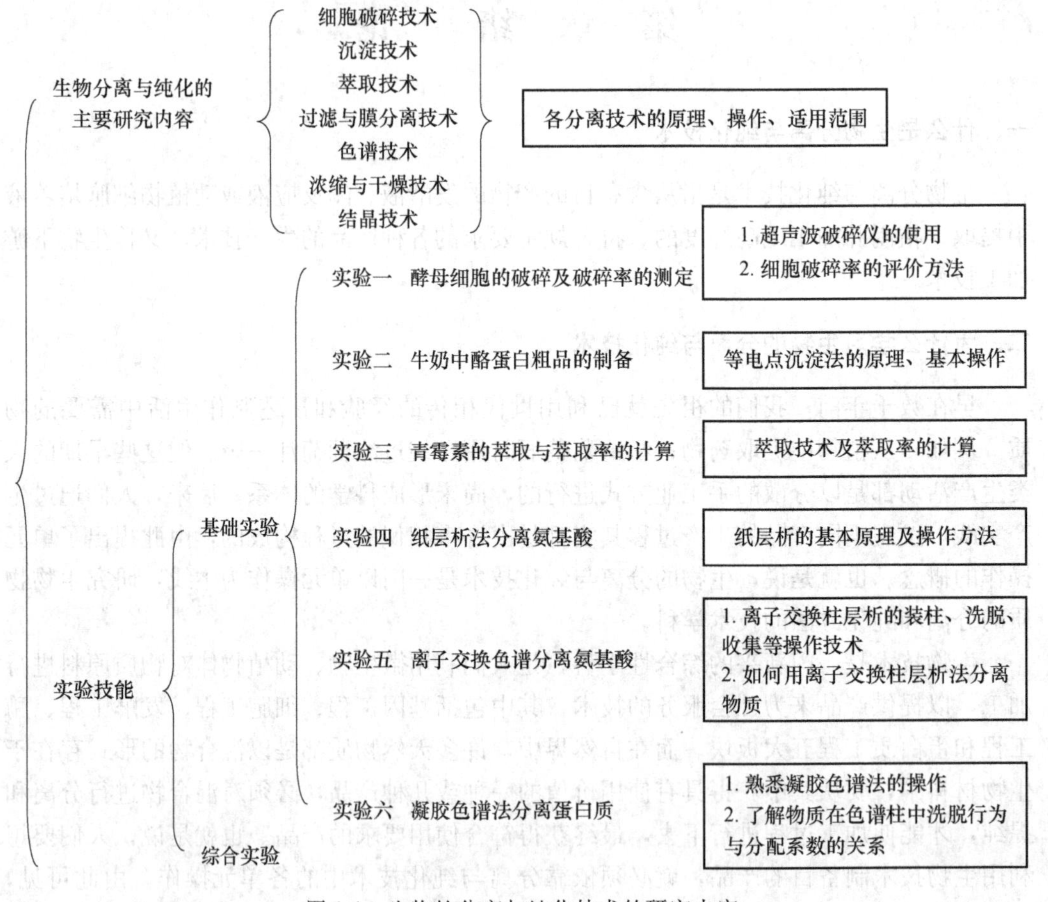

图 1-1 生物的分离与纯化技术的研究内容

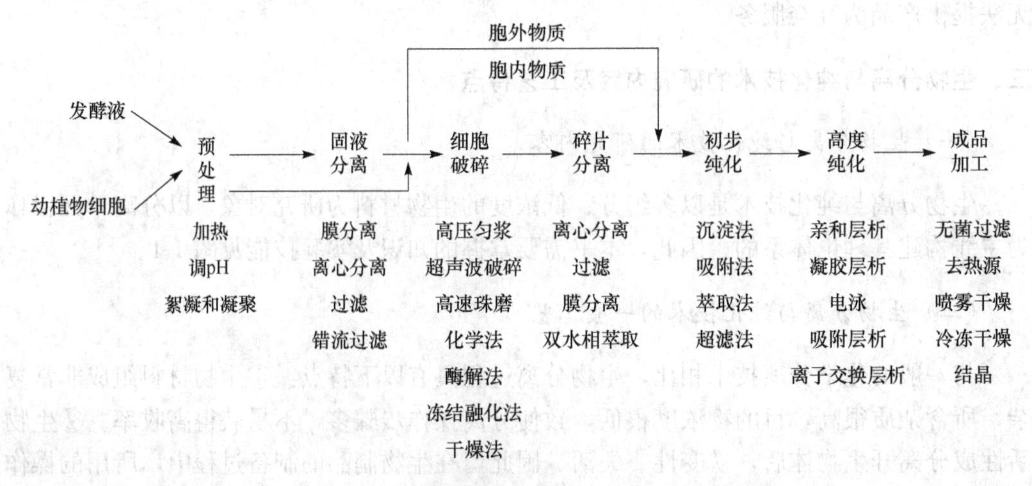

图 1-2 生物制品分离的一般工艺流程

（三）生物制品分离工艺要点

由图 1-2 可知：生物制品的分离提纯过程主要包括预处理、固液分离、初步纯化、精制（高度纯化）、成品加工五个阶段，每个阶段又有多种处理方法可供选择。也就是说，在实际生产中，对于某种特定成分的混合物，需要人们根据目的物的特点及设备条件，将几种分离技术进行优化组合，方能获得合格的生物制品。下面将分别对这五个阶段进行简要地介绍，具体内容则在后面章节详细讨论。

1. 预处理

在生物制品的制备过程中，目的物可能存在于植物组织、动物组织中，也有可能存在于微生物细胞或发酵液中。为此，应根据各种原材料的特点，采用不同的预处理方法，以利于后续分离工作的进行。

1）动物脏器

对于动物脏器来说，由于脏器中常含有较多脂肪，不仅容易氧化酸败，导致原料变质，而且还会影响分离的效果和制品的收率。因此，在用刚宰杀的牲畜得到的脏器（脑组织、胰脏等）作为原材料时，需要迅速剥去脂肪和筋皮等结缔组织，冲洗干净，如不能马上抽提、纯化，应在短时间内置于－10℃冰库（可短期保存）或－70℃低温冰箱（较长期保存）储存。

2）植物材料

若用植物的叶片作为原材料，只需将其进行简单的清洗即可；若为植物种子，则需泡胀或粉碎，以利于下一步目的物质的提取；如材料含油脂较多时，则还需进行脱脂处理。

3）微生物材料

对于微生物材料来说，当选用的微生物在适合的培养基中培养一段时间后，发酵液中会含有微生物细胞，胞外代谢产物，代谢剩余的糖、蛋白质，自溶细胞的碎片等物质，变得比较黏稠。这时，无论是从菌体中，还是发酵液中提取目的物质，都需要先对发酵液进行预处理，将固、液分离，才能保证后续各操作步骤的进行。

根据可分离物质对 pH 和热的稳定性、分子的质量和大小等性质不同，预处理的方法可分为加热、凝聚与絮凝、使用助滤剂等。

（1）加热法。加热法是最简单的预处理方法，即将悬浮液加热到所需温度并保温一定时间，使得溶液中的蛋白质凝聚，形成大颗粒的凝聚物，从而降低发酵液（培养液）的黏度提高发酵液的过滤速度。该方法适用于耐热性的目的物提取。

（2）调节悬浮液的 pH。溶液的 pH 可影响发酵液中某些物质的电离和电荷性质，因此，适当调节发酵液的 pH，可使部分物质发生凝聚现象，降低发酵液（培养液）的黏度，使固液分离变得容易。如对于发酵液中的杂蛋白，可利用调节发酵液的 pH，使其接近于杂蛋白的等电点，然后利用等电点沉淀除去。

（3）凝聚和絮凝。凝聚和絮凝都是通过向发酵液中加入化学试剂以破坏溶液的稳定性，从而形成较大颗粒提高过滤速度的方法。但二者在原理上却有本质的区别，具体见下。

凝聚是指向胶体溶液中加入某种电解质，电解质的异电荷可中和胶体颗粒表面的电荷层，从而使胶体颗粒失去稳定性，相互间容易碰撞而凝聚的现象。常用的凝聚剂有NaOH、$ZnSO_4$、HCl等。

絮凝则是指使用絮凝剂将胶体粒子交联成网，形成10nm大小的絮凝团的过程。常用的凝聚剂有聚丙烯酰胺类衍生物、聚合铝盐或聚合铁盐、海藻酸钠、明胶等。其中聚丙烯酰胺类衍生物由于絮凝速度快、分离效果好等优点，使用范围最广。

（4）添加助滤剂。助滤剂是一种不可压缩的多孔微粒，其可吸附发酵液中的细微颗粒使滤饼疏松，过滤阻力减小，从而提高过滤的速度。目前常用的助滤剂有硅藻土、纤维素、石棉粉、珍珠岩、淀粉等。

（5）添加反应剂。在某些情况下，可向发酵液中添加一些可消除某些杂质，但又不影响目的物的试剂，以达到提高过滤速率的目的。如在蛋白酶发酵液中常含有不溶性多糖（淀粉等），工业上多采用添加α-淀粉酶的方法，将培养基中多余的淀粉水解为可溶性单糖，以此达到降低发酵液黏度，提高滤速的目的；对于发酵液中Ca^{2+}、Mg^{2+}、Fe^{3+}等高价金属离子，则通过加入能与之形成沉淀的试剂使之去除。如可在发酵液中添加黄血盐，使之形成普鲁士蓝沉淀，以去除发酵液中的铁离子。

2. 固-液分离

在生物制品的制备过程中，往往需要先将发酵液中不溶性的固体与液体分开，即固-液分离。一般来说，这些不溶性固体的浓度和颗粒大小的变化范围很宽，以每单位体积发酵液来计，有时这些不溶性固体浓度可高达60%，有时又可低至0.1%；粒径的变化可以从直径约为1μm的微生物到直径为1mm的不溶性物质。因此，在进行固-液分离时，应根据实际情况采取不同的处理方法：

固-液分离的方法很多，常用的有分离筛、重力沉降、浮选分离、离心分离和过滤等，其中用于发酵液固-液分离的主要是离心分离和过滤。

对于那些固体颗粒小、溶液黏度大的发酵液，细胞培养液或生物材料的大分子抽提液，一般应用过滤技术很难实现固-液分离，因此，可考虑采用离心技术达到固-液分离的目的。离心分离是基于固体颗粒和周围液体密度存在差异，在离心场中使不同密度的固体颗粒加速沉降的分离过程。通常情况下当固体颗粒细小而难以过滤时，离心操作往往显得十分有效，因此是生物物质固-液分离的重要手段之一。

对于那些固体颗粒较大、溶液黏度较小的反应体系，则可考虑采用沉降或过滤的方式加以分离；如果个别溶液黏度较大时，可先经过加热、凝聚、絮凝及添加助滤剂等辅助操作，然后再进行过滤。

近年来，新出现的膜分离技术由于其设备简单、分离效率高、能在常温下操作等优点，在食品、生物药物等行业发展极为迅速，也已成为生物物质固-液分离的另一重要手段。

3. 初步纯化

一般来说，生物材料具有组成复杂，所含杂质高，目的物浓度低的特点。因此，在制备生物制品时，初步纯化阶段多利用目的物与主要杂质性质的差异，选择适合的分离方法以去除提取液中的大部分杂质，提高目的物的浓度。该阶段常用的方法有沉淀法、超滤、萃取法、离子交换法等。

沉淀法是指溶液中的溶质由液相变成固相析出的过程。目前，常用于制备生物活性物质的沉淀技术有：盐析法、有机溶剂沉淀、选择性变性沉淀、等电点沉淀、非离子型聚合物沉淀、聚电解质沉淀和高价金属离子沉淀法等。其中，盐析法、有机试剂沉淀法是该阶段出现较早的方法，也是初步纯化阶段最常使用的方法之一。不过二者使溶质发生沉淀的原理却有所不同：盐析是指溶液中加入无机盐类而使某种成分溶解度降低而析出的过程，而有机溶剂沉淀则是指在混合组分的溶液中加入能与该溶液互溶的溶剂，通过改变溶剂的极性而改变混合组分溶液中某些成分的溶解度，使其从溶液中析出的过程。盐析法由于盐析的共沉作用，决定了该方法主要用于生物物质的粗提阶段；而有机试剂沉淀法则容易引起蛋白质变性，因此必须在低温下进行。

超滤是一种加压膜分离技术，即在一定的压力下，使小分子溶质和溶剂穿过一定孔径的特制的薄膜，而大于膜孔的微粒、大分子等则由于筛分作用被截留，从而使大分子物质得以纯化。超滤技术解决了生物大分子对 pH、热、有机试剂、金属离子敏感等难题，在生物大分子的分级、浓缩、脱盐等操作中应用较为广泛。

萃取法是利用化合物在两种互不相溶（或微溶）的溶剂中溶解度或分配系数的不同，将化合物从一种溶剂内转移到另外一种溶剂中的分离方法。一般来说，在生物物质的制备过程中，经过多次反复萃取，最终可将提取液中绝大部分的目的物提取出来。其中，利用聚合物的不相容性开发的双水相萃取技术，由于具有含水量高、不易引起蛋白质的变性失活、不存在有机溶剂残留问题、易于放大等特点，常常被用于进行胞内活性物质和细胞碎片的分离。

离子交换树脂法有时也用于初步纯化，如搅拌交换常用于分离浓缩发酵液中的抗生素，而 DEAE-纤维素则常被用于从中性或碱性蛋白质中分离纯化酸性蛋白质。

4. 精制（高度纯化）

经过初步纯化后，提取液中目的物浓度相对较高，杂质与目的物性质比较相似。因此，精制阶段就需要选择分辨效率高的分离方法以去除提取液中残余的杂质，使目的物达到所需的纯度。该阶段常用的方法主要是各种色谱技术。

色谱分离技术又称层析分离技术或色层分离技术，是一种分离复杂混合物中各个组分的有效方法。它是利用不同物质在由固定相和流动相构成的体系中具有不同的分配系数，当两相做相对运动时，这些物质随流动相一起运动，并在两相间进行反复多次的分配，从而使各物质得以分离。根据固定相类型和分离原理不同，色谱可分为吸附色谱、凝胶色谱、离子交换色谱、亲和色谱等多种类型。

吸附色谱法是指混合物随流动相通过吸附剂（固定相）时，由于吸附剂对不同物质具有不同的吸附力而使混合物中各组分分离的方法。此法特别适用于脂溶性成分的分离。被分离的物质与吸附剂、洗脱剂共同构成吸附层析的三要素，彼此紧密相连。

凝胶过滤又叫分子筛色谱，其利用具有网状结构的凝胶作为固定相，当一混合溶液通过凝胶过滤色谱柱时，小分子物质能进入凝胶的内部，而大分子物质却被排除在外部，这样溶液中的物质就可按不同分子质量筛分开。

离子交换色谱是以离子交换树脂为固定相，液体为流动相的色谱技术。离子交换树脂是由基质、电荷基团和反离子构成的。当溶液流经离子交换色谱时，溶液中不同组分的离子对离子交换树脂上反离子基团的亲和力的不同，从而达到分离的目的。

亲和色谱是根据生物大分子和配体之间的特异性亲和力，将某种配体连接在载体上作为固定相，而对能与配体特异性结合的生物大分子进行分离的一种色谱技术。亲和色谱是分离生物大分子最为有效的色谱技术，分辨率很高。

色谱技术自开发以来，因其分辨效率高（可检测出 10^{-9} 级微量的物质，经一定的浓缩后甚至可检测出 10^{-12} 级微量的物质），设备简单，操作方便，条件温和，不易造成物质变性等优点，适用于很多生物物质的分离，已经成为化学、化工、医药、食品、生物工程等诸多领域的重要分离、分析工具。但在使用色谱技术精制目的物时，首先应注意研究目的物质与杂质性质的区别，以选择合适的分离方法，如当目的物质与杂质的等电点不同时，可选择利用离子交换色谱技术分离；当目的物质与杂质的分子大小不同时，则可以考虑选择凝胶色谱技术进行分离。其次，利用色谱技术精制目的物质时，还应注意当几种方法联合使用时，最好以不同的分离机理为基础，且确保前一种方法处理过的液体能适用于后一种方法。

5. 成品加工

为了方便生物制品的运输与储存，需要将经高度纯化后的目的物溶液进行浓缩、干燥，进而制成具有一定形态的成品。该阶段常用的方法有浓缩法、干燥法、结晶法。

上述方法中，浓缩与干燥均是除去物料中溶剂（一般为水分）的操作。一般而言，浓缩是除去溶液中的水分，干燥主要是除去固体中的水分，浓缩常作为结晶或干燥的预备处理。例如发酵液中的代谢产物蛋白质、有机酸，生物原料中的血液、疫苗等，都需要进行浓缩或干燥，方可得到符合质量要求的产品。结晶则是指溶质以晶态从溶液中析出的过程，因其操作所用设备简单、操作方便，且结晶产品的包装、储存、运输都很方便，故许多生物制品如氨基酸、有机酸、抗生素、维生素等的精制均采用结晶法。

四、怎样学习生物的分离与纯化技术

由于生物分离与纯化技术的理论体系是以单元操作为轴线建立起来的，它不同于无机化学以元素周期系为基础的理论体系；也不同于有机化学以官能团为基础的理论体系。要想学好它，应注意以下几点。

（一）建立起以理论-实验为轴线的学习思路

生物的分离与纯化技术是一门综合性很强的实践性学科，学习时首先应熟练掌握细胞破碎技术、沉淀技术、过滤与膜分离技术、各种色谱技术等分离技术的原理、操作及适用范围；其次，由于生物制品的制备原料多为成分复杂的混合液，如果需要从中分离高纯度的某一特定目的物，应在研究目的物质与杂质的理化性质的差异基础上，根据目的物质的特点、性质及各种分离方法的适用范围，选出适合的分离方法，即可从复杂的提取液中纯化出一种单一的目的物质。如在抗生素的制备过程中，应先研究下面两个因素：

（1）抗生素的理化性质。了解其理化性质，如极性、酸碱性、溶解度等。

(2) 抗生素的稳定性。要了解它在什么样的pH和温度范围易受破坏。然后再根据具体条件，通过小实验决定适合的分离方法。

(二) 注意学习技巧

生物物质的制备虽有流程可循，但书中各单元操作的编排秩序并没有固定的格式，无论怎样编排，前后内容都是平等且互相联系的。前面的内容常常需要学到后面才能深入理解，学习后面的内容又离不开前面的知识。因此，学习时需要前挂后联，温故知新。此外，生物的分离与纯化技术有许多需要记忆的知识，也有许多需要理解的知识，既需要记忆，又不能完全死记硬背。因此，经常复习，总结归纳，是很重要的方法。复习时要由纲到目，先粗后细，否则，会觉得内容多，零乱无序，没有系统。

(三) 利用实验课提高自身的综合能力

要充分利用实验课的机会加深对分离与纯化理论知识的理解，学习实验研究方法，提高分析问题、解决问题和实际动手的能力。

总之，生物分离与纯化技术是一门综合性很强的实践性学科。学习上述的知识点仅能掌握一些主要技术的原理及实际操作。要胜任生产岗位的实际技术工作及技术管理，必须在掌握上述知识点的基础上，根据产品的性质、特点及生物分离与纯化技术的一般工艺，选择合适的分离方法，设计出适合的产品纯化方案。

小 结

本章以生物的分离与纯化技术研究内容为主线，分别介绍了其工艺流程五个阶段的操作要点，并在此基础上，介绍了该课程的学习方法。通过本章学习，应重点掌握生物的分离与纯化技术的研究内容、一般工艺流程及学习方法。了解生物的分离与纯化技术的概念、学习生物的分离与纯化技术的意义。

思考题

1. 改变发酵液过滤特性的主要方法有哪些?
2. 除去发酵液杂蛋白的常用方法有哪些?
3. 胞内产物和胞外产物的分离纯化流程有何不同之处?
4. 哪些方法比较适合生物物质的初步纯化? 哪些方法比较适合生物物质的高度纯化? 初步纯化与高度纯化的分离效果有何不同?
5. 以溶菌酶为例，说明选择生物分离方法时主要要考虑哪些因素?

第二章　细胞破碎技术

细胞破碎技术是指采用物理、化学、酶或机械的方法，在一定程度上破坏细胞壁和细胞膜，使细胞内容物包括目的产物释放出来的技术。在生物制品的制备中，除了部分分泌到细胞外的多肽激素、蛋白质及酶外，绝大多数生物大分子的分离纯化都需要事先将细胞和组织破碎，使生物大分子在不丢失生物活性的前提下，充分释放到溶液中，经固-液分离除去细胞碎片后，再采用不同的技术手段进一步分离纯化，以此达到大规模生产各种细胞内非分泌型生化物质（产品）的目的。由此可见，细胞破碎是提取胞内产物的关键步骤，破碎方法的得当与否直接影响到所提取产品的产量、质量和生产成本。

第一节　细胞壁成分和结构

由于微生物细胞和植物细胞外层均为细胞壁，通常细胞壁较坚韧，很难被破坏；其内的细胞膜脆弱，易受到渗透压冲击而破碎，因此，细胞破碎的阻力主要来自于细胞壁。由此可见，了解生物材料细胞壁的化学组成及结构，对选择合适的破碎方法具有重要的作用。

一、微生物细胞

细胞壁是微生物细胞比较复杂的结构，不仅取决于微生物的类型，还取决于培养基的组成、细胞所处的生长阶段、细胞的存储方式以及其他一些因素。一般来说，微生物不同，其细胞壁的结构与组成也不同。表 2-1 即为几种常见微生物细胞壁的组成与结构一览表。

表 2-1　常见微生物细胞壁的结构与组成一览表

微生物	革兰氏阳性菌	革兰氏阴性菌	酵母菌	霉菌
壁厚/nm	20～80	10～13	100～300	100～250
层次	单层	多层	多层	多层
主要组成	肽聚糖（50%～90%） 磷壁酸（<50%）	肽聚糖（5%～10%） 脂蛋白 磷脂 蛋白质 脂多糖（11%～22%）	葡聚糖（30%～40%） 甘露聚糖（30%） 蛋白质（6%～8%） 脂类（8.5%～13.5%）	多聚糖（80%～90%） 脂类 蛋白质

（一）细菌

细菌细胞壁占细胞干重的 10%～25%，坚韧而有弹性，包围在细胞膜的外围，使细胞具有一定的外形和强度。

细菌细胞壁的主要成分是肽聚糖，是由 *N*-乙酰葡萄糖胺（图 2-1a）和 *N*-乙酰胞壁酸（图 2-1b）构成的双糖单元，以 β-1,4-糖苷键连接成大分子。其中，*N*-乙酰胞壁酸分子上具有一四肽侧链，相邻聚糖分子之间的短肽链通过肽桥或肽键连接起来，组成机械性很强的网状结构，像胶合板一样，黏合成多层。各种细菌细胞壁的肽聚糖结构均相同，仅在四肽侧链及其连接方式上随菌种不同而有所差异。

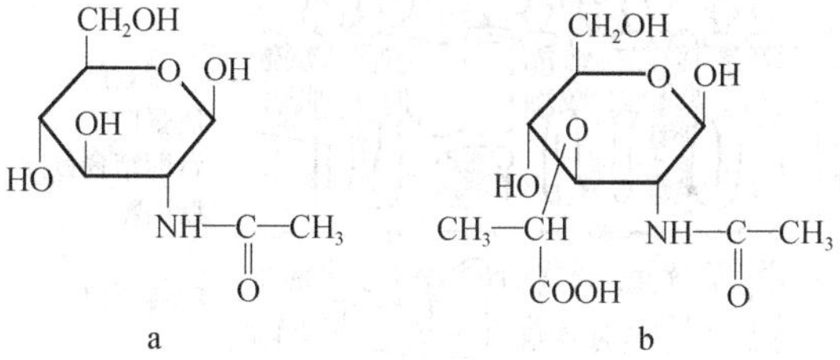

CH_2OH　OH　OH　HO　NH—C—CH_3　O

a

CH_2OH　OH　O　HO　CH_3—CH　NH—C—CH_3　COOH　O

b

图 2-1　细菌细胞壁成分

a. *N*-乙酰葡萄糖胺；b. *N*-乙酰胞壁酸

由上可知：破碎细菌的主要阻力来自于肽聚糖的网状结构，而网状结构的致密程度和强度又取决于聚糖链的交联程度及所存在的肽键数量。一般来说，聚糖链的交联程度越大，则肽聚糖的网状结构也越致密。

由表 2-1 可以看出：革兰氏阳性菌细胞壁与革兰氏阴性菌细胞壁有很大的不同：革兰氏阳性菌细胞壁（图 2-2）较厚，为 20～80nm，含有 15～50 层肽聚糖片层，每层厚约 1nm。其外还有少量的膜磷壁酸和壁磷壁酸。

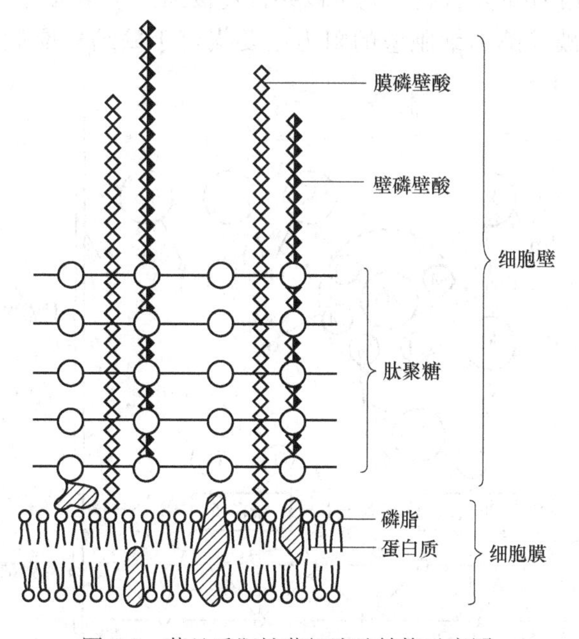

图 2-2　革兰氏阳性菌细胞壁结构示意图

革兰氏阴性菌细胞壁（图 2-3）则较薄，有 1～2 层肽聚糖片层。在肽聚糖片层外还含有脂蛋白、脂质双层、脂多糖。脂类和蛋白质等在稳定细胞结构上非常重要，如果被抽提，细胞壁将变得很不牢固。

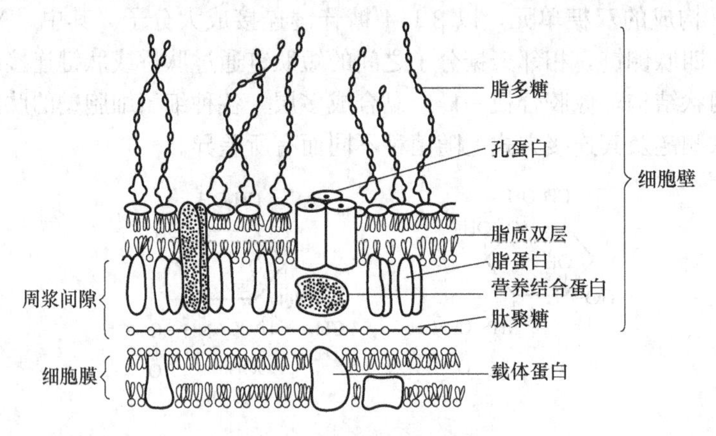

图 2-3　革兰氏阴性菌细胞壁结构示意图

（二）酵母菌

酵母细胞壁的主要成分是葡聚糖（30%～40%）、甘露聚糖（30%）、蛋白质（6%～8%）、脂类（8.5%～13.5%）。如图 2-4 所示，酵母细胞壁最里层是由葡聚糖的细纤维组成，它构成了细胞壁的刚性骨架，使细胞具有一定的形状，覆盖在细纤维上面的是一层糖蛋白，最外层是甘露聚糖，由 1,6-磷酸二酯键共价连接，形成网状结构。在该层的内部，有甘露聚糖-酶的复合物，它可以共价连接到网状结构上，也可以不连接。与细菌细胞壁一样，破碎酵母细胞壁的阻力主要决定于壁结构交联的紧密程度和它的厚度。

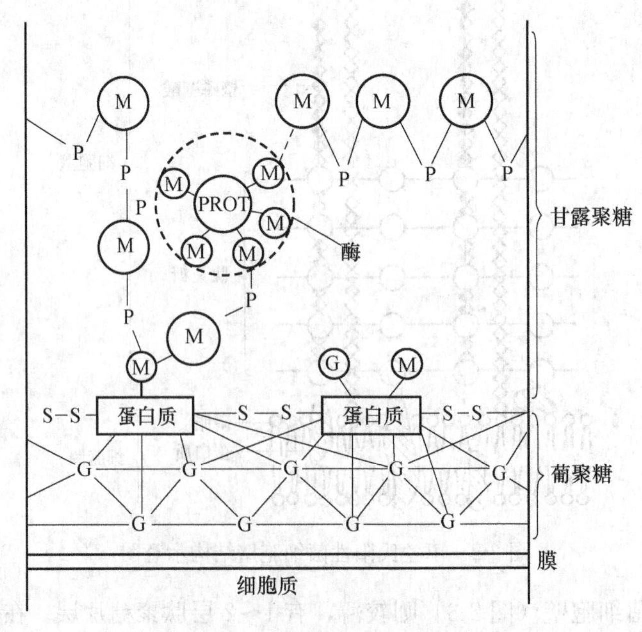

图 2-4　酵母细胞壁结构示意图

（三）霉菌

霉菌的细胞壁主要存在三种聚合物：葡聚糖（主要以β-1,3-糖苷键连接，某些以β-1,6-糖苷键连接）、几丁质（以微纤维状态存在）以及糖蛋白。最外层是α-葡聚糖和β-葡聚糖的混合物，第二层是糖蛋白的网状结构，葡聚糖与糖蛋白结合起来，第三层主要是蛋白质，最内层主要是几丁质，几丁质的微纤维嵌入蛋白质结构中。与酵母和细菌的细胞壁一样，霉菌细胞壁的强度和聚合物的网状结构有关，不仅如此，由于它还含有几丁质或纤维素的纤维状结构，所以强度有所提高。

由上可知，破碎微生物细胞的难易程度主要取决于构成细胞壁的高分子聚合物的种类以及细胞壁的厚度、强度。为了破碎细胞，必须克服的主要阻力是构成网状结构的共价键。此外，细胞的大小、形状及聚合物的交联程度也是影响破碎效率的重要因素。因此，在选择破碎方法时，应综合考虑上述因素，使目的产物能够有选择的释放，减少后续分离工作的难度。

二、植物细胞

对于已停止生长的植物细胞来说，其细胞壁可分为初生壁和次生壁两部分。初生壁是细胞生长期形成的。次生壁是细胞停止生长后，在初生壁内部形成的结构。

目前，较流行的初生细胞壁结构是由 Lampert 等人提出的“经纬”模型，依据这一模型，纤维素的微纤丝以平行于细胞壁平面的方向一层一层敷着在上面，同一层次上的微纤丝平行排列，而不同层次上则排列方向不同，互成一定角度，形成独立的网络，构成了细胞壁的“经”。模型中的“纬”是结构蛋白（富含羟脯氨酸的蛋白），它垂直于细胞壁平面排列，并由异二酪氨酸交联成结构蛋白网，经向的微纤丝网和纬向的结构蛋白网之间又相互交联，构成更复杂的网络系统。半纤维素和果胶等物质则填充在网络之中，从而使整个细胞壁既具有刚性又具有弹性。在次生壁中，纤维素和半纤维素含量比初生壁增加很多，纤维素的微纤丝排列得更紧密、更有规则，同时存在木质素（酚类组分的聚合物）的沉积。因此，次生壁的形成提高了细胞壁的坚硬性，使植物细胞具有很高的机械强度。

通过上述分析可知：不同的生物体或同一生物体的不同部位组织，其细胞破碎的难易不一，因此，应采用不同的细胞破碎方法进行破碎，如动物脏器细胞没有细胞壁，且细胞膜较脆弱，容易破碎；而植物细胞、微生物细胞都具有由纤维素、半纤维素或肽聚糖组成的细胞壁，因此，常需要采用专门的细胞破碎方法进行破碎。

第二节 细胞破碎技术

为了适应不同用途和不同类型的细胞破碎，目前已发展出了多种细胞破碎方法，基本上可归结为机械法和非机械法两大类。其中，机械法有珠磨法、高压匀浆法、超声波破碎、X-press 等；非机械法有物理法、化学法及其他细胞破碎法。上述方法各有其优缺点及适用范围，下面将分别对其做一介绍。

一、机械法

机械法是指细胞受到挤压、剪切和撞击等外力作用，细胞壁结构被破坏，导致细胞内容物释放出来的细胞破碎方法。目前常用的机械破碎法见表 2-2。

表 2-2　常用的细胞破碎法（机械法）

方　法	原　理	特　点	成　本	适用范围
匀浆法	基于液相的剪切力	使用面广，处理量大，速度快，在工业生产上应用广泛，但产热大，可能造成生物活性物质失活	适中	动植物细胞，酵母细胞及大部分细菌细胞悬浮液的大规模处理；但不适用于某些高度分支的微生物
珠磨法	利用研磨作用破碎细胞	使用面广，处理量大，速度快，在工业生产上应用广泛，产热大，可能造成生物活性物质失活	便宜	细胞悬浮液和植物细胞的大规模处理
超声波法	利用超声波的空穴作用使细胞破碎	产热量大，且散热不易，易造成生物活性物质失活	昂贵	细胞悬浮液小规模处理
X-press 法	包埋在冰中的微生物经冰晶体的磨损变形引起细胞破碎	范围广，破碎率高，细胞碎片的粉碎程度低，但生物物质活性的保留率高	适中	适合于动植物细胞，该法对冷冻-融解敏感的生化物质不适用

（一）高压匀浆法

高压匀浆法由于其操作参数少，易于确定；样品损失量少，在间歇处理少量样品方面具有较好的效果。目前在实验室和工业生产上都已得到应用，是大规模破碎细胞的常用方法，适合于酵母和大多数细胞的破碎。对于易造成堵塞的团状或丝状真菌以及一些易损伤匀浆器的、质地坚硬的亚细胞器一般不适用。

图 2-5 是高压匀浆器的结构示意图。其由高压泵和匀浆间组成。高压匀浆器的工作原理是：细胞悬浮液在高压下进入调节间隙的阀件时，获得极高的流速（200～300m/s），从而在均质阀里形成一个巨大的压力下降，并射向撞击环上，由于突然减压和高速冲击，使细胞在高速造成的剪切、碰撞以及由高压到常压的变化等多种作用力下破碎。

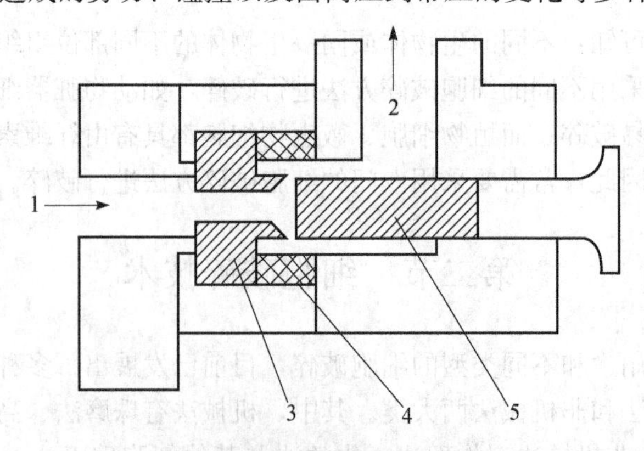

图 2-5　高压匀浆器结构示意图

1. 细胞悬浮液；2. 细胞匀浆液；3. 阀座；4. 碰撞环；5. 阀杆

在高压匀浆机的操作中，影响高压匀浆破碎的因素主要有以下三方面：

1. 温度

利用高压匀浆破碎细胞时，破碎率随温度的升高而增加。如当悬浮液中酵母浓度为450～750kg/m³ 时，操作温度由5℃提高到30℃，破碎率约提高1.5倍。因此，如果目标物质是热敏性物质，为防止其在破碎过程中发生变性，可以在进口处用干冰调节温度，使出口温度调节在20℃左右。

2. 压力

利用高压匀浆破碎细胞时，操作压力的合理选择非常重要。一般来说，提高压力在提高破碎率的同时，往往伴随着能耗的增加。一般来说，压力每升高100MPa会多消耗3.5kW能量；压力每升高100MPa，温度将提高2℃；另外压力升高将引起高压匀浆机排出阀剧烈磨损。

3. 菌液通过匀浆阀的次数

在操作方式上，可以采用单次通过匀浆器或多次循环通过等方式进行破碎。如在工业规模的细胞破碎中，对于酵母等难破碎的及浓度高或处于生长静止期的细胞，常采用多次循环的操作方法方可达到满意的破碎效果。

（二）高速珠磨法

高速珠磨法是一种有效的细胞破碎方法，在工业规模的破碎中，常采用高速珠磨机。图2-6为珠磨机的结构示意图，其工作原理是：进入珠磨机的细胞悬浮液与玻璃小珠、石英砂或氧化铝等研磨剂一起快速搅拌，研磨剂、珠子与细胞之间不断碰撞，产生剪切力，使细胞破碎，释放出内含物。在珠液分离器作用下，珠子被滞留在破碎室内，浆液流出，从而实现连续操作。

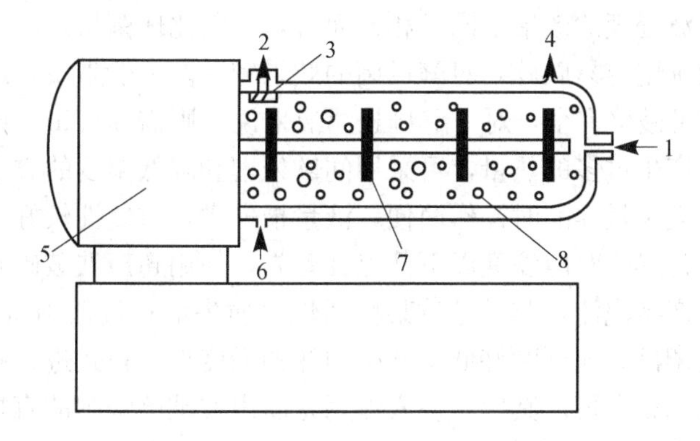

图2-6　水平搅拌式珠磨机结构示意图

1. 细胞悬浮液；2. 细胞匀浆液；3. 珠液分离器；4. 冷却液出口；
5. 搅拌电机；6. 冷却液进口；7. 搅拌桨；8. 玻璃珠

高速珠磨法的破碎效果常受搅拌速度、悬浮液喂料速率、微球大小、细胞浓度、温度等多种操作参数的影响。一般来说，同一进料速度，细胞浓度越高，则破损率越高，所需能耗越低；但对同一悬浮液来说，破碎的能耗与破碎率成正比，若要提高破碎率，则需采用增加装珠量，或延长破碎时间，或提高转速等措施方可完成。

高速珠磨法简单稳定，破碎率易控制，处理量大，速度快，在工业生产上主要适合于动物组织、细菌及植物组织细胞的大规模破碎。但操作参数多，一般需凭经验估计；且在破碎期间样品温度迅速升高等因素，都极大地限制了高速珠磨法的应用推广，因此，对高速珠磨法的研究还有待于不断深入、完善。

（三）超声波法

超声波法是利用超声波振荡器发射 15～25kHz 的超声波处理细胞悬液，使细胞急剧振荡破裂，此法多适用于微生物和组织细胞的破碎。超声波振荡器有不同类型，常用的为电声型，它是由发声器与换能器组成，发声器可产生高频电流，换能器的作用是将电磁振荡转化成机械振动。超声波振荡器可分为槽式和探头直接插入介质两种类型，一般后者破碎效果比前者好。图 2-7 为常用超声波振荡器连续破碎池的结构示意图。

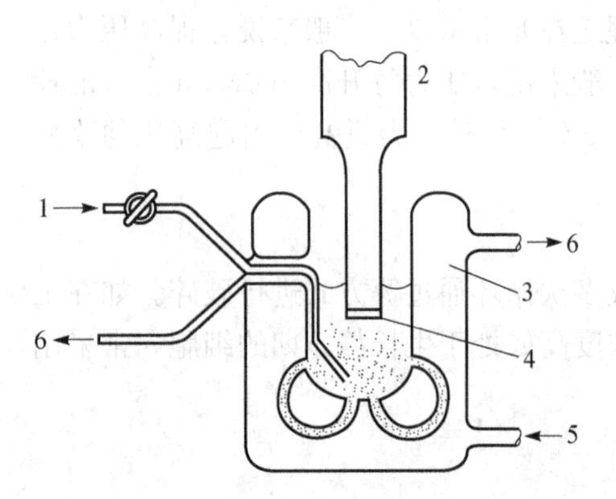

图 2-7 连续破碎池结构示意图

1. 细胞悬浮液；2. 超声探头；3. 冷却水夹套；4. 超声嘴；5. 入口；6. 出口

超声波法的破碎机理：细胞的破碎是由于超声波的空穴作用，从而产生一个极为强烈的冲击波压力，由它引起的黏滞性旋涡在悬浮细胞上造成了剪切力，促使细胞内液体发生流动，从而使细胞破碎。

超声波处理细胞悬浮液时，破碎作用受许多因素的影响，如超声波的频率、液体温度、压强和处理时间等。此外介质的离子强度、pH 和菌种性质等也有很大影响。对于不同的菌种，超声波处理的效果不同。相比而言，杆菌比球菌易破碎，革兰氏阴性菌细胞比革兰氏阳性菌细胞容易破碎，对酵母菌的效果较差。一般来说，用超声波处理杆状菌时，破碎 30s 即可破碎完全，对于酵母悬浮液来说，则需 30min，甚至更长。为了防止电器长时间运转产生过多的热量，可采用间歇处理和降低温度的方法。

由于超声波处理少量样品时操作简便，液量损失少，重复性较好，目前在实验室规模应用较普遍。但是操作时应注意以下几点：首先，使用超声波破碎必须控制强度在一定限度，强度过高产生泡沫，容易导致某些活性物质失活；过低则将会降低破碎效率。最好通过实验提前调试，找到刚好低于产生泡沫的强度点。正式进行超声波破碎时，仅需在预定位置稍做调整即可。其次，空穴作用是超声波破碎细胞的直接原因，超声波产生的化学自由基团能使某些敏感性活性物质变性失活，所以要加一些巯基保护剂。再次，超声波振荡容易引起温度的剧烈上升，且散热困难，操作时应考虑采取相应降温措施，如在细胞悬浮液中投入冰或在夹套中通入冷却剂进行冷却。

（四）X-press 法

X-press 法是一种改进的高压方法，是将浓缩的菌体悬浮液冷却至－30～－25℃形成冰晶体，再利用 500MPa 以上的高压冲击，冷冻细胞从高压阀小孔中挤出，在此过程中，使得包埋在冰中的微生物由于冰晶体的磨损而变形，从而引起细胞破碎。该法的优点是适用的范围广，破碎率高，细胞碎片的粉碎程度低以及活性的保留率高，该法对冷冻—融解敏感的生化物质不适用。

上述各种机械破碎法的作用机理不尽相同，有各自的适用范围和处理规模。这里所说的适用范围不仅包括菌体细胞，而且包括目标产物。例如，核酸的相对分子质量很大，在破碎操作中容易受剪切损伤，因此，在利用高压匀浆、珠磨法、超声波等方法破碎大肠杆菌提取质粒 DNA 时，应先通过小实验才能确定适合的方法。也就是说，针对目标产物的性质（如相对分子质量、分子形态、稳定性等）选择细胞破碎器，确定适宜的破碎操作条件是确保生物物质获得高收率的前提。

二、非机械法

非机械法是指利用物理或化学的手段，破坏细胞的细胞壁、细胞膜结构，导致细胞内容物释放出来的细胞破碎方法。目前常用的非机械法有物理法、化学法及其他细胞破碎法。每种方法各具特点，也都存在不同的问题，具体内容见表 2-3。

表 2-3　常用的细胞破碎法（非机械法）

类　别	方　法	原　理	特　点
物理法	溶胀法	由于存在渗透压差，溶剂分子大量进入细胞，使细胞快速膨胀破碎	较温和，但破碎作用较弱，适用于细胞壁较脆弱的细胞，或者细胞壁预先用酶处理的菌种
	冻融破碎法	胞内冰晶引起细胞膨胀破裂	较温和，但破碎作用较弱，常需反复冻融，仅适用于在实验室中使用
化学法	化学试剂处理法	应用化学试剂溶解细胞或抽提某些细胞组分，增加细胞壁或细胞膜的通透性	需选用合适的试剂，减少对活性物质的破坏，可应用于大规模生产
	酶溶法	用酶反应分解破坏细胞壁上特殊的化学键，引起细胞破裂	此法反应条件温和，内含物成分不易受到破坏，细胞壁损坏的程度可以控制，适用多种微生物；但成本较高，一般仅适用于小规模应用
其他细胞破碎法	自溶法	在一定条件下，利用细胞内自身的酶系统将细胞破碎	一定程度上能用于工业规模，但是，此过程需较长时间，对不稳定的微生物容易引起所需蛋白质的变性，常用少量防腐剂如甲苯、氯仿等防止细胞的污染
	干燥法	干燥后的菌体细胞膜渗透性发生变化，当用丙酮、丁醇或缓冲液等溶剂处理时，胞内物质就会被抽提出来	较剧烈，易引起蛋白质或其他组分变性

（一）物理法

1. 溶胀法

细胞膜为天然的半透膜，在低渗溶液和低浓度的稀盐溶液中，由于存在渗透压差，溶剂分子大量进入细胞，引起细胞膜胀破释放出细胞内含物的现象称溶胀，又称为渗透压冲击法。例如红细胞置于清水中会迅速溶胀破裂并释放出血红素。

常规的溶胀法是将一定体积的细胞液加入到 2 倍体积的水中，由于细胞中的溶质浓度高，水会不断渗入细胞内，致使细胞膨胀变大，最后导致细胞破裂。在大规模破碎动物细胞时，用快速改变介质中盐浓度引起渗透冲击使之破碎，是十分有效的。

现在的溶胀法已发展到预先用高渗透压的介质浸泡细胞来进一步增加渗透压。通常是将细胞放在高渗透压的溶液中（如一定浓度的甘油或蔗糖溶液），由于渗透压的作用，细胞内水分便向外渗出，细胞发生收缩，当达到平衡后，将介质快速稀释，或将细胞转入水或缓冲液中，由于渗透压的突然变化，胞外的水迅速渗入胞内，引起细胞快速膨胀而破裂。

溶胀法是细胞破碎法中较温和的一种，适用于细胞壁较脆弱的细胞，或者细胞壁预先用酶处理的菌种，如动物细胞和革兰氏阴性菌。

2. 冻融法

冻融法是将待破碎的细胞急剧冷冻（约－15℃），然后放于室温（或40℃）缓慢融化，如此反复冻融多次，由于细胞内形成冰粒使剩余胞液的盐浓度增高而引起细胞破碎。

冻融法破壁的原理：由于冷冻，一方面能破坏细胞膜的疏水键结构，增加细胞的亲水性和通透性；另一方面能使胞内水结晶，形成冰晶粒，引起细胞膨胀而破裂。一般常用于细胞壁较脆弱的菌体。

特点：冻融法对于存在于细胞质周围靠近细胞膜的胞内物质的释放较为有效，但通常破碎率很低，即使反复循环多次也不能提高收率。此外，由于反复冻结-融化，还可能引起对冻融敏感的某些蛋白质的变性。因此，此法多用于动物性材料，对微生物细胞作用较差。

上述物理法的处理条件比较温和，有利于目标产物高活力释放回收，但这些方法破碎率较低，产物释放速度低、处理时间长，不适合大规模细胞破碎的需要，多局限于实验室小批量应用。

（二）化学法

1. 化学试剂处理法

化学试剂处理法是指用某些有机溶剂（如苯、甲苯）、抗生素、表面活性剂、金属螯合剂、变性剂等化学药品，可以增大细胞壁或膜的通透性，从而使细胞内含物有选择地渗透出来的细胞破碎方法，此技术也可以与研磨法联合使用。

利用化学试剂破碎细胞的作用机理与化学试剂的类型、细胞壁和膜的结构与组成有密切的联系。一般来说，根据所用化学试剂的类型，可将化学试剂处理法分为以下几种。

1）酸碱处理法

蛋白质为两性电解质，改变 pH 可改变其电荷性质，使蛋白质之间或蛋白质与其他物质之间的相互作用力降低而易于溶解。因此，利用酸碱调节 pH，可提高目标物质溶解度。

碱处理法反应激烈，且不具选择性。碱加入细胞悬浮液中后和细胞壁进行了多种反应，使细胞壁的成分溶于其中，也容易使蛋白质变性。因此，即便很便宜，碱处理也是一种很不常用的方法。

2）增溶法

化学破碎法的第二种重要方法是是利用表面活性剂的增溶法。其作用原理是：利用表面活性剂如 SDS、CTAB、Triton-X 等使细胞膜结构中的脂蛋白成分被或多或少地溶解，从而使细胞膜的通透性增大，有利于某些蛋白质的通过。利用增溶法破碎细胞时，一般是将体积为细胞体积 2 倍的某浓度的表面活性剂加到细胞中，制成的悬浮液可用离心分离除去细胞碎片，再用吸附柱或萃取剂分离制得产品。

3）脂溶法

脂溶法也是一种很有应用价值的细胞破碎方法。其作用原理是利用脂溶性的溶剂（如丙酮、氯仿、甲苯）可把细胞壁与细胞膜的部分结构溶解，进而增加细胞壁与细胞膜的通透性，使胞内物质释放出来，达到破碎细胞的目的。例如，在细胞悬浮液中加入 10%体积的甲苯，其可溶解细胞壁与细胞膜的脂质层，导致细胞内物质释放。

除甲苯外，其他芳香族化合物的破碎效果也很好，如异丙苯、二甲苯等。但其他物质挥发性较高，部分还具有致癌作用。因此，在利用脂溶法破碎细胞前，提前了解试剂的性质，如溶解度、挥发性、是否致癌等，是非常必要的。

与机械法相比，化学试剂处理法的优点是可避免产生大量细胞碎片，从而简化后续处理步骤。缺点是时间长、效率低；化学试剂毒性较强，同时对产物也有毒害作用，进一步分离时需要用透析等方法除去这些试剂；通用性差，即某种试剂只能作用于某些特定类型的微生物细胞。

2. 酶溶法

酶溶法是利用各种水解酶，如溶菌酶、纤维素酶、蜗牛酶、半纤维素酶、脂酶等处理菌体细胞，分解破坏细胞壁上特殊的键，使细胞壁受到部分或完全破坏后，再利用渗透压冲击等方法破坏细胞膜，使细胞内含物释放出来的细胞破碎方法。因此，利用此方法处理细胞时，必须根据细胞的结构和化学组成选择合适的酶制剂。一般来说，溶菌酶比较适合用于革兰氏阴性菌细胞的分解，如果应用于革兰氏阳性菌时，需辅以 EDTA 使之更有效地作用于细胞壁。真核细胞的细胞壁不同于原核细胞，需采用不同的酶。如破坏植物细胞壁需用纤维素酶，而破坏酵母细胞壁时，则需运用多种酶进行复合处理。常见的处理酵母细胞的方法是：将酵母细胞悬于 0.1mol/L 柠檬酸-磷酸氢二钠缓冲液（pH 5.4）中，加入 1%蜗牛酶，在 30℃处理 30min，即可使大部分细胞壁破裂，如同时加入 0.2%巯基乙醇效果会更好。此法可以与研磨联合使用。

在应用酶法破碎细胞时，由于酶的特殊性质，使用溶酶系统时需要综合考虑破碎所需的温度、酸碱度、酶用量、先后次序及时间等因素。

酶溶法是细胞破碎的有效方法，其专一性强，发生酶解的条件温和，反应迅速且选择性强；但其价格昂贵，通用性差，不同菌种需选择不同的酶，有一定局限性，不适宜大量的蛋白质提取。同时，由于大部分酶制剂也是蛋白质，因此，酶法很容易给进一步纯化带来困难，使得此法很难适用于大规模生产。

（三）其他细胞破碎方法

1. 自溶法

自溶法是酶解的另一种方法，所需的酶是由微生物本身产生的。它是将新鲜的生物材料存放于一定的pH和适当的温度下，细胞结构在自身所具有的各种水解酶（如蛋白酶和酯酶等）的作用下发生溶解，使细胞内含物释放出来的细胞破碎方法。此过程需较长时间，因此，常用少量防腐剂如甲苯、氯仿等防止细胞的污染。

利用自溶法处理细胞悬浮液时，破碎作用常受温度、时间、pH、缓冲液浓度、细胞代谢途径等多种因素的影响，如对乳酸菌自溶条件的研究表明：在10～60℃的范围内，40℃时乳酸菌的自溶度最大；pH在4.5～7.5的范围内，乳酸菌的自溶度会随着pH的升高而增大。

该法在一定程度上能用于工业规模，但是，对不稳定的微生物容易引起所需蛋白质的变性，使用时要小心操作，因为水解酶不仅可以使细胞壁和膜破坏，同时也有可能会把某些要提取的有效成分分解。

2. 干燥法

干燥法是采用空气干燥、真空干燥、喷雾干燥和冷冻干燥等措施来干燥细胞，经干燥后的菌体，其细胞膜的渗透性发生变化，当用丙酮、丁醇或缓冲液等溶剂处理时，胞内物质就会被抽提出来。

空气干燥主要适用于酵母菌，一般在25～30℃的气流中吹干，然后用水缓冲液或其他溶剂抽提。空气干燥时，部分酵母细胞可能产生自溶，所以较冷冻干燥、喷雾干燥容易抽提。真空干燥适用于细菌的干燥。冷冻干燥适用于不稳定的生化物质，制备时只需将冷冻干燥后的菌体在冷冻条件下磨成粉，然后用缓冲液抽提即可获得。

干燥法条件变化较剧烈，容易引起蛋白质或其他组织变性，所以应根据待提取物质的性质决定能否使用。

上述各种破碎方法各有其优缺点，如机械破碎法处理量大，破碎速度快，时间短，效率高，是工业规模细胞破碎的重要手段。但由于机械搅拌容易产生热量，因此，破碎过程中，常常需要采用相应的冷却措施，以防热敏物质受热失活。为此，各种细胞破碎方法还有待于不断深入、完善。

第三节　破碎率的评价及破碎方法的选择依据

一、细胞破碎率的评价

对细胞破碎率的评价是了解某种破碎方法效率的最好途径，目前，常用两种方法对细胞破碎率进行评价。

（一）直接计数法

细胞悬浮液经过各种破碎方法处理后，悬浮液中完整的细胞数目会有所减少，因

此，可利用破碎前后细胞数目的变化评价细胞的破碎程度。破碎率是指被破碎细胞的数量占原始细胞数量的百分比，即

$$Y(\%)=[(N_0-N)/N_0]\times 100$$

式中　N_0——原始细胞数量；

N——经 t 时间操作后保留下来的未损害完整细胞数量。

操作时，只需将破碎前后的样品进行适当的稀释，然后在血球计数板用显微镜观察，以获得完整细胞的数量，从而利用上式即可计算出破碎率。

（二）间接计数法

破碎细胞的目的是释放出目标物质。因此，也可用目标物质的释放率评价细胞的破碎程度。间接计数法是在细胞破碎后，测定悬浮液中细胞释放出来的化合物的量（例如可溶性蛋白、酶等）。通常做法是将破碎后的细胞悬浮液离心分离出固体（完整细胞和碎片），然后用 Lowry 法测量上清液中的蛋白质含量或酶的活力。

二、破碎方法的选择依据

细胞破碎的方法很多，但是它们的破碎率和适用范围不同，且原材料之间以及目标产物之间的性质差别也很大。因此，已有的破碎理论和破碎实验数据只能作为指导破碎操作的参考数据，实际的破碎操作仍需凭借经验，即需要通过实验确定适宜的破碎方法和操作条件，以获得最佳的破碎效率。为此，在选择合适的破碎方法时，应综合考虑以下三点：

（1）了解各种细胞破碎方法的优缺点及适用范围。

生物制品的制备过程中，各个阶段是相对独立，又是相互联系的。因此，在选择细胞破碎方法时，还应考虑是否利于后续分离纯化的进行。为此，了解各种细胞破碎方法的破碎率、适用范围是非常必要的。

高压匀浆和珠磨两种机械破碎方法，处理量大，速度快，目前在工业生产上应用最为广泛。但在破碎过程中，容易产生大量的热量，使料液温度升高，从而容易造成热敏性物质的失活。这在超声波法破碎细胞时表现的更为突出，因此，超声波振荡法主要适用于实验室或小规模的细胞破碎。

非机械法一般仅适用于小规模应用。渗透压冲击和冻结－融解法破碎作用较弱，都属于较温和的方法，常与酶解法结合起来使用，以提高破碎效果。干燥法属于较激烈的一种破碎方法，容易引起蛋白质或其他组分变性。

虽然上述方法各有自己的优点，但如果能将机械破碎法和非机械破碎法并用，就可使操作条件更温和，在相同的目标产物释放率条件下，降低细胞的破碎程度，利于下一步分离纯化的进行。

总之，各种破碎方法有各自的优点、缺点及适用范围，这就需要在破碎不同种类的细胞时选择合适的破碎方法，以便更有效地破碎细胞，降低成本。

（2）了解目标物质的性质及其在细胞内的位置。

目标物质对破碎条件（温度、化学试剂、酶等）的敏感性是影响目标物质收率的重

要因素。因此，在选择细胞破碎方法之前，应先了解目标物质的性质。一般来说，当目标产物处于与细胞膜或细胞壁结合的状态时，可以通过调节溶液 pH、离子强度或添加与目标产物具有亲和性的试剂如螯合剂、表面活性剂等，使目的产物容易溶解释放，而其他杂质则不易溶出。

目标物质在细胞内的位置与细胞破碎效率也有着密切的联系。一般来说，当目标产物位于细胞膜附近时，仅需采用较温和的方法破坏或破碎细胞壁及细胞膜即可达到释放目标物质的目的。常采用的方法有酶溶法（包括自溶法）、溶胀法和冻融法等；当目标物存在于细胞质内时，则需采用强烈的机械破碎法，方可使目标物质释放出。

总之，只有综合目标物质的性质及其在细胞内的位置，才能选择适合的细胞破碎方法，使目标物质有选择的释放出来。

(3) 在上述两点的基础上，还应综合考虑细胞的细胞壁的强度、提取分离的难易等因素。

不同的生物体或同一生物体的不同部位的组织，其细胞破碎的难易不一，使用的方法也不相同。其中，细胞壁是细胞破碎的主要阻力。因此，要选择合适的细胞破碎方法，就应对各种细胞的细胞壁组成有所了解。如革兰氏阳性菌和阴性菌细胞壁的主要组成不同，因而对细胞破碎的影响也不一样。革兰氏阳性菌的细胞壁主要由肽聚糖层（20～80nm）组成，而革兰氏阴性菌肽聚糖层较薄，仅 2～3nm。相比而言，革兰氏阳性菌较难破碎。表 2-4 是适合各种细胞使用的细胞破碎方法一览表。

表 2-4　各种细胞适用的细胞破碎方法

细胞破碎方法	组织种类	细胞破碎方法	组织种类
高速匀浆	细菌、酵母植物细胞	低渗裂解	红细胞、细菌
研磨	细菌、植物细胞	冻融裂解	培养细胞
高速珠磨	细胞混悬液	酶溶	细菌、酵母
超声波	细胞混悬液	有机溶剂渗透	细菌、酵母

细胞破碎后需经固-液分离，才能进行目标物质的分离提纯。由于太小的碎片很难分离除去，因此，在固-液分离中，细胞碎片的大小是影响分离效果的重要因素之一。最佳的细胞破碎条件应该从高的产物释放率、低的能耗和便于后步提取这三方面进行权衡。如果在碎片很小的情况下才能获得高的产物释放率，这种操作条件就不合适。

综上所述，细胞破碎的方法很多，但是不同破碎方法的破碎率和适用范围不同。选择破碎方法时，需要综合考虑细胞的数量和细胞壁的强度、处理量、产物对破碎条件（温度、化学试剂、酶等）的敏感性、需要达到的破碎程度及破碎所需要的速度等。对于具有大规模应用潜力的生化产品来说，在选择适合放大的破碎技术的同时，还应把破碎条件和后面的提取步骤结合起来考虑。

三、细胞破碎方法的研究方向

（一）多种破碎方法相结合

由上可知：各种细胞破碎技术有各自的优、缺点及适用范围。目前，为了达到高效、低成本破碎细胞的目的，人们尝试将多种破碎方法结合起来处理细胞，并获得了较好的效果。如朱勇在《植物乳杆菌乳酸脱氢酶发酵与提取方法研究》中，分别考察了高压均质破碎法和溶菌酶破碎法的酶活释放情况，并确定了高压均质破碎和溶菌酶破碎的最佳工艺条件。但实验结果表明：单独使用高压均质处理和溶菌酶处理菌体，菌体破碎率都不理想；而将二者结合后，菌体的破碎效率则有了大幅度的提高，破碎菌体酶活释放量可达 1400U/g。不仅如此，该方法还在降低酶使用量的同时，缩短了处理时间，减少了细胞碎片的含量，为细胞破碎方法的发展奠定了基础。

（二）与上游过程相结合

在发酵培养过程中，由于培养基成分、培养时间、发酵设备的操作参数（如温度、pH、通气量、搅拌速度等）等因素都对菌体的细胞壁、膜结构及组成有一定的影响，因此，可通过对上述因素的控制，使菌体的细胞壁及膜结构发生变化，从而减小菌体破碎的难度。例如，在利用微生物获取蛋白质或酶时，可在微生物的生长后期加入某些能抑制或阻止细胞壁合成的抑制剂（如青霉素），继续培养一段时间后，新产生的细胞因细胞壁有缺陷，因而很容易被破碎；此外，还可利用基因工程的方法在细胞内引入噬菌体的基因，培养结束后，通过控制一定的外部条件（如温度等），激活噬菌体基因，使细胞自内向外溶解，释放出内含物。

（三）与下游过程相结合

工业生产上，机械破碎法虽然处理量大，速度快，但在破碎过程中，容易产生大量的细胞碎片，增加目的物质分离纯化的难度，因而限制了它的推广。但双水相萃取技术的开发，却为解决这一问题提供了可能。双水相萃取技术是一种新型的分离技术，是利用物质在互不相溶的两个水相之间分配系数的差异实现分离的。与其他分离技术相比，它在操作过程中能够保持生物物质的活性和构象，避免生物物质失活。将机械破碎法与双水相萃取技术相结合，既可以保证生产规模，又可以降低蛋白质的失活，适合蛋白质的大规模生产。如，乙醇脱氢酶（ADH）是一种含锌的金属酶，一般的破碎方法很易使其失活。苏志国等采用球磨法与双水相萃取技术结合，从酿酒酵母细胞中提取ADH。实验中其利用聚乙二醇（PEG）对酶的保护作用，利用聚乙二醇和硫酸铵作为双水相体系，以边破碎边萃取的方式提取 ADH，不但节省了萃取设备和时间，还利用双水相对蛋白质的保护作用提高了 ADH 的活性。实验结果表明：经过萃取破碎的酵母匀浆离心分相后，细胞碎片均滞留在下相，而 90%以上的 ADH 则分配在上相，分配系数大于 10，纯化倍数大于 2。

小　　结

本章介绍了工业生产中常用的几种细胞破碎方法的原理、常用设备、优缺点及适用范围，分析了高压匀浆法、高速珠磨法及超声波法破碎效率的影响因素。通过本章学习，应重点掌握工业生产中常用的几种细胞破碎方法的常用设备、适用范围，掌握破碎率的测定。并能就实际生产情况对各种破碎方法进行合理选用。理解常用的几种细胞破碎方法的原理。了解微生物及植物细胞细胞壁的组成与结构。

思考题

1. 简述细胞破碎的目的。
2. 比较革兰氏阳性菌与革兰氏阴性菌细胞壁组成的异同点。
3. 简述工业生产上常用的几种细胞破碎方法的原理及适用范围。
4. 什么是破碎率？破碎率评价的方法是怎样的？
5. 如何选择合适的破碎方法？
6. 影响高压匀浆法破碎效率的因素有哪些？
7. 影响超声波破碎法破碎效率的因素有哪些？

第三章 沉淀技术

沉淀法是指溶液中的溶质由液相变成固相析出的过程。在生物活性物质的制备过程中，常用其达到浓缩的目的，或者通过沉淀形成固液两相，以去除不同相中的杂质。目前，沉淀技术已被广泛应用于实验室和工业规模的蛋白质、酶、核酸、多糖等生物大分子物质和黄酮、生物碱、皂苷等生物小分子物质的回收、浓缩和纯化方面。

由于生物活性物质制备的特殊性，在采用沉淀法时，不仅要考虑所用沉淀剂或沉淀的条件对生物活性物质结构是否有破坏作用，还应考虑沉淀剂是否容易去除；用于食品、医药时，还应考虑沉淀剂对人体是否有害。因此，选择适合目的物性质的沉淀方法就显得十分必要。

目前，常用于制备生物活性物质的沉淀技术有：盐析法、有机溶剂沉淀法、选择性变性沉淀法、等电点沉淀法、非离子型聚合物沉淀法、聚电解质沉淀法和高价金属离子沉淀法等。下面将分别介绍各种沉淀法的原理、操作及影响因素。

第一节 盐析法

一般来说，盐析是指溶液中加入无机盐类而使某种物质溶解度降低而析出的过程。在生物活性物质的制备工艺中，很多物质都可以用盐析法进行分离，如蛋白质、酶、核酸等。但是，由于盐析的共沉作用，决定了其只能与其他提纯方法交替使用，并且主要用于生物物质的粗提阶段。

盐析法可应用于多种生物物质的制备，但以蛋白质领域的研究最为完善。因此，本章将以蛋白质为例，介绍盐析的原理、操作及影响因素。

一、基本原理

盐析一般是指溶液中加入无机盐类而使某种物质溶解度降低而析出的过程。现以蛋白质盐析为例说明盐析机理。

蛋白质等大分子物质是以一种亲水胶体形式存在于水溶液中，无外界影响时，呈稳定的分散状态，其原因主要有两个方面：一是蛋白质为两性物质，一定的 pH 下表面显示一定的电性，因同种电荷相互排斥，使蛋白质分子彼此分离；二是在蛋白质分子表面分布着各种亲水基团，这些基团与极性水分子相互作用，在其表面形成了水化膜，削弱了蛋白质分子间的作用力，避免其因碰撞而聚沉。蛋白质表面的亲水基团越多，水化膜越厚，蛋白质分子的溶解度也越大。故维持蛋白质溶液稳定的正是由水化膜及其自身带的同种电荷两个因素决定的。

当开始向蛋白质溶液中加入电解质时，由于蛋白质的活度系数 γ 降低，其溶解度将随着电解质的增加而增大，这种现象称为盐溶；当继续加入电解质时，由于电解质的

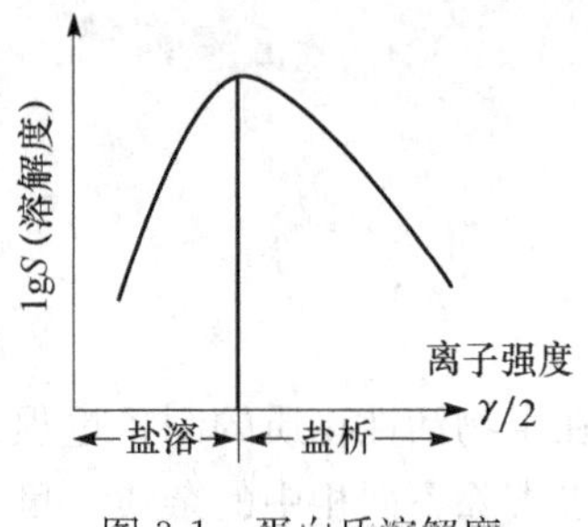

图 3-1　蛋白质溶解度与离子强度的关系

离子在水中发生水化，水分子就离开蛋白质的周围，暴露出憎水区域，憎水区域间的相互作用，使蛋白质的溶解度减小，发生聚集而沉淀。这种现象称为盐析。由此可见，电解质的离子强度与蛋白质的溶解度密切相关。如图 3-1 所示，蛋白质的溶解度与离子强度的关系曲线上存在最大值，低于该最大值的离子强度时，蛋白质的溶解度将随盐离子强度的增大迅速增大；反之，在高于此离子强度的范围内，溶解度随盐离子强度的增大迅速降低。

由上面的分析可以看出，盐析机理可归纳为如下三点：

(1) 盐离子与蛋白质分子争夺水分子，降低了用于溶解蛋白质的水量，减弱了蛋白质的水合程度，破坏了蛋白质表面的水化膜，导致蛋白质溶解度下降；

(2) 盐离子电荷的中和作用，使蛋白质溶解度下降；

(3) 盐离子引起原本在蛋白质分子周围有序排列的水分子的极化，使水活度降低。盐析沉淀的机理示意如图 3-2 所示。

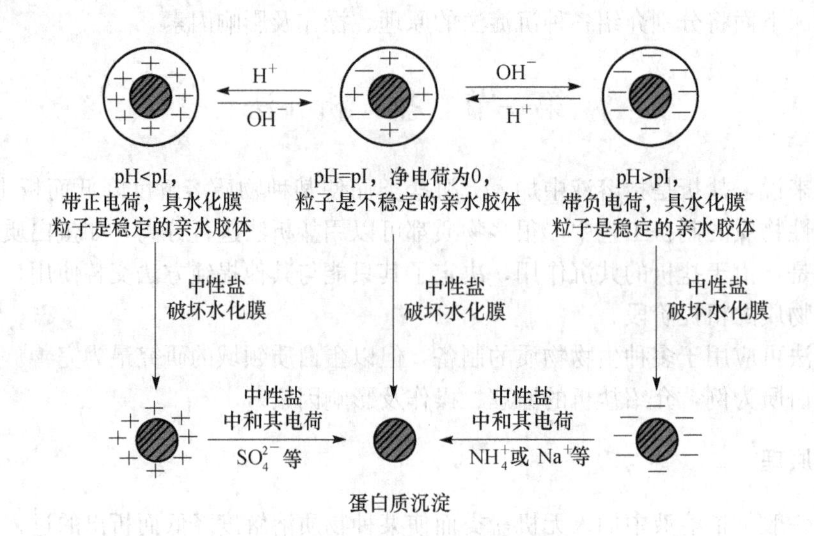

图 3-2　盐析机理示意图

由于盐析现象还不能很好地从理论上进行解释，现在常用 Cohn 方程式 $\lg S=\beta-K_SI$ 说明盐析时蛋白质的溶解度与溶液中离子强度的关系。该式由 $\lg\frac{S}{S_0}=-K_SI$，$\lg S=\lg S_0-K_SI=\beta-K_SI$，推导而来。

式中　S，S_0——蛋白质的溶解度，g/L；

I——离子强度$=1/2\sum c_iZ_i^2$，mol/L；c_i，即 i 离子的摩尔浓度（mol/L）；Z_i，即 i 离子所带的电荷数（离子的价数）；

β——常数，与盐的种类无关，但与温度和 pH 有关；

K_S——盐析常数，与盐种类和蛋白质有关，与温度和 pH 无关。

因此，用盐析法分离蛋白质时可以有两种方式：①在一定的 pH 及温度条件下，改变盐浓度（即离子强度）达到沉淀的目的，称为 K_S 盐析，常用于蛋白质的粗提。②在一定的离子强度下，改变溶液的 pH 及温度达到沉淀的目的，称为 β 盐析，常用于蛋白质的精制、纯化。图 3-3 为几种常见蛋白质溶解度与硫酸铵浓度关系。

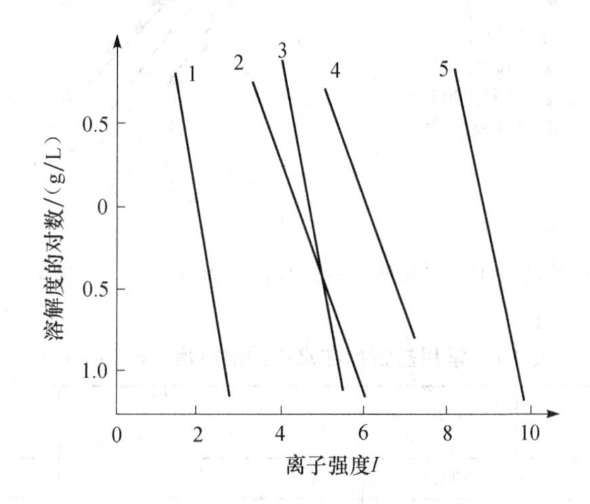

图 3-3　不同蛋白质的溶解度与硫酸铵浓度关系

1. 纤维蛋白质；2. 血红蛋白；3. 拟球蛋白；4. 血清蛋白；5. 肌红蛋白

二、盐析常用的无机盐种类及其选择

由于硫酸铵与其他盐（如氯化钠等）相比，具有价格便宜，溶解度大，受温度影响很小、且能稳定蛋白质（酶）的特性，因此，蛋白质盐析时，硫酸铵常被作为首选盐选用。但硫酸铵有如下缺点：硫酸铵为强酸弱碱盐，水解后使溶液 pH 降低，在高 pH 下释放氨，硫酸铵的腐蚀性强，后处理困难，残留在食品中的少量的硫酸铵可被人味觉感知，影响食品风味；临床医疗有毒性，在最终产品中必须完全除去，所以有时也用其他中性盐进行盐析。在选择盐析用盐时，一般应重点考虑以下几点。

（1）在相同的离子强度下，不同种类的盐对同种蛋白质的盐析效果不同。

从不同种类的盐对一氧化碳血红蛋白溶解度的影响（图 3-4）可知，盐的种类主要影响 Cohn 方程中的盐析常数 K_S（即曲线的斜率）。

因此，在选择盐析用盐时，要考虑不同种类无机盐离子的盐析效果，常见阴离子的盐析效果顺序为 $PO_4^{3-}>SO_4^{2-}>CHCOO^->Cl^->NO_3^->ClO_4^->I^->SCN^-$；常见阳离子的盐析作用的顺序为 $NH_4^+>K^+>Na^+>Mg^{2+}$。

（2）盐析用盐的溶解度应该比较大，这样才能配制高离子强度的盐溶液。

表 3-1 是常用盐析盐在水中的溶解度，由表中数据可知蛋白质沉淀常选硫酸铵作为盐析盐的原因。

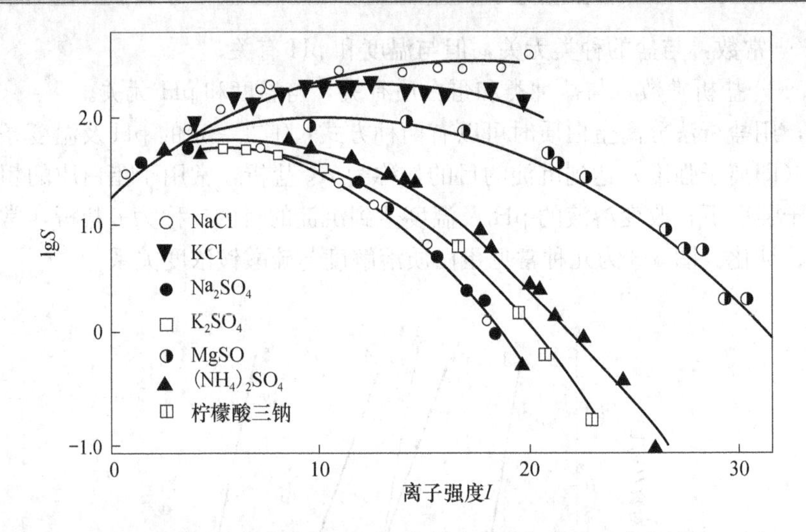

图 3-4 不同盐溶液中一氧化碳血红蛋白的溶解度与离子强度的关系（25℃）

表 3-1 常用盐析剂在水中的溶解度（g/100mL）

中性盐＼温度/℃	0	20	40	60	80	100
$(NH_4)_2SO_4$	71.6	75.4	81	88	95.3	103
Na_2SO_4	4.9	18.9	48.3	45.3	43.3	42.2
$MgSO_4$		34.5	44.4	54.6	63.6	70.8
NaH_2PO_4	1.6	7.8	54.1	82.6	93.8	101

（3）盐溶解度受温度影响较小。

（4）盐溶液密度不高，以便蛋白质沉淀的沉降或离心分离。

表 3-2 所示为生物分离领域常用的盐析盐对一氧化碳血红蛋白的盐析效果的比较。

表 3-2 常用的盐析盐对一氧化碳血红蛋白的盐析效果比较

盐析效果＼盐析盐	硫酸铵	硫酸钠	硫酸镁	磷酸钾	柠檬酸钠
β	3.09	2.53	3.23	3.01	2.60
K_S	0.71	0.76	0.33	1.00	0.69

三、盐析的影响因素

影响盐析的主要因素有盐饱和度和离子类型、蛋白质的浓度、pH 及温度。

（一）盐饱和度和离子类型对盐析的影响

盐的饱和度是影响蛋白质盐析的重要因素，不同蛋白质的盐析，要求的盐饱和度也不同。因此，在分离几个混合组分的蛋白质时，可将盐的饱和度由稀到浓渐次增加，一旦出现沉淀则进行离心或过滤分离，之后再继续增加盐的饱和度，以便第二种蛋白质沉淀出来。通过这种方式，可使样品液中不同蛋白质分别达到要求的盐饱和度析出。这种分段盐析的方法是蛋白质粗级提取阶段常用的有效手段。

例如用硫酸铵盐析分离血浆中的蛋白质，饱和度达20%时，纤维蛋白原首先析出；饱和度增至28%～33%时，优球蛋白析出；饱和度再增至33%～50%时，拟球蛋白析出；饱和度大于50%以上时，白蛋白析出。目前，利用硫酸铵分段盐析法已从牛胰中分离出9种以上的蛋白质及酶。

离子种类对蛋白质溶解度也有一定影响，离子半径小而带高电荷的离子时盐析的影响较强，离子半径大而低电荷的离子的影响较弱。如综合考虑下面几种盐的阳离子、阴离子的盐析效果，其盐析能力的排列次序为：磷酸钾＞硫酸钠＞磷酸铵＞柠檬酸钠＞硫酸镁。其中镁离子虽然比铵离子小，但实际上硫酸铵的盐析效果比硫酸镁好，主要是镁离子在高离子强度下产生了一层颇大的离子雾，从而减少了它的盐析效果。

（二）蛋白质的浓度对盐析的影响

中性盐沉淀蛋白质时，溶液中蛋白质的实际浓度对分离的效果有较大的影响。通常高浓度的蛋白质用稍低的硫酸铵饱和度即可将其沉淀下来，但若蛋白质浓度过高，则易产生各种蛋白质的共沉淀作用，除杂蛋白的效果会明显下降。对低浓度的蛋白质，要使用更大的硫酸铵饱和度，共沉淀作用小，分离纯化效果较好，但回收率会降低。通常认为比较适中的蛋白质浓度是2.5%～3.0%，相当于25～30mg/mL。

（三）pH对盐析的影响

一般来说，蛋白质所带净电荷越多溶解度越大，净电荷越少溶解度越小，在等电点时蛋白质溶解度最小。因此，在进行蛋白质的盐析时，常将溶液pH调到目的蛋白的等电点处，以提高盐析效率（图3-5）。但值得注意的是：在水中或稀盐液中的蛋白质等电点与高盐浓度下所测的结果是不同的，因此，需要根据实际情况调整溶液pH，以达到最好的盐析效果。

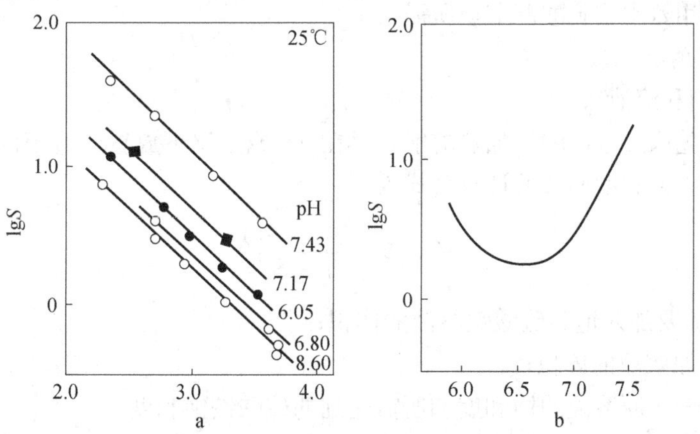

图3-5 不同pH下浓磷酸缓冲液中血红蛋白的溶解曲线

a. 离子强度；b. pH

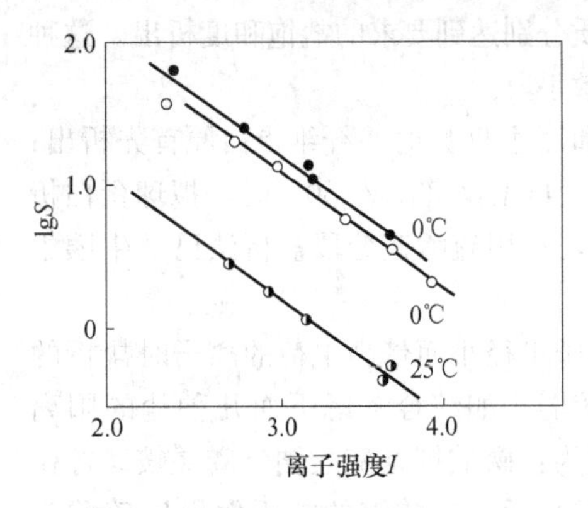

图 3-6 不同温度下浓磷酸缓冲液中碳氧血红蛋白（COHb）的溶解度

（四）温度对盐析的影响

温度是影响溶解度的重要因素，对于多数无机盐和小分子有机物，温度升高溶解度加大，但对于蛋白质、酶和多肽等生物大分子，在高离子强度溶液中，温度升高，它们的溶解度反而减小（图 3-6）。值得注意的是：这种温度升高溶解度下降的现象只在高离子强度下才能发生，对于低离子强度溶液或纯水中蛋白质，其溶解度大多数还是随浓度升高而增加的。

一般情况下，对蛋白质盐析的温度要求不严格，可在室温下进行，但对于某些对温度敏感的酶，要求在 0～4℃下操作，以避免活力丧失。

四、盐析操作过程

盐析沉淀工艺常在发酵液预处理之后，操作步骤通常按三步进行：首先加入沉淀剂，第二步为沉淀物的陈化，第三步为离心或过滤，收集沉淀物。加沉淀剂的方式和陈化条件对产物的纯度、收率和沉淀物的形状都有很大影响。下面以硫酸铵盐析法为例，介绍盐析法的操作过程。

（一）加入沉淀剂

1. 硫酸铵使用前的预处理

硫酸铵中常含有少量的重金属离子，对蛋白质巯基有敏感作用，使用前必须用 H_2S 处理：将硫酸铵配成浓溶液，通入 H_2S 饱和，放置过夜，用滤纸除去重金属离子，浓缩结晶，100℃烘干后使用。另外，高浓度的硫酸铵溶液一般呈酸性（pH5.0 左右），使用前也需要用氨水或硫酸调节至所需 pH。

2. 硫酸铵的加入法

1）加入饱和溶液法

使用时，先取过量硫酸铵加热溶解，再在 0℃或室温下放置，直至固体硫酸铵析出即为饱和溶液。饱和度调整的计算公式为

$$V = V_0 \frac{(S_2 - S_1)}{1 - S_2}$$

式中 V——需要加入饱和硫酸铵溶液的体积；

V_0——原溶液的体积；

S_1、S_2——原溶液的饱和度和所需达到的硫酸铵饱和度。

该方法适用于要求饱和度不高而原来溶液体积不大的情况。如果加入饱和溶液后，体积增加过大，则应改用固体加入法为好。加入饱和溶液时，应注意边搅拌边少量分批

缓慢倾入，以防局部浓度过高，影响分离效果。

2）加入固体盐法

用于要求饱和度较高而不增大溶液体积的情况。操作时，应先将硫酸铵磨碎成均匀细粒，然后再边搅拌边少量分批缓慢加入。在特定温度下，各种不同的饱和度应加入的硫酸铵的量可从表 3-3 查出。使用该表时应注意以下两点：首先表中硫酸铵的浓度是以饱和溶液的百分数表示的，而不是硫酸铵的实际克数或摩尔质量数。这是由于当固体硫酸铵加到水溶液中去时，其体积呈非线性变化，计算浓度相当麻烦，为了克服这一困难，人们经过精心测量，确定出 1L 纯水提高到不同浓度所需添加硫酸铵的量。因此，在实践中，需要先查找 1L 纯水不同饱和度下所需硫酸铵的量，再经计算就可获得不同体积提取液所需硫酸铵的实际克数；其次，在使用表 3-3 查取应加入固体硫酸铵的量时，必须注意饱和度表中规定的温度。一般来说，该表有 0℃和室温两种，加入固体盐后体积的变化已考虑在表中。

表 3-3　25℃调整硫酸铵终浓度（饱和度）查询表

	饱和度	调整硫酸铵终浓度（饱和度）																
		10	20	25	30	33	35	40	45	50	55	60	65	70	75	80	90	100
		每 1L 溶液加固体硫酸铵的克数																
硫酸铵初始浓度（饱和度）/%	0	56	114	144	176	196	209	243	277	313	351	390	430	472	516	561	662	767
	10	—	57	86	118	137	150	183	216	251	288	326	365	406	449	494	592	694
	20	—	—	29	59	78	91	123	155	190	225	262	300	340	382	424	520	619
	25	—	—	—	30	49	61	93	125	158	193	230	267	307	348	390	485	583
	30	—	—	—	—	19	30	62	94	127	162	198	235	273	314	356	449	546
	33	—	—	—	—	—	12	43	74	107	142	177	214	252	292	333	426	522
	35	—	—	—	—	—	—	31	63	94	129	164	200	238	178	319	411	506
	40	—	—	—	—	—	—	—	31	63	97	132	168	205	245	285	375	469
	45	—	—	—	—	—	—	—	—	32	65	99	134	171	210	250	339	431
	50	—	—	—	—	—	—	—	—	—	33	66	101	137	176	214	302	392
	55	—	—	—	—	—	—	—	—	—	—	33	67	103	141	179	264	353
	60	—	—	—	—	—	—	—	—	—	—	—	34	69	105	143	227	314
	65	—	—	—	—	—	—	—	—	—	—	—	—	34	70	107	190	275
	70	—	—	—	—	—	—	—	—	—	—	—	—	—	35	72	153	237

如果要分离一种没有文献数据可借鉴的新蛋白质或酶，则应先通过分级盐析沉淀试验确定沉淀该物质的硫酸铵饱和度。具体步骤如下：取一定体积已测含量之蛋白质或酶的待分离溶液，冷却至 0～5℃，调节 pH 至稳定范围，分 6～10 次分别加入不同量的硫酸铵：第一次加硫酸铵到溶液刚出现沉淀时，记下所加硫酸铵的量，这是盐析曲线的起点。继续加硫酸铵至溶液出现微弱混浊状态时，静置一段时间，离心或过滤即得到第一个分级沉淀部分。接着以同样的操作加硫酸铵到上清液或过滤液中，则得到第二个分级沉淀部分。如此连续进行，便可得到 6～10 个分级沉淀部分。按照每次

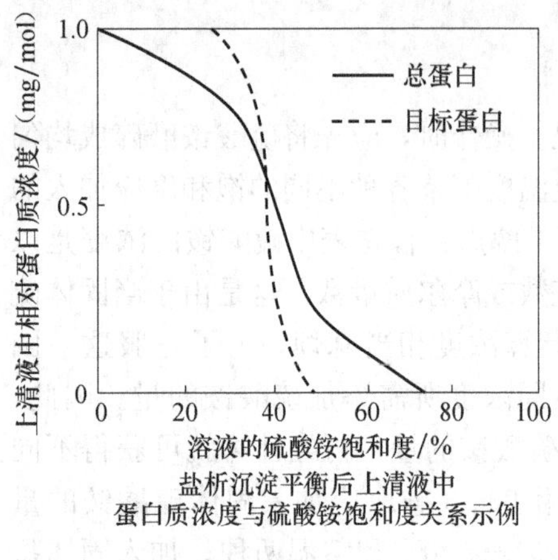

图 3-7　盐析曲线图

加入硫酸铵的量，在表 3-3 中查出相应的硫酸铵饱和度，方便以后放大化使用。将每个分级沉淀部分分别重新溶解于一定体积的适宜 pH 缓冲液中，根据其蛋白质或酶含量和相对应的硫酸铵浓度之间的关系做图（图 3-7），即可了解所需的硫酸铵浓度的范围。在图 3-7 中，当硫酸铵浓度达到 25%时，上清液中目标蛋白质为 1.0g/mL；随着硫酸铵浓度逐渐增大，上清液中目标蛋白质含量逐渐降低；当硫酸铵浓度达到 50%时，上清液中几乎不再含有目标蛋白质。从而确定该目的蛋白质的盐析浓度范围为 25%～48%。

3）透析平衡法

先将欲盐析的样品装于透析袋中，然后浸入饱和硫酸铵中进行透析，透析袋内硫酸铵饱和度逐渐提高，达到设定浓度后，目的蛋白析出，停止透析。该法优点在于硫酸铵浓度变化有连续性，盐析效果好，但手续烦琐，需不断测量饱和度，故多用于结晶，其他情况少见。

（二）沉淀物的陈化

高分子溶液在放置过程中自发的聚集而沉淀的现象称为陈化现象。这是由于光线、空气、盐类、pH、絮凝剂、射线等共同作用的结果。为了提高盐析的效率，盐析后一般均需放置 0.5～1h，待沉淀完全后方可过滤离心，过早的分离将影响收率。

（三）离心或过滤，收集沉淀物

一般来说，过滤多用于高浓度硫酸铵溶液，因为此种情况下，硫酸铵密度较大，若用离心法需要较高离心速度和长时间的离心操作，耗时耗能。离心则多用于低浓度硫酸铵溶液。

五、盐析后的处理工作

由于盐析沉淀的产物中盐含量较高，一般蛋白质、酶用盐析法沉淀分离后，常需脱盐才能进行后续的纯化操作（如层析、结晶）。最常用的脱盐方法是透析法，其原理如下：蛋白质是大分子物质不能透过半透膜，而小分子物质（无机盐、单糖等）可以自由通过半透膜与周围的缓冲溶液进行溶质交换，进入到透析液中。因此，可选择半透膜材料作为透析膜，逐步更换低盐缓冲溶液，最终使样品达到脱盐的效果。

透析过程：把蛋白质溶液装入透析袋中，袋的两端用线扎紧，然后用蒸馏水或缓冲液进行透析，这时盐离子通过透析袋扩散到水或缓冲液中，蛋白质分子质量大不能穿透析袋而保留在袋内，通过不断更换蒸馏水或缓冲液，直至袋内盐分透析完毕（图 3-8）。透析需要较长时间，常在低温下进行，并加入防腐剂避免蛋白质和酶的变性或微生物的污染。

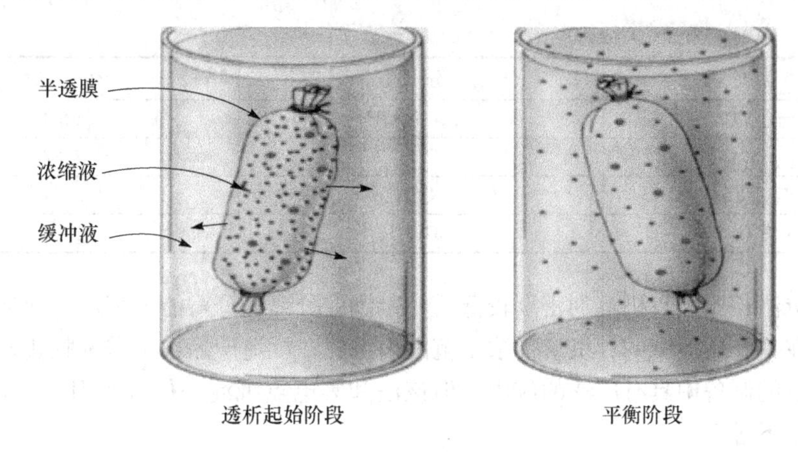

图 3-8　透析过程分析图

第二节　有机溶剂沉淀法

一般来说，有机溶剂沉淀是利用与水互溶的有机溶剂（如甲醇、乙醇、丙酮等）与蛋白质争夺水化膜上的水分子，致使蛋白质脱除水化膜，从而使蛋白质在水中的溶解度显著降低而沉淀的方法。该方法很早就被用来纯化蛋白质。下面分别介绍有机试剂沉淀的原理、操作及影响因素。

一、基本原理

有机溶剂可与许多蛋白质（酶）、核酸、多糖和小分子生化物质发生沉淀作用。其作用机理如下：一方面，有机溶剂能降低水溶液的介电常数，如 25℃ 时水的介电常数为 78.5，而乙醇和丙酮的介电常数分别是 24.3 和 20.5。由于溶剂的极性与其介电常数密切相关（表 3-4，极性越大，介电常数越大），因而向溶液中加入有机溶剂时可减小溶剂的极性，降低溶液的介电常数，削弱溶剂分子与蛋白质分子间的相互作用力，增加蛋白质分子间的相互作用，从而导致蛋白质溶解度降低而沉淀。另一方面，由于使用的有机溶剂与水互溶，它们在溶解于水的同时，还与蛋白质分子争夺其水化层中的水分子，破坏蛋白质分子的水化膜，因而发生沉淀作用。其机理和盐析法不同，可作为盐析法的补充。

表 3-4　常用溶剂的介电常数（温度 25℃）

溶剂	分子式	介电常数
水	H_2O	78.5
甲酸	$HCOOH$	57.9
乙酸乙酯	$CH_3COOCH_2CH_3$	6.03
乙醇	C_2H_5OH	24.3
丙酮	CH_3COCH_3	20.5
乙酸	CH_3COOH	6.19

续表

溶剂	分子式	介电常数
正己醇	$nC_6H_{13}OH$	13.3
苯	C_6H_6	2.27
四氯化碳	CCl_4	2.24
氯仿	$nCHCl_3$	1.90

与盐析法相比，有机溶剂密度较低，易于沉淀分离，分辨能力高，一种蛋白质或其他溶质只在一个比较窄的有机溶剂浓度范围内沉淀；沉淀产品也不需做脱盐处理，因而在生物物质的制备中具有广泛的应用。但该法和等电点沉淀一样容易引起蛋白质变性，必须在低温下进行。

二、常用有机溶剂及其选择

选择用于生化制备的有机溶剂时，应综合考察以下几点：首先应确保其与水互溶；其次其极性应比较小，这样才能有效降低溶液的极性；再次其致变性作用也要较小，方便于保护目的产物的活性；最后其毒性要小，挥发性适中。

有机试剂沉淀法中使用较多的有机溶剂有乙醇、甲醇、丙酮，还有二甲基甲酰胺、二甲基亚砜、乙腈和2-甲基-2,4-戊二醇等。其中乙醇常用于核酸、糖、氨基酸和核苷酸等物质的沉淀；而乙醇、甲醇、丙酮则常用于蛋白质、酶等物质的沉淀。由于甲醇、丙酮对人体有一定的毒性，因此，大大限制了有机试剂法的适用范围，使得有机试剂沉淀不如盐析法使用普遍。

进行沉淀操作时，欲使溶液达到一定的有机溶剂浓度，需要加入的有机溶剂的浓度和体积可按下式计算

$$V = V_0(S_2 - S_1)/(100 - S_2)$$

式中 V——需加入100%浓度有机溶剂的体积；

V_0——原溶液体积；

S_1——原溶液中有机溶剂的浓度；

S_2——要求达到的有机溶剂的浓度；

100——指加入的有机溶剂浓度为100%，如所加入的有机溶剂的浓度为95%，上式的（$100-S_2$）项应改为（$95-S_2$）。

上式的计算由于未考虑混溶后体积的变化和溶剂的挥发情况，实际上存在一定的误差。有时为了获得沉淀而不着重于进行分离，可用溶液体积的倍数：如加入1倍、2倍、3倍原溶液体积的有机溶剂，来进行有机溶剂沉淀。

三、有机溶剂沉淀的影响因素

在进行有机溶剂沉淀时，操作温度、样品浓度、pH、多价阳离子、离子强度等多因素都影响着有机溶剂沉淀的分离效果。

（一）温度对有机溶剂沉淀的影响

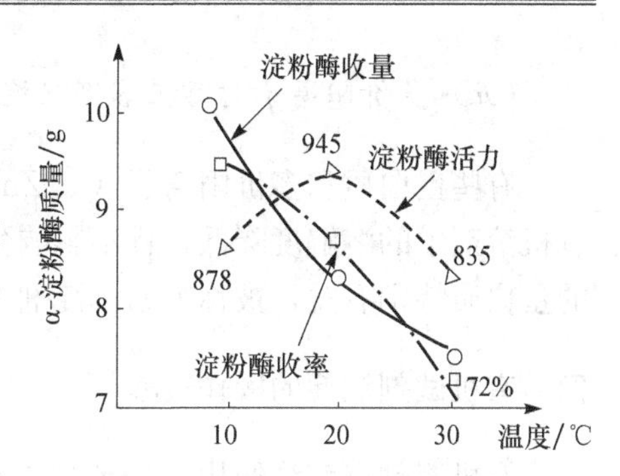

图 3-9　有机溶剂沉淀时温度对淀粉酶的影响

材料：淀粉酶（来自固体发酵米曲霉）；有机溶剂：70%乙醇

多数蛋白质在有机溶剂与水的混合液中，溶解度随温度降低而下降。值得注意的是：大多数生物大分子如蛋白质、酶和核酸在有机溶剂中都对温度特别敏感，温度稍高就会引起变性，而有机溶剂与水混合时又会发生放热反应。因此，在进行有机试剂沉淀前，必须先将有机溶剂预先冷至较低温度，且操作应在冰盐浴中进行。加入有机试剂时，应注意边搅拌边缓慢倾入，以防局部浓度过高，影响分离效果。如图 3-9 所示，在一定温度范围内，随着温度的升高，酶活力逐渐升高；但在某一温度之后，酶活力则随温度升高急剧下降。综合其收率来看，温度较低，则酶的活力及收率都较高。

（二）样品浓度对有机溶剂沉淀的影响

样品浓度对有机溶剂沉淀生物大分子的影响与盐析的情况相似：低浓度样品要使用比例更大的有机溶剂进行沉淀，且样品的损失较大，即回收率低，具有生物活性的样品易产生稀释变性。但对于低浓度的样品来说，杂蛋白与样品共沉淀的作用小，有利于提高分离效果。反之，对于高浓度的样品，可以节省有机溶剂，减少变性的危险，但杂蛋白的共沉淀作用大，分离效果较差。通常，使用 5～20mg/mL 的蛋白质初浓度为宜，可以得到较好的沉淀分离效果。

（三）pH 对有机溶剂沉淀的影响

进行有机溶剂沉淀时，pH 应选择在样品稳定的范围内，且尽可能选择样品溶解度最低的 pH。一般来说，在样品等电点附近，沉淀易于生成，所需有机溶剂的量较少。因此，进行有机试剂沉淀时，pH 常被选在样品等电点附近，以提高沉淀效果及分辨能力（图 3-10）。

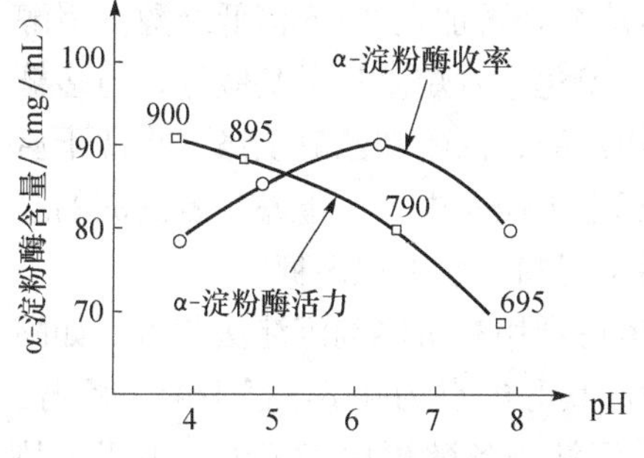

图 3-10　有机溶剂沉淀时 pH 对淀粉酶的影响

材料：淀粉酶（来自固体发酵米曲霉）；有机溶剂：70%乙醇

（四）离子强度对有机溶剂沉淀的影响

离子强度是影响有机溶剂沉淀生物大分子的重要因素。以蛋白质为例，少量的中性盐对蛋白质变性有良好的保护作用，但盐浓度过高则会增加蛋白质在水中的溶解度，从而降低有机溶剂沉淀蛋白质的效果。通常是在低盐或低浓度缓冲液中沉淀蛋白质，如对于蛋白质，在有机试剂中盐浓度以不超过 5%为宜，使用乙醇的量也以不超过原蛋白质水溶液的 2 倍体积为宜。

（五）多价阳离子对有机溶剂沉淀的影响

有些蛋白质和多价阳离子（如 Zn^{2+}、Cu^{2+} 等）能结合形成复合物，致使蛋白质在有机溶剂中的溶解度降低，且不影响蛋白质的生物活性。这对在高浓度溶剂中才能沉淀的蛋白质特别有益，被称为助沉淀剂。

四、有机试剂沉淀的操作过程

有机溶剂沉淀法使用时先要选择合适的有机溶剂，然后注意调整样品的浓度、温度、pH 和离子强度，使之达到最佳的分离效果。沉淀所得的固体样品，如果不是立即溶解进行下一步的分离，则应尽可能抽干沉淀，减少其中有机溶剂的含量，如若必要可以装透析袋透析脱有机溶剂，以免影响样品的生物活性。

五、有机溶剂沉淀实例

多糖类药物主要来源于动物、植物、微生物和海洋生物，可分为低聚糖、均多糖和杂多糖等三种。目前，动物来源的肝素、鲨鱼骨黏多糖、甲壳素、壳聚糖、硫酸软骨素和透明质酸等杂多糖仍主要是从动物材料中提取、纯化获得，提取时主要采用碱解和酶解方法，而多糖纯化则可采用乙醇分级沉淀、季铵盐络合沉淀和离子交换层析等方法。

热水浸提法是目前提取多糖最常见的方法之一，提取过程中一般采用醇沉淀法沉淀获得多糖。一般流程为

原料→粉碎→脱脂→粗提（2～3 次）→吸滤或离心→沉淀→洗涤→干燥

首先，原料经粉碎后加入甲醇、乙醚、乙醇、丙酮或 1∶1 的乙醇乙醚混合液，水浴加热搅拌或回流 1～3h 以除去表面脂肪，脱脂后过滤得到的残渣一般用水作溶剂（也有用氢氧化钾碱性水液、氯化钠水液、1%醋酸和 1%苯酚或 0.1～1mol/L 氢氧化钠作为提取溶剂）提取多糖。温度控制在 90～100℃，搅拌 4～6h，反复提取 2～3 次。得到的多糖提取液大多较黏稠，可进行吸滤，也可用离心法将不溶性杂质除去，将滤液或上清液混合（得到的多糖若为碱性则需要中和）；然后浓缩，再加入 2～5 倍低级醇（甲醇或乙醇）沉淀多糖，也可加入费林氏溶液或硫酸铵或溴化十六烷基三甲基铵等，与多糖物质结合生成不溶性络合物或盐类沉淀；然后依次用乙醇、丙酮和乙醚洗涤。将洗干后疏松的多糖迅速转入装有五氧化二磷和氢氧化钠的真空干燥器中减压干燥（若沉淀的多糖为胶状或具黏着性时，可直接冷冻干燥）。干燥后可得粉末状的粗多糖。

对于部分对有机溶剂不敏感的蛋白类药物也可考虑利用有机溶剂沉淀法获得。如酪蛋白是牛奶中主要蛋白质，是一组含磷蛋白混合物，其等电点为 4.8，且不溶于乙醇。可结合 pI 沉淀和有机溶剂沉淀的方法进行制备。pI 沉淀制备酪蛋白工艺为：牛奶加热到 40℃，搅拌下调 pH 4.8，静止 15min 后过滤，收集沉淀即为酪蛋白粗品。粗品用少量水洗涤后悬浮于乙醇中使成 10%终浓度，抽滤去除脂类溶质，滤饼再用乙醇-乙醚混合液洗涤 2 次后抽滤、烘干，即得酪蛋白纯品。

第三节 其他沉淀方法

一、选择性变性沉淀法

选择性变性沉淀是利用蛋白质、酶与核酸等生物大分子在物理、化学性质等方面的差异，选择一定的条件使杂蛋白等非目的物变性沉淀，从而达到分离提纯目的物的目的。常用的有热变性、选择性酸碱变性、表面活性剂和有机溶剂变性等。

（一）热变性

利用生物大分子对热的稳定性不同，加热升高温度使某些非目的生物大分子变性沉淀而保留目的物在溶液中。如从酵母细胞中制备蔗糖酶时，蔗糖酶在 pH 4.6，60℃保温 1h，酶活力几乎不损失，而其他杂蛋白则因不耐高温变性被除去。此方法最为简便，不需消耗任何试剂，但分离效率较低，通常用于生物大分子的初期分离纯化。

（二）选择性酸碱变性

利用蛋白质和酶等对于溶液 pH 的稳定性不同而使杂蛋白变性沉淀，通常是在分离纯化流程中附带进行的一个分离纯化步骤。

（三）表面活性剂和有机溶剂变性

不同蛋白质和酶等对于表面活性剂和有机溶剂的敏感性不同，在分离纯化过程中使用它们可以使那些敏感性强的杂蛋白变性沉淀，而目的物仍留在溶液中。使用此法时通常都在冰浴或冷室中进行，以保护目的物的生物活性。

二、等电点沉淀法

蛋白质是两性电解质，可在溶液中进行两性电离。由于其表面离子化侧链的存在，蛋白质在一定的 pH 溶液中可带一定量的净电荷。如果在某一特定 pH 的溶液中，该蛋白质极性基团解离的正负离子数相等，净电荷为 0，此时溶液的 pH 即为该蛋白质的等电点 pI。

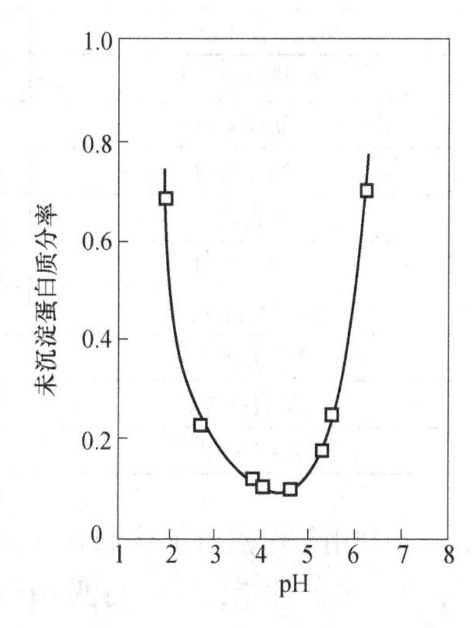

图 3-11 大豆蛋白质溶解度与 pH 的关系

等电点沉淀法是利用两性电解质分子在电中性时溶解度最低，易发生沉淀的特性（如大豆蛋白溶解度与 pH 的关系见图 3-11），将具有不同等电点的两性电解质分离的方法。生物制品中，氨基酸、蛋白质、酶和核酸都是两性电解质，可以利用此法进行初步的沉淀分离。但由于这些物质对溶液的 pH 很敏感，因此，等电点沉淀法不如盐析沉淀法应用广泛。不过等电点沉淀法也有其可取之处，一般来说，等电点沉淀法无需后继的脱盐操作，可直接转入后续的纯化阶段。因而在实践中，可缩短纯化阶段的时间。

由于许多蛋白质的等电点十分接近，而且亲水性很强的蛋白质（如明胶）在水中溶解度较大，在等电点的 pH 下不易产生沉淀。因此，单独使用此法分辨率较低，效果不理想，一般只用于在分离纯化流程中去除杂蛋白或沉淀疏水性较大的蛋白质（如酪蛋白）。如需利用等电点沉淀法沉淀目的物，则需与盐析法、有机溶剂沉淀法或其他沉淀剂一起配合使用，以提高沉淀能力和分离效果。

等电点沉淀操作需在低离子强度下调整溶液 pH 至等电点使蛋白质沉淀，由于一般蛋白质的等电点多在偏酸性范围内，故等电点沉淀操作中，多通过加入盐酸、磷酸和硫酸等无机酸调节 pH，表 3-5 为常见蛋白质等电点参考值。

表 3-5 常见蛋白质等电点参考值

蛋白质	学名	等电点（pI）
胃蛋白酶	pepsin	1.0 左右
肌清蛋白	myoal bumin	3.5
α-酪蛋白	α-casein	4.0～4.1
β-酪蛋白	β-casein	4.5
血清白蛋白	serum albumin	4.7～4.9
白明胶	gelatin	4.7～5.0
卵黄蛋白	livetin	4.8～5.0
牛血清白蛋白	bovine serum albumin	4.9
β-乳球蛋白	β-lactoglobulin	5.1～5.3
促凝血酶原激酶	thromboplastin	5.2
胰岛素	insulin	5.3
催乳激素	prolactin	5.73
γ-酪蛋白	γ-casein	5.8～6.0
γ_1-球蛋白（人）	γ_1-globulin（human）	5.8～6.6
肌浆蛋白	myogen A	6.3
胶原蛋白	collagen	6.5～6.8
生长激素	somatotropin	6.85
肌红蛋白	myoglobin	6.99
血红蛋白（人）	hemoglobin（human）	7.07
胰凝乳蛋白酶	chymotrypsin	8.1
细胞色素 C	cytochrome C	9.8～10.1
溶菌酶	lyso zyme	11.0～11.2

利用等电点沉淀法制备胰岛素的实例：工业生产胰岛素（pI 5.3）时，先调 pH 至 8.0 除去碱性蛋白质，再调 pH 至 3.0 除去酸性蛋白质，然后再调 pH 至 5.3 使胰岛素沉淀（同时加入一定浓度的有机溶剂以提高沉淀效果）。

利用等电点沉淀法提取碱性磷酸酯酶实例：生产碱性磷酸酯酶（pI 5.7）时，先将发酵液调 pH 4.0，出现含碱性磷酸酯酶的沉淀物，离心收集沉淀物。用 pH9.0 的 0.1mol/L Tris-HCl 缓冲液重新溶解，加入 20%～40%饱和度的硫酸铵分级，离心收集的沉淀可用 Tris-HCl 缓冲液再次沉淀，即得较纯的碱性磷酸酯酶。

三、有机聚合物沉淀法

有机聚合物是 20 世纪 60 年代发展起来的一类重要的沉淀剂，最早应用于提纯免疫球蛋白和沉淀一些细菌和病毒。近年来广泛用于核酸和酶的纯化。这类有机聚合物包括各种不同相对分子质量的聚乙二醇（Polyethylene Glycol，简写为 PEG）、葡聚糖及右旋糖酐硫酸钠等。其中应用最多的是聚乙二醇，它的亲水性强，可溶于水及许多有机溶剂，对热稳定，相对分子质量范围较广。在生物大分子制备中，用的较多的是相对分子质量为 6000～20000 的 PEG。相对分子质量超过 20000 以上的 PEG，由于黏性较大，因此很少使用。

（一）基本原理

对于 PEG 等高分子聚合物沉淀蛋白质的原理，目前还不是很清楚，经推测其可使蛋白质沉淀的原因有以下几点：

（1）认为沉淀作用是聚合物与生物大分子发生共沉淀作用。

（2）由于聚合物有较强的亲水性，使生物大分子脱水而发生沉淀。

（3）聚合物与生物大分子之间以氢键相互作用形成复合物，在重力作用下形成沉淀析出。

（4）通过空间位置排斥，使液体中生物大分子被迫挤聚在一起而发生沉淀。

虽然上述解释都是假设，未得到证实，但有机聚合物沉淀法的优点却很多：①操作条件温和，不易引起生物大分子变性。②沉淀效能高，使用很少量的 PEG 即可以沉淀相当多的生物大分子。③沉淀后有机聚合物容易去除。因此，具有良好的应用前景。

（二）影响因素

PEG 的沉淀效果主要与其本身的浓度和分子质量有关，同时还受蛋白质的分子质量、蛋白质浓度、离子强度、溶液 pH 和温度等因素的影响。

1. 蛋白质的相对分子质量

在所有对沉淀结果有影响的因素中，以蛋白质的相对分子质量最为重要。实验表明：蛋白质相对分子质量越大，在某一 PEG 浓度下的溶解度越小，即被沉淀下来时所需 PEG 的量越低。这一现象因为是空间排阻学说的一个有力证据。

2. 蛋白质浓度

一般来说，蛋白质浓度越高，其间的相互作用也越大，所需的 PEG 浓度越低，且常出现沉淀区段的重叠增多的现象，导致分离效果不理想。因此，溶液中的蛋白浓度最好低于 10mg/mL。

3. pH

pH 对 PEG 沉淀的效果有明显影响。一般来说，溶液的 pH 越接近目的物的等电点，沉淀所需 PEG 的浓度越低；否则则相反。

4. 离子强度

离子强度对部分蛋白质的沉淀过程有一定的影响。一般来说，离子强度较低时（0.3 以下），对沉淀效果影响不大；当离子强度高于 2.5 时，则溶液系统转变为萃取体系，这时，蛋白质的分配又会有新的变化。

5. 温度

PEG 对酶有稳定作用，因此，在一定范围内（0～30℃），温度对蛋白质沉淀的影响不大。一般来说，20℃下的分辨率最高。

四、金属离子沉淀法

金属离子沉淀法是指某些金属离子可与蛋白质分子上的某些残基发生相互作用而使蛋白质沉淀。例如，锌与咪唑基结合，使蛋白质的等电点转移，从而降低蛋白质的溶解度。沉淀蛋白质的金属离子主要有三类：

（1）能与羧基、胺基等含氮化合物以及含氮杂环化合物强烈结合的金属离子，如 Mn^{2+}、Fe^{2+}、Co^{2+}、Ni^{2+}、Cu^{2+}、Zn^{2+}、Cd^{2+}。

（2）能与羧酸结合而不与含氮化合物结合的一些金属离子，如 Ca^{2+}、Ba^{2+}、Mg^{2+}、Pb^{2+}。

（3）能与巯基化合物强烈结合的一些金属离子，如 Hg^{2+}、Ag^{2+}、Pb^{2+}。

值得提醒的是，蛋白质-金属复合物的溶解度对溶液的介电常数非常敏感，因此，使用时可适当加入有机试剂减小溶液的介电常数，以此提高沉淀效率。一般来说，实际应用时，金属离子的浓度常为 0.02mol/L，就可使浓度很低的蛋白质沉淀，沉淀产物中的重金属离子可用离子交换树脂或螯合剂除去。

金属离子沉淀法在茶多酚提取中已被广泛使用，其利用茶多酚能与 Bi^{2+}、Ca^{2+}、Ag^{+}、Hg^{2+}、Sb^{3+} 等金属离子产生络合沉淀的原理，从浸提液中分离得到较高纯度的茶多酚。其工艺路线为

茶叶原料→沸水提取→过滤→沉淀→酸转溶→萃取浓缩→干燥→茶多酚粗品

该工艺操作较复杂，其优点是无须使用大量有机溶剂，生产安全性好，在一定程度上可降低能耗，某些沉淀剂成本低、选择性强，所得产品纯度较高。缺点是在制备过程中需调节酸碱度，造成部分酚类物质因氧化而被破坏，在沉淀过滤、溶解过程中茶多酚损失大，工艺操作控制较严格，废渣、废液处理较大。目前，葛宜掌等采用 $AlCl_3$ 作为沉淀剂可使茶多酚含量达 99.5%，提取率达到 10.5%。而余兆祥等则采用 Zn^{2+}、Al^{3+} 的复合沉淀剂，分别与 Zn^{2+}、Al^{3+} 单一沉淀剂进行比较，发现复合沉淀剂的提取率比单一沉淀剂约高 1%。

小　结

本章主要讲述了几种常用的沉淀技术及其在生物分离过程中的应用。重点讲述了盐析法及有机溶剂法两种沉淀方法的作用机理、影响因素及其应用。要求重点掌握盐析的作用机理、操作过程、有机溶剂沉淀法溶剂的选择，操作过程。难点是盐析的操作机

理、盐析范围的选择、硫酸铵盐析调整饱和度的计算、有机溶剂添加量的计算。熟悉选择变性沉淀、等电点沉淀、有机聚合物沉淀及金属离子沉淀机理及其主要应用。通过本章的学习能读懂生物分离技术中沉淀部分的操作流程，能与后续章节的分离技术结合设计合理的分离方案。

思考题

1. 盐析的机理是什么？什么叫盐溶？什么叫盐析？
2. 什么叫 K_S 盐析？什么叫 β 盐析？
3. 25℃时，50mL 饱和度为 33%硫酸铵要调至饱和度 45%，需添加多少体积的饱和硫酸铵？
4. 有机溶剂沉淀的原理是什么？其影响因素有哪些？最常用的有机溶剂是什么？有什么主要特点？
5. 选择变性沉淀法主要有哪几种？
6. 什么叫蛋白质等电点？等电点沉淀法一般适用于分离什么物质？

第四章　萃取技术

萃取是利用相似相溶原理和原材料中某一组分在不同溶剂中有不同的溶解度来分离混合物的单元操作。根据参与溶质分配的两相不同，萃取技术可分为液-固萃取和液-液萃取两大类。

用溶剂从固体中抽提物质叫液-固萃取，也称为浸取，多用于提取存在于细胞内的有效成分。例如，从甜菜中提取蔗糖；在抗生素生产中，用乙醇从菌丝体中提取庐山霉素、曲古霉素等。另外，我们日常生活中煎中药、泡茶叶等也都属于液-固萃取。

用溶剂从溶液中抽提物质叫液-液萃取，也称溶剂萃取。根据所用萃取剂种类和形式不同，液-液萃取又可分为有机溶剂萃取、双水相萃取、反胶团萃取等多种类型。每种萃取方法各有特点，适用于不同种类产物的分离和纯化。

多数情况下，生物活性物质需要在胞外溶液中进行分离与纯化，因此，本章主要介绍液-液萃取法的原理、操作及分类等知识，液-固萃取仅做简要的介绍，如有需求，请查阅其他相关书籍。

第一节　概　　述

一、基本概念

液-液萃取是利用某种溶质组分（如目标产物）在两个互不相溶的液相（如水相和有机溶剂相）中溶解度或分配比的不同，使溶质得到分离纯化的操作过程。如图 4-1 所示：向碘液中加入适量的四氯化碳混合放置后，由于碘液中的水与四氯化碳互不相溶，且四氯化碳的相对密度大于水，因此，溶液出现了分层现象（图 4-1b），即水在溶液上层，四氯化碳则在溶液下层；同时，由于碘在四氯化碳中的溶解度大于在水中的溶解度，因此，大量的碘转移到四氯化碳中。

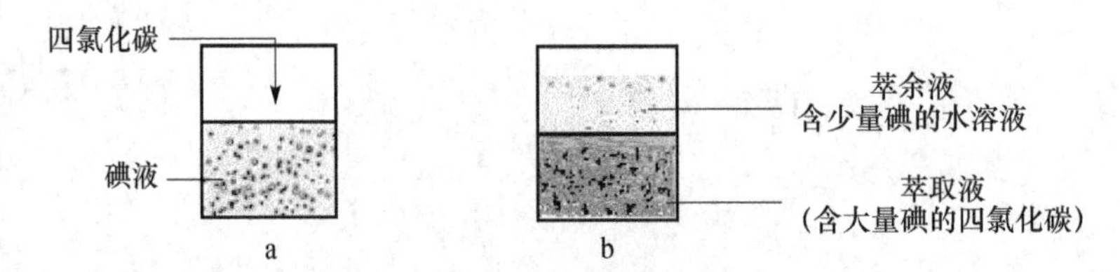

图 4-1　四氯化碳萃取碘液中的碘

a. 萃取前；b. 萃取后

上述操作中，被提取的溶液称为料液，以 F 表示，如碘液；后面加入的、用以进行萃取的溶剂称为萃取剂，以 S 表示，如四氯化碳；料液中原有的、与萃取剂 S 互不相溶的溶剂称为原溶剂（或稀释剂），以 B 表示，如水；料液中容易溶于萃取剂 S 的待分离出来的目标物质，称为溶质，以 A 表示，如碘。料液与萃取剂混合达到萃取平衡后，大部分溶质转移到萃取剂中，这种含有溶质的萃取剂溶液称为萃取液，以 E 表示，如图 4-1b 下层中含大量碘的四氯化碳；而被萃取出溶质以后的料液称为萃余液，以 R 表示，如图 4-1b 上层中含少量碘的水溶液。

二、基本原理

液-液萃取是一种利用目标物质在两个互不相溶的液相溶剂中溶解度的不同来进行分离的过程。萃取过程中，不仅要求萃取剂 S 对溶质 A 的溶解效果好，而且要求萃取剂 S 尽可能与原溶剂 B 不互溶，以尽可能少地把原溶剂 B 带入萃取液 E 中。按萃取剂与原料液中的有关组分有无化学反应发生，可将溶剂萃取分为物理萃取和化学萃取。一般来说，萃取过程的原理主要有以下四种类型。

（一）简单分子萃取（物理萃取）

简单分子萃取是简单的物理分配过程，被萃取组分以一种简单分子的形式在两相间根据溶解度的不同进行分配。它在两相中均以中性分子形式存在，溶剂与被萃取组分之间不发生化学反应。

（二）中性溶剂络合萃取

在这类萃取过程中，被萃取物是中性分子，萃取剂也是中性分子，萃取剂与被萃取物结合成为中性溶剂络合物而进入有机相。这类萃取体系主要采用中性磷化合物萃取剂和含氧有机萃取剂。

（三）酸性阳离子交换萃取

这类萃取体系的萃取剂为弱酸性有机酸或酸性螯合剂。金属离子在水相中以阳离子或能解离为阳离子的络离子的形式存在，金属离子与萃取剂反应生成中性螯合物。由于酸性阳离子交换萃取过程具有高度的选择性，所以在分离过程中应用极为广泛。这类萃取剂可分为三类，即酸性磷萃取剂、螯合萃取剂和羧酸类萃取剂。

（四）离子络合萃取

这类萃取有两种方式：一是金属离子在水相中形成络合阴离子，萃取剂与氢离子结合成阳离子，然后两者构成离子缔合体系进入有机相；另一种是金属阳离子与中性螯合剂结合成螯合阳离子，然后与水相中存在的阴离子构成离子缔合体系而进入有机相。

可以这样说，液-液萃取的过程就是上述四种方式的一种或多种组合的体现。

三、液-液萃取的操作过程

图 4-2 所示为液-液萃取的操作过程。将一定量萃取剂加入原料液中，通过搅拌使原料液与萃取剂充分混合。因萃取剂与原料液互不相溶，所以混合器内存在两个液相。搅拌可使其中一个液相以小液滴的形式分散于另一相中，造成较大的相接触面积，从而有利于溶质 A 通过相界面由原溶剂 B 向萃取剂 S 扩散。搅拌停止后，两液相因密度不同而分层：上层为轻相，通常以萃取剂 S 为主，并溶有较多的溶质，称为萃取相 E；下

层为重相，以原溶剂（稀释剂）B为主，且含有未被萃取完的溶质，称为萃余相R。若溶剂S和B为部分互溶，则萃取相E中还含有少量B，萃余相R中也含有少量的S。在实际操作中，也有轻相为萃余相，重相为萃取相的情况。由上可知，萃取操作并未得到纯净的组分，而是得到新的萃取相E和萃余相R的混合液。为了得到产品A，并回收溶剂，还需要借助蒸馏或蒸发等其他单元操作对这两相分别进行分离，称为溶剂回收。回收后的溶剂S，可供循环使用。通常用蒸馏的方法回收溶剂S，如果溶质A很难挥发，也可用蒸发的方法回收S，有时也可采用结晶等其他方法。脱除溶剂后的萃取相和萃余相分别称为萃取液和萃余液，以E′和R′表示。

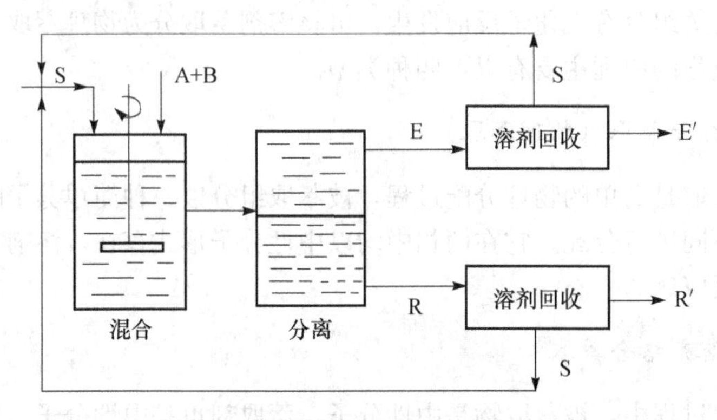

图4-2　液-液萃取的操作过程示意图

四、液-液萃取的基本流程

由液-液萃取的操作过程可知：液-液萃取操作过程由原料液与萃取剂的充分混合、萃取相与萃余相分离、从萃取相和萃余相中回收萃取剂S等一系列步骤共同完成，这些步骤的合理组合就构成了萃取操作流程。萃取操作流程按不同的分类方法，可分为间歇和连续萃取流程；单级和多级萃取流程。在多级萃取流程中，又可分为多级错流和多级逆流萃取流程。下面分别加以介绍。

（一）单级萃取流程

单级萃取是液-液萃取中最简单的操作形式，如图4-3所示。原料液F与萃取剂S一起加入萃取器内（图4-3中的混合槽），并用搅拌器加以搅拌，使两种液体充分混合，然后将混合液引入分离器（图4-3中的澄清槽），经静置后分层，萃取相E进入回收器，经分离后获得萃取剂S和产物A，萃余相R也进入回收器，经分离后获得萃取剂S′和萃余液R′，分离后得到的萃取剂S可循环使用。

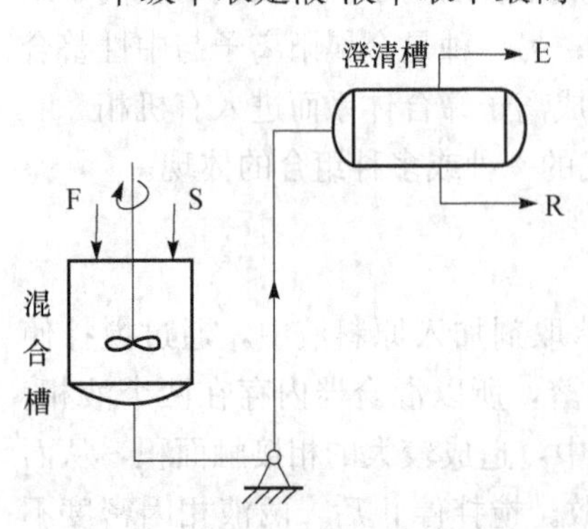

图4-3　单级萃取操作流程

由于单级萃取操作不能对原料液进行较完全的分离，因此，萃取液中产物浓度不高。但单级萃取流程简单，操作可以采用间歇式，也可以采用连续式，特别是当萃取剂分离能力大，分离效果好，或工艺对分离要求不高时，采用此种流程更为合适。

（二）多级错流萃取流程

图 4-4 为多级错流萃取流程。原料液依次通过各级混合槽，新鲜萃取剂则分别加入各级的混合槽中，萃取相和最后一级的萃余相分别进入溶剂回收设备。其中 X 代表萃取相溶质浓度，Y 代表萃余相溶质浓度，1～n 代表各级混合槽。

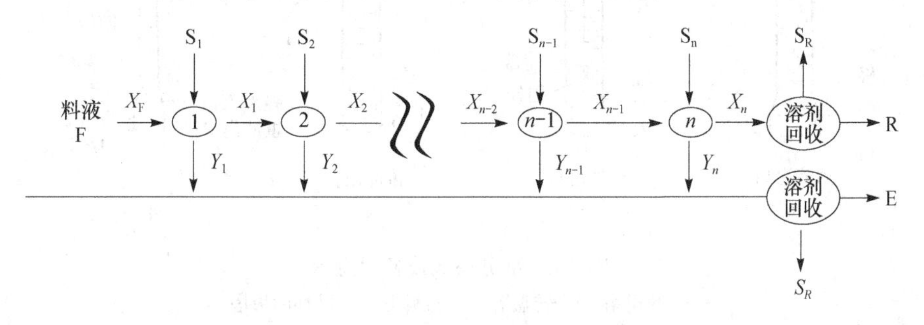

图 4-4 多级错流萃取流程

采用多级错流萃取流程时，萃取率比较高，但萃取剂用量较大，萃取剂回收处理量大，能耗较大，不经济。因此，此种流程工业上较少采用。

（三）多级逆流萃取流程

如图 4-5 为多级逆流萃取流程。原料液 F 从第一级加入，依次经过各级混合槽萃取，成为各级的萃余相，其溶质 A 含量逐级下降，最后从第 n 级流出；萃取剂则从第 n 级加入，依次通过各级混合槽与萃余相逆向接触，进行多次萃取，其溶质含量逐级提高，最后从第一级流出。最终的萃取相 E_1 送至溶剂分离装置中分离出产物 A 和溶剂，溶剂循环使用；最终的萃余相 R_n 送至溶剂回收装置中分离出溶剂 S 供循环使用。

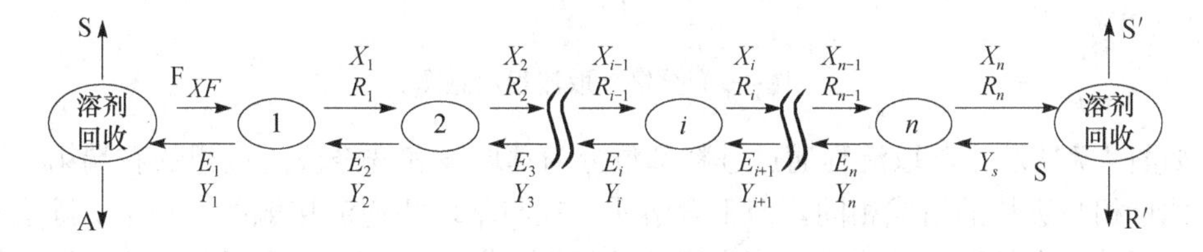

图 4-5 多级逆流萃取流程

多级逆流萃取可获得含溶质浓度很高的萃取液和含溶质浓度很低的萃余液，而且萃取剂的用量少，因而在工业生产中得到广泛的应用。特别是以原料液中 2 组分为过程产品，且工艺要求将混合液进行彻底分离时，采用多级逆流萃取更为合适。

（四）微分逆流萃取流程

微分接触逆流萃取通常是在塔内进行的，设备多为塔式设备（图 4-6）。原料液（即溶剂中密度较大者，称为重相的）从塔顶加入，萃取剂（即溶剂中密度较小者，称为轻相的）自塔底加入。两相中其中有一相经分布器分散成液滴（称为分散相），另一相保持连续（称为连续相），分散的液滴在沉降或上浮过程中与连续相逆流接触，进行溶质A由B相转移到S相的传质过程，最后轻相由塔顶排出，重相由塔底排出。

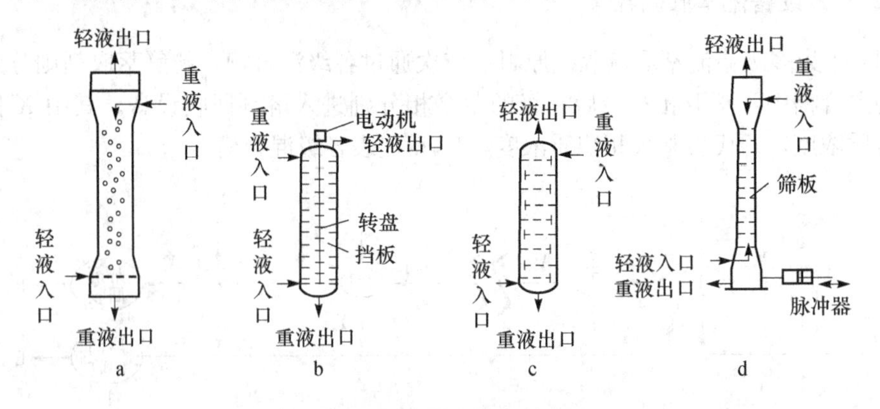

图 4-6　部分塔式设备示意图

a. 喷淋塔；b. 转盘塔；c. 筛板塔；d. 脉冲筛板塔

塔内萃取相与萃余相中的溶质沿塔高在其流动方向的浓度变化是连续的；需用微分方程来描述塔内溶质的质量守恒定律，因此称为微分萃取。

（五）分馏萃取流程

分馏萃取是对多级逆流萃取的溶质进入体系的位置进行了改进，料液从中间位置引入。图 4-7 是分馏萃取流程示意图。

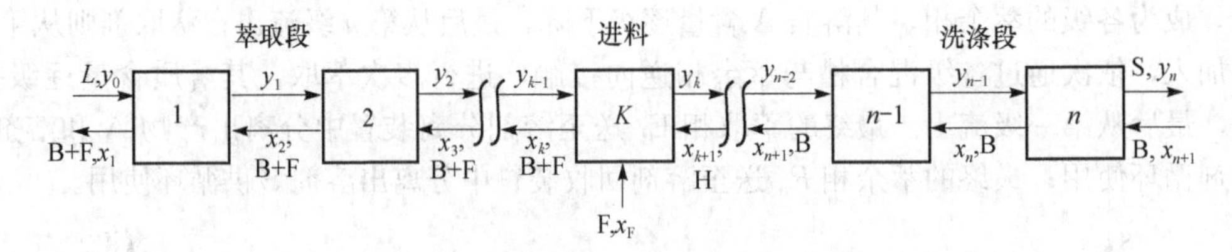

图 4-7　分馏萃取流程示意图

如图 4-7 所示，萃取流程通过进料部位分为萃取段和洗涤段。重相从右端第 n 级进入，此重相与进料的组成相同，但不含溶质，在与萃取相逆流接触的过程中，除去目标产物中不希望有的第二种溶质，相当于“洗涤”。第二种物质随重相离开接触器，结果使目标产物纯度增加而浓度减小，重相在此称为洗涤剂；萃取剂S从左端第一级进入，将“洗涤剂”带走的目标产物萃取出来，减少目标产物损失，此段称为萃取段，进入进料混合器，对目标产物萃取，萃取后再进入洗涤段对目标产物进行纯化。与多级逆流接触萃取相比，萃取段萃取溶质，洗涤段提纯溶质。由此可见，分馏萃取明显提高了目标产物的纯度。

五、液-液萃取的影响因素

液-液萃取操作过程简单，但影响因素也不少，主要有以下几方面：

（一）萃取剂对萃取的影响

1. 萃取剂 S 的选择性

在一般的萃取过程中，不仅要求萃取剂 S 对溶质 A 的溶解效果好，而且要求萃取剂 S 尽可能与原溶剂 B 不互溶，以尽可能少地把原溶剂 B 带入萃取液 E 中，这种性质称为溶剂的选择性，为了定量地表示某种萃取剂分离两种物质的难易程度，我们引入了分离因素的概念，常用 β 表示。其定义为：在同一萃取系内两种物质在同样条件下分配系数的比值，即

$$\beta = K_A / K_B$$

根据不同物质在两相中分配系数的差异，即分离因素 β，可以决定两种物质能否分离。β 值越大，说明萃取分离的效果越好。若 $\beta=1$，表示 A、B 两组分分别在萃取相和萃余相中的分配系数相等，不能用萃取的方法分离 A、B 两组分。所以 β 值的大小是判断能否萃取分离的依据。

一般来说，萃取剂 S 对溶质 A 的分配系数要大，对原溶剂 B 的分配系数要小，即分离因数 β 要大，萃取剂 S 的选择性就好。只有选择性好，才能利用不同物质在两相中的分配的差异实现萃取分离。

2. 萃取剂 S 与原溶剂 B 的密度

只有它们之间存在一定的密度差，才有利于萃取后的萃取相 E 与萃余相 R 分层。

3. 溶剂的表面张力

在萃取操作中，溶剂的表面张力要适中。溶剂的表面张力过小，分散后的液滴不易凝聚而产生乳化现象，不利于分层；溶剂的界面张力过大，两相分散困难，单位体积内的相界面面积小，对传质不利，但细小的液滴易凝聚对分离是有利的。一般情况下，倾向于选择界面张力较大的溶剂。

4. 溶剂的黏度

溶剂的黏度过大，不利于传质；溶剂的黏度小，不仅有利于传质，而且有利于两相的混合与分离，同时还可节省操作和输送过程的能量。因此常根据需要加入稀释剂，降低溶剂的黏度。

萃取剂通常是有机试剂，其种类繁多，而且不断推出新品种。用作萃取剂的有机试剂必须具备两个条件：一是萃取剂分子至少有一个萃取功能基，通过它与被萃取物结合形成萃合物。常见的萃取功能基是 O、N、P、S 等原子，其中以氧原子为功能基的萃取剂最多。二是萃取剂分子中必须有相当长链的烃或芳烃，其目的是使萃取剂及萃合物容易溶于有机溶剂，而难溶于水相。萃取剂的碳链增长，油溶性增大，容易与被萃取物形成难溶于水而容易溶于有机溶剂的聚合物。但如果碳链过长、碳原子数过多、相对分子质量太大，则不宜用作萃取剂，这是因为它们黏度太大甚至可能是固体，使用不便，同时萃取容量降低。因此，一般萃取剂的相对分子质量以 350～500 为宜。

一般工业上较为理想的萃取剂，除具备上述两个必要条件外，还应该满足以下要

求：不与目标产物发生化学反应；有较高的化学稳定性，使用安全，不易燃，不易爆，闪点低，毒性低且对设备的腐蚀性小；同时还要具有良好的经济性能，价格低廉、来源方便；容易回收和利用等特点。在萃取操作中，萃取剂的回收操作往往是费用最多的环节，回收萃取剂的难易，直接影响萃取操作的经济效益。回收萃取剂的主要方法是蒸馏和蒸发。用蒸馏的方法回收萃取剂，萃取剂与溶质的相对挥发度要大，不形成恒沸物，且最好是含量低的组分是易挥发的，以便节约能源。用蒸发的方法回收萃取剂，萃取剂的沸点越小越易蒸发，越节省操作费用。

通常，很难找到能同时满足上述所有要求的萃取剂，这就需要根据实际情况加以权衡，以保证满足主要要求。生物工业上常用的萃取剂主要有酯类、醇类和酮类等。

（二）温度对液-液萃取的影响

温度升高，溶解度增加；但温度过高，两相互溶度增大，可能导致萃取分离不能进行；温度降低，溶解度减小。但温度过低，溶剂黏度增大，不利于传质。因此要选择适宜的操作温度，以利于目标产物的回收和纯化。由于生物产物在较高温度下的不稳定性，萃取操作一般在室温或较低温度下进行。

（三）原溶剂 pH 对液-液萃取的影响

原溶剂 pH 对分配系数有显著影响。如青霉素在 pH 2 时，醋酸丁酯萃取液中青霉素烯酸可达青霉素含量的 12.5%，当 pH>6.0 时，青霉素几乎全部分配在水相中。可见选择适当的 pH，可提高青霉素的吸收率。因此，可通过调节原溶剂 B 的 pH 来控制溶质的分配行为，提高萃取剂 S 的选择性，如红霉素是碱性电解质，在乙酸戊酯和 pH 9.8 的水相之间分配系数为 44.7，而 pH 5.5 时，分配系数则降至 14.4。

反萃取是在萃取完成后，为进一步纯化目标产物或便于完成下一步分离操作，将目标产物转移到原溶剂中的操作。我们可利用同样的思路，通过调节 pH 来实现反萃取操作。例如在 pH 10～10.2 的水溶液中萃取红霉素，而在 pH 5.0 的水溶液中进行反萃取。

（四）盐析作用对溶剂萃取的影响

无机盐类如硫酸铵、氯化钠等在水相中的存在，一般可降低溶质 A 在水中的溶解度，使溶质 A 向有机相中转移。如萃取青霉素时加入 NaCl，萃取维生素 B_{12} 时添加 $(NH_4)_2SO_4$ 等。但盐析剂的添加要适量，用量过多，可促使杂质也转入有机相。

从发酵液或其他生物反应溶液中提取和分离生物产物时，萃取过程本身具有常温操作，无相变，具有良好的选择性，适用于各种不同的生产规模；能与其他需要的纯化步骤（如结晶、蒸馏）相配合使用；传质速度快，生产周期短，便于连续操作，容易实现计算机控制等优点。因此，萃取技术在制药、精细化工等工业中具有明显优势。下面对目前应用较多的几种萃取技术进行讨论。

第二节　双水相萃取

双水相萃取是新型的分离技术之一，它是利用物质在互不相溶的两个水相之间分配系数的差异实现分离的方法。由 Albertson 于 1955 年首先提出其概念，此后这项技术在动力学研究、双水相亲和分离、多级逆流层析、反应分离耦合等方面都取得了一定的进展。与其他分离技术相比，它在操作过程中能够保持生物物质的活性和构象，能使蛋白质的纯度提高 2～5 倍，设备需要量降低 70%～90%。到目前为止，双水相技术几乎在所有的生物物质，如氨基酸、多肽、核酸、细胞器、细胞膜、各类细胞、病毒等的分离纯化中得到应用，为蛋白质等生物物质特别是胞内蛋白质的分离开辟了新的途径。

一、基本原理

（一）双水相体系的形成

双水相体系的主要成因是聚合物之间的不相溶性，即聚合物水溶液的水溶性差异，并且水溶性差别越大，相分离倾向也就越大。最常见、最典型的例子是聚乙二醇（PEG）和葡聚糖（Dx）形成的双水相系统。在聚乙二醇和葡聚糖溶解过程中，当各种溶质均在低浓度时，可得到单相均质的溶体。当它们的浓度超过一定值后，由于葡聚糖是一种几乎不能形成偶极现象的球形分子，而聚乙二醇是一种共享电子对的高密度聚合物，两者由于各自不同的分子结构而相互排斥，溶液就会变浑浊，静置后，可形成两个液层。上层富集的是聚乙二醇（PEG），下层富集的是葡聚糖（Dx）。典型双水相系统示意图 4-8 所示。

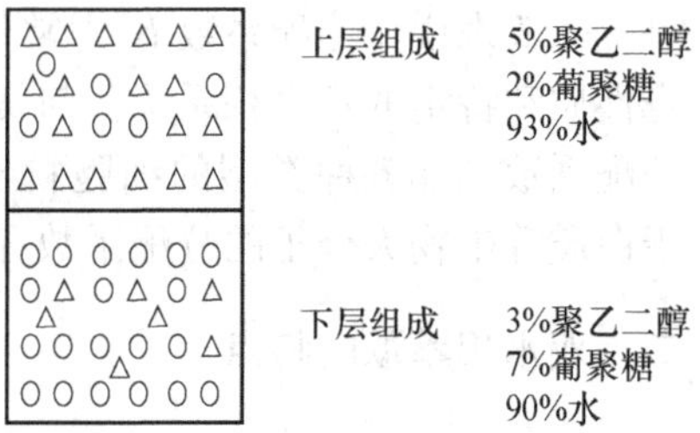

上层组成　5%聚乙二醇
2%葡聚糖
93%水

下层组成　3%聚乙二醇
7%葡聚糖
90%水

图 4-8　典型双水相系统示意图

除高聚物-高聚物双水相系统外，聚合物与无机盐的混合溶液也可形成双水相。其成相机理大多数学者认为是盐析作用。最常用的是聚乙二醇（PEG）-无机盐系统，其上相富含 PEG，下相富含无机盐。可形成双水相的物质很多，表 4-1 列出了常见的双水相系统。

表 4-1　常用的双水相体系

聚合物 1	聚合物 2 或盐	聚合物 1	聚合物 2 或盐
聚丙二醇	甲基聚丙二醇 聚乙二醇 聚乙烯醇聚乙烯吡咯烷酮 羟丙基葡聚糖 葡聚糖	聚乙二醇（PEG）	聚乙烯醇 聚乙烯吡咯烷酮 葡聚糖（Dx） 聚蔗糖
乙基羟乙基纤维系	葡聚糖	羟丙基葡聚糖	葡聚糖

续表

聚合物1	聚合物2或盐	聚合物1	聚合物2或盐
聚丙二醇 聚乙二醇 聚乙烯吡咯烷酮 甲氧基聚乙二醇	硫酸钾	聚乙二醇	硫酸镁 硫酸铵 硫酸钠 甲酸钠
聚乙烯醇 聚乙烯吡咯烷酮	甲基纤维素 葡聚糖 羟丙基葡聚糖	甲基纤维素	葡聚糖 羟丙基葡聚糖

（二）双水相萃取的基本原理

双水相系统萃取属于液-液萃取范畴，其基本原理仍然是依据物质在两相间的选择性分配，与水-有机物萃取不同的是萃取系统的性质不同。当物质进入双水相体系后，由于表面性质、电荷作用和各种力（如憎水键、氢键和离子键等）的存在和环境的影响，使其在上、下相中进行选择性分配，从生物转化介质（发酵液、细胞碎片匀浆液）中将目标蛋白质分离在一相中，回收的微粒（细胞、细胞碎片）和其他杂质性的溶液（蛋白质、多肽、核酸）在另一相中。其分配规律服从能斯特分配定律：

$$K = c_T/c_B$$

式中　c_T——上相溶质的浓度，mol/L；

c_B——下相溶质的浓度，mol/L。

一般来说，分配系数 K 为常数，与溶质的浓度无关，完全取决于被分离物质的本身性质和特定的双水相系统。与常规的分配关系相比，双水相系统表现出更大或更小的分配系数。如各种类型的细胞粒子、噬菌体的分配系数都大于100或小于0.01；酶、蛋白质等生物大分子的分配系数在0.1～10；而小分子盐的分配系数在1.0左右。

二、双水相萃取的特点

双水相萃取是一种可以利用较为简单的设备，并在温和条件下进行简单的操作就可获得较高收率和较纯产品的新型分离技术。与一些传统的分离方法相比，双水相萃取技术具有以下明显的优点。

（一）易于放大

双水相体系的分配系数仅与分离体积有关，各种参数可以按比例放大而产物收率并不降低，这是其他过程无法比拟的。这一点对于工业应用尤为有利。

（二）分离迅速

双水系统（特别是聚合物/无机盐系统）分相时间短，传质过程和平衡过程速度均很快，因此相对于某些分离过程来说，能耗较低，而且可以实现快速分离。

（三）条件温和

由于双水相的界面张力大大低于有机溶剂与水相之间的界面张力，整个操作过程可以在温室下进行，因而有助于保持生物活性和强化相际传质。既可以直接在双水相系统中进行生物转化以消除产物抑制，又有利于实现反应与分离技术的耦合。

（四）步骤简便

与其他常用的固-液分离方法相比，双水相分配技术可以将大量液体杂质与所有固体物质同时除去，以省去1～2个分离步骤，使整个分离过程更为经济。

（五）通性强

由于双水相系统受影响的因素复杂，从某种意义上说可以采取多种手段来提高选择性或收率。

双水相萃取技术作为一个很有发展前途的分离单元，除了具有上述独特的优点外，也有一些不足之处，如容易乳化、相分离时间长、成相聚合物的成本较高、分离效率不高等，一定程度上限制了双水相萃取技术的工业化推广和应用。如何克服这些困难，已成为国内外学者关注的焦点，其中“集成化”概念的引入给双水相萃取技术注入了新的生命力，双水相萃取技术与其他相关的生化分离技术进行有效组合，实现了不同技术间的互相渗透，互相融合，充分体现了集成化的优势。

(1) 与温度诱导相分离、磁场作用、超声波作用、气溶胶技术等实现集成化，改善了双水相萃取技术中如成相聚合物回收困难、相分离时间较长、容易乳化等问题，为双水相萃取技术的进一步成熟、完善并走向工业化奠定了基础。

(2) 与亲和沉淀、高效层析等新型生化分离技术实现过程集成化，充分融合了几种分离技术的优势，既提高了分离效率，又简化了分离流程。

(3) 与生物转化、化学渗透释放和电泳等过程中集成化。在生物转化、化学渗透释放和电泳等过程中引入双水相萃取，给已有的技术赋予了新的内涵，为新分离过程的诞生提供了新的思路。

三、双水相萃取操作过程

（一）选择双水相系统的溶质

根据欲分离物质和杂质的溶解特性，选择双水相系统的溶质。常用水溶性高分子聚合物和各种盐类，且通常采用两种高分子化合物系统。

（二）制备双水相系统

此为关键步骤。双水相系统的制备，一般是将已选择好的两种双水相系统的溶质分别配制成一定浓度的水溶液，然后将两种溶液按照不同的比例混合，静止一段时间，当两种溶质的浓度超过某一浓度范围时，就会产生两相。两相中两种溶质的浓度各不相同，如用等量的1.1%的右旋糖酐溶液和0.36%甲基纤维束溶液混合，静止后产生两相，上相中含右旋糖酐0.39%，含甲基纤维素0.65%；而下相中含右旋糖酐1.58%，含甲基纤维素0.15%。

（三）萃取分离

双水相系统＋欲分离混合物→充分搅拌，混合均匀→静置→混合物中不同组分按其分配系数不同分配在两相中，并达平衡→通过离心机或其他方法将两相分开收集→达到分离目的→结合其他生化分离方法，进一步分离纯化得目的产物。即该阶段主要由目的产物的萃取、PEG 的循环、无机盐的循环三部分构成。下面以蛋白质的分离为例说明双水相分离过程的流程（图 4-9）。

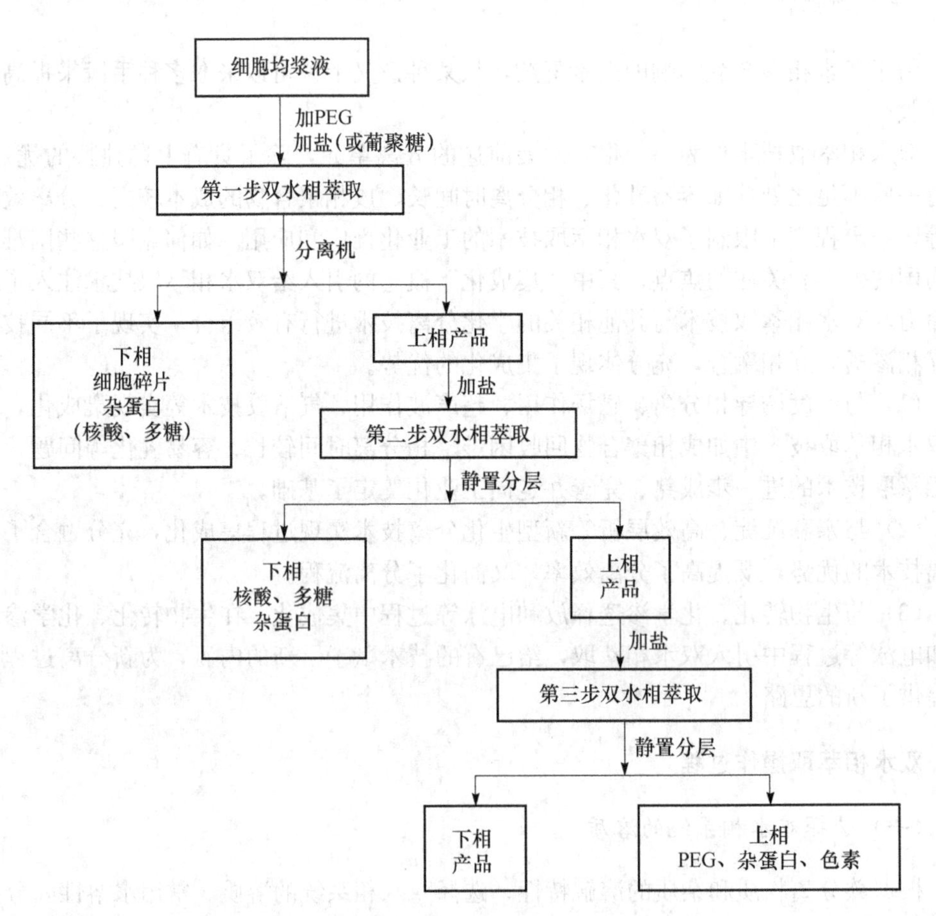

图 4-9　细胞内蛋白质的三步双水相萃取流程

(1) 目的产物的萃取阶段采用三步双水相萃取。

在第一步中所选择的条件应使细胞碎片及杂质蛋白质等进入下相，而所需的蛋白质进入富含 PEG 的上相。第二步萃取是将目标蛋白质再次转入富含 PEG 的上相，方法是向分相后的上相中加入盐以再一次形成双水相体系，使蛋白质再次进入富含 PEG 的上相，以便与杂蛋白进一步分开。第三步萃取是将杂蛋白质转入富盐相，方法是在上相中加入盐，形成新的双水相体系，从而使蛋白质进入富盐的下相，将蛋白质与 PEG 分离，以利于使用超滤或透析将 PEG 回收和目的产物进一步加工处理。

（2）在大规模双水相萃取过程中，成相材料的回收和循环使用。

在大规模双水相萃取过程中，成相材料的回收和循环使用，不仅可以减少废水处理的费用，还可以节约化学试剂，降低成本。

PEG 的回收有两种方法：①加入盐使目标蛋白质转入富盐相来回收 PEG。②将 PEG 相通过离子交换树脂，用洗脱剂先洗去 PEG，再洗出蛋白质。

无机盐的回收有两种方法：①将含无机盐相冷却，结晶，然后用离心机分离收集。②电渗析法回收盐类或除去 PEG 相的盐。③膜分离法回收盐类或除去 PEG 相的盐。

初期的双水相萃取过程仍以间歇操作为主。近年来，在天冬酶、乳酸脱氢酶、富马酸酶与青霉素酰化酶等多种产品的双水相萃取过程中均采用连续操作，有的还实现了计算机过程控制。这不仅对提高生产能力，实现全过程连续操作和自动控制，保证得到高活性和质量均一的产品具有重要意义，而且也标志着双水相萃取技术在工业生产的应用正日趋成熟和完善。

四、双水相萃取的影响因素

采用双水相萃取进行混合物的分离纯化，目标产物分离系数的大小是关键。对于某一物质，只要选择合适的双水相体系，控制一定的条件，就可以得到合适的（较大的）分配系数，从而达到分离与纯化的目的。例如，当用 14%～16%（质量分数）PEG1000 和 12%～14%（质量分数）$(NH_4)_2SO_4$ 的双水相体系提取真菌脂肪酶时，室温下其提取率可达 71%，分配系数可达 1.7，提纯倍数为 1.5。然而，物质在双水相体系中的分配系数并不是一个确定的量，影响它的因素很多，主要有组成双水相系统的高聚物平均分子质量和浓度，成相盐的种类和浓度、pH、体系的温度等。

（一）高聚物平均分子质量和浓度

组成双水相系统高聚物的平均分子质量是影响双水相萃取分配系数的最重要因素之一。一般来说，聚合物的疏水性会随分子质量的增大而增大，从而影响蛋白质等亲水性物质的分配。如在 PEG/Dx 系统中，若成相高聚物浓度保持不变，当 PEG 的相对分子质量增大时，其两端的羟基数减少，疏水性增加，这时亲水性蛋白质不再向富含 PEG 的相中聚集，而转向另一相。

组成双水相系统高聚物浓度是影响双水相萃取分配系数的另一最重要因素。一般来说，蛋白质分子的分配系数在临界点处的值为 1，偏离临界点时，它的分配系数值大于 1 或小于 1。也就是说，成相系统的总浓度越高，偏离临界点越远，蛋白质越容易分配于其中的某一相。以 PEG/$(NH_4)_2SO_4$ 双水相体系萃取糖化酶为例：在 $(NH_4)_2SO_4$ 浓度固定不变的条件下，增加 PEG400 的浓度有利于酶在上相的分配，当 PEG400 浓度在 25%～27%时，分配系数高达 47.3，浓度过高则不利于酶的分配。若在 PEG400 浓度固定为 26%时，增加 $(NH_4)_2SO_4$ 浓度，糖化酶的分配系数也会增加，但当浓度超过 16%时，酶蛋白会因盐析作用过强而产生沉淀，不利于酶的分配萃取。

对于细胞等颗粒物质来说，若成相系统的总浓度在临界点附近时，其多分配于一相中，而不吸附于界面。但随着成相系统的总浓度增大，界面张力增大，细胞或固体颗粒容易吸附在界面上，给萃取操作带来困难。而对于可溶性蛋白质，这种界面吸附现象却很少发生。

（二）成相盐的种类和浓度

盐的种类和浓度对双水相萃取的影响主要反映在两个方面，一方面由于盐的正负离子在两相间的分配系数不同，两相间形成电势差，从而影响带电生物大分子在两相中的分配。例如在8%聚乙烯二醇-8%葡聚糖、0.5mmol/L磷酸钠、pH6.9的体系中，溶菌酶带正电荷分配在上相，卵蛋白带负电荷分配在下相。当加入浓度低于50mmol/L的NaCl时，上相电位低于下相电位，使溶菌酶的分配系数增大，卵蛋白的分配系数减小。因此，只要设法改变界面电势，就能控制蛋白质等电荷大分子转入某一相。另一方面，当盐的浓度很大时，由于强烈的盐析作用，蛋白质易分配于上相，分配系数几乎随盐浓度成指数增加，此时分配系数与蛋白质浓度有关。不同的蛋白质随盐浓度增加分配系数增大的程度各不相同，因此利用此性质可有效地萃取分离不同的蛋白质。

（三）pH的影响

体系的pH对被萃取的分配有很大影响，这是由于体系的pH变化能明显地改变两相的电位差。同时，pH又会影响蛋白质分子中可解离基团的解离度，从而改变蛋白质分子的表面电荷数。电荷数的改变，必然改变蛋白质在两相中的分配。例如，体系pH与蛋白质的等电点相差越大，蛋白质在两相中分配越不均匀。对某些蛋白质，pH的微小变化，会使蛋白质的分配系数改变2～3个数量级。

（四）温度的影响

在双水相系统临界点附近，系统温度较小的变化，都可以强烈影响临界点附近相的组成，从而影响蛋白质的分配系数。当离临界点足够远时，温度的影响很小。由于双水相系统中，成相聚合物对生物活性物质有稳定作用，常温下蛋白质不会失活或变性，活性效率依然很高。因此大规模双水相萃取一般可在室温下操作，这样不但可以节约冷却费用，同时还有利于相分离。

五、双水相萃取应用实例

（一）分离和提纯各种蛋白质（酶）

双水相技术作为一种生化分离技术，由于其条件温和，易操作，可调节因素多，因而被认为是一种生物下游工程初步分离的单元操作，常用于分离和提纯各种蛋白质（酶）。例如，利用质量分数15%的PEG1000与质量分数20%的$(NH_4)_2SO_4$组成双水相体系（pH8），从α-淀粉酶发酵液中分离提取α-淀粉酶和蛋白酶，α-淀粉酶分配系数为19.6，收率为90%；而蛋白酶的分配系数竟然高达15.1，比活率也为原发酵液的1.5倍。

实验结果表明：在利用聚乙二醇-盐体系萃取各种蛋白质（酶）时，酶主要分配在上相，菌体则在下相或界面上。而且，通过向萃取相（上相）中加入适当浓度的 $(NH_4)_2SO_4$，可使双水相体系两相间固体物质析出量也增加，达到反萃取的效果。

（二）提取抗生素和分离生物粒子

由于发酵液中成分比较复杂，目标产物含量低，分离方法步骤烦琐，因而易导致产品回收率低。而利用双水相萃取从发酵液中提取抗生素和分离生物粒子时，只要条件选择合适，就可直接处理发酵液，且基本消除乳化现象，在一定程度上提高萃取收率，加快实验进程。

例如，利用质量分数 14%的 PEG2000 与质量分数 20%的 Na_2HPO_4 组成双水相体系（pH 8.0～8.5），从发酵液中分离提取丙酰螺旋霉素，小试收率可达 69.2%，而对照的乙酸丁酯萃取工艺的收率仅为 53.4%，效果对比较为明显。

实验结果表明：不同相对分子质量 PEG 组成的双水相体系提取丙酰螺旋霉素的效果不同。一般来说，选择相对分子质量较低的 PEG，有利于减小高聚物分子间的排斥作用，降低体系黏度，有利于抗生素分离。

（三）β-干扰素的提取

由于双水相萃取操作条件温和，成相的聚合物对生物活性分子有保护作用，所以特别适用于 β-干扰素这类不稳定蛋白质的提取和纯化。利用带电基团或亲和基团的聚乙二醇衍生物如 PEG-磷酸酯与盐的系统，可使 β-干扰素分配在上相，杂蛋白完全分配在下相，且 β-干扰素纯化系数甚至可高达 350。目前，这一方法与层析技术相结合而成的双水相萃取-层析联合流程已成功用于生产。

（四）中草药成分的分离与提取

中草药是我国药宝库中的瑰宝，已有数千年的历史，但由于天然植物中所含有的化合物众多，特别是中草药有效成分的确定和提取技术发展缓慢，使得我国传统中药难以进入国际市场。目前，双水相萃取技术已用于许多天然产物的分离纯化，具有明显的效果。有文献报道，以聚乙二醇-磷酸氢二钾双水相系统萃取甘草有效成分，在最佳条件下，分配系数达 12.80，收率达 98.3%。用 PEG6000-K_2HPO_4-H_2O 的双水相系统对黄芩苷和黄芩素进行萃取实验。由于黄芩苷和黄芩素都有一定憎水性，主要分配在富含聚乙二醇（PEG）的上相，两种物质分配系数最高可达 30 和 35，分配系数随温度升高而降低，且黄芩苷降幅比黄芩素大。目前，利用双水相萃取分离中草药成分的有关报道不多，但是上述实验已展示了双水相系统萃取中草药有效成分有着良好的应用前景。

第三节　反胶团萃取技术

传统的分离方法，如液-液萃取技术，具有操作连续、多级分离、放大容易和便于控制等优点，在生物制药、化工、石化等领域得到广泛应用。但很难用于蛋白质、氨基酸等物质的提取与分离，原因在于这类物质多数不溶于非极性有机溶剂，或与有机溶剂接触后会引起变性和失活。而20世纪80年代中期发展起来的反胶团萃取技术解决了上述难题，非常适合于分离纯化氨基酸、肽和蛋白质等生物分子，特别是蛋白质类生物大分子。

一、反胶团萃取的原理

由胶体化学可知，表面活性剂是由亲水憎油的极性基团和亲油憎水的非极性基团组成的两性分子。当其在水溶液中浓度达到一定值后，便可形成极性基团向外，非极性基团向内的含有非极性核心的聚合体，即胶团（图4-10e）。此时表面活性剂的最低浓度称为临界胶团浓度。这个数值可随温度、压力、溶剂和表面活性剂的化学结构而改变，一般为0.1～1.0mmol/L；当在有机溶剂中加入超过临界胶团浓度的表面活性剂时，也会形成聚集体，不过这种聚集体的结构正好与胶团相反，即形成一个非极性尾向外，极性头向内的含有水分子极性核，我们称其为反胶团（图4-10f）。

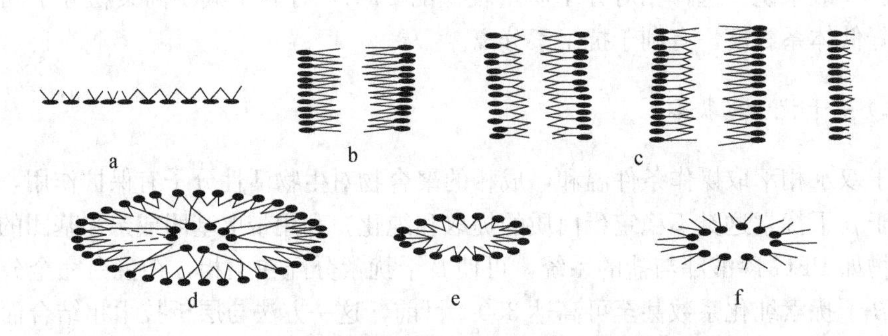

图4-10　表面活性剂在溶液中的不同聚集体

● 亲水性头　　—— 疏水性尾

a. 单层；b. 双层；c. 液晶相（薄层）；d. 气泡型；e. 水溶液中的微胶团；f. 非极性溶剂中的微胶团（反胶团）

许多生物分子如蛋白质是亲水憎油的，一般仅微溶于有机溶剂。如果使蛋白质直接与有机溶剂相接触，往往会导致蛋白质的变性失活。但是在反胶团萃取中，由于在有机溶剂和水相两相间的表面活性剂层，可同邻近的蛋白质分子发生静电吸引而变形，因此，蛋白质及其他亲水物质就能通过整合作用中进入反胶团含有水分子的极性核（即微水相或“水池”）中，由于水层和极性基团的存在，为生物分子提供了适宜的亲水微环境，从而使蛋白质被萃取，且不易变性失活；如果改变水相的pH、离子种类或强度等条件，又可使蛋白质由有机相重新返回水相，这样就可实现不同性质蛋白质间的分离或浓缩。

目前，对于蛋白质的溶解方式，人们已先后提出了四种模型，如图4-11所示。图中所示四种模型中，现在被多数人所接受的是水壳模型。在水壳模型中，蛋白质居于“水池”的中心，周围存在的水层将其与胶团内壁（表面活性剂）隔开，从而使蛋白质分子不与有机溶剂直接接触，减少了其生物活性的丢失。该模型较好的解释了蛋白质在反胶团内的状况，尤其适合对亲水性蛋白质溶解方式的解释。

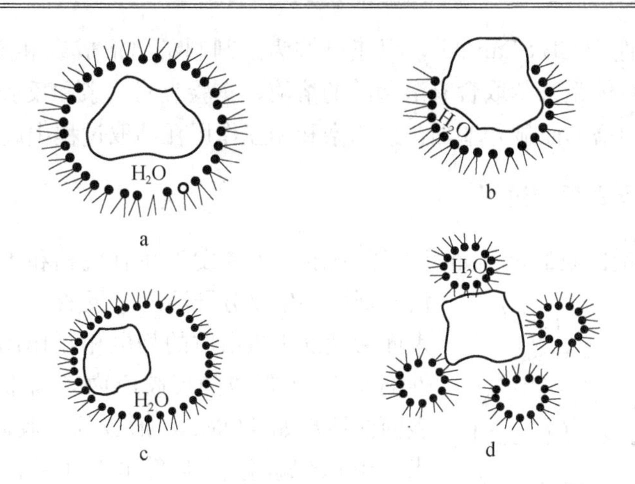

图 4-11　蛋白质在反胶团中溶解的四种可能模型

a. 水壳模型；b. 蛋白质中的疏水部分直接与有机相接触；c. 蛋白质被吸附在胶团的内壁上；d. 蛋白质的疏水区与几个反胶团的表面活性剂疏水尾发生作用

二、反胶团体系的分类

（一）单一表面活性剂反胶团体系

单一表面活性剂反胶团体系是指由一种表面活性剂构成的体系。根据表面活性剂的性质不同，该体系又可分为阴离子型、阳离子型和非离子型三种。

阴离子型表面活性剂体系结构简单，反胶团体积相对较大，适合于等电点较高、相对分子质量较小的蛋白。在反胶团萃取中使用最多的是 AOT、DOLPA。如可利用 AOT/异辛烷/水体分离核糖核酸酶、细胞色素 C 等生物制品。

阳离子型表面活性剂体系适合于等电点较低、相对分子质量较大的蛋白质。常用表面活性剂有 CTAB、TOMAC。如可利用 TOMAC /异辛烷体系浓缩 α-淀粉酶。

非离子型表面活性剂体系易形成更大的反胶团，可分离相对分子质量更大的蛋白质，但该体系容易乳化，因此很少单独使用。常用表面活性剂有 TritonX。

（二）混合表面活性剂反胶团体系

混合表面活性剂反胶团体系是指由两种或两种以上表面活性剂构成的体系。一般来说，由混合表面活性剂构成的反胶团对蛋白质有更高的分离效率。常用的混合表面活性剂体系有 AOT/DEHPA、AOT/Tween 85 等。如可利用 AOT/DEHPA 体系萃取牛血红蛋白。

（三）亲和反胶团体系

亲和反胶团体系是指除了有组成反胶团的表面活性剂之外，还有具有亲和特征的助剂，其与蛋白质有特异的结合能力，往往极少量亲和配基的加入，就可使萃取蛋白质的选择性大大提高。如将非离子型表面活性剂 SPan 85 与亲和型染料辛巴蓝（CB）结合，形成亲和表面活性剂 CB-SPan 85 ，以正己烷为溶剂制备出形成亲和型的反胶团（CB-SPan 85 反胶团）体系来萃取含有溶菌酶的溶液，实验表明：亲和反胶团对蛋白质的萃取率随 CB 浓度的增加而显著增加，说明亲和相互作用在萃取过程中起主导作用。

三、反胶团萃取蛋白质的过程

反胶团萃取蛋白质的过程如图 4-12 所示，主要发生在有机相和水相界面间的表面活性剂层。生物分子溶解于反胶团相的主要推动力是表面活性剂于蛋白质的静电相互作用。阴离子表面活性剂如 AOT 形成的反胶团内表面带负电荷，阳离子表面活性剂如 TOMAC 形成的反胶团表面带正电荷。当水相 pH 偏离蛋白质等电点（用 pI 表示）时。即当 pH＜pI，蛋白质带正电荷，pH＞pI，蛋白质带负电荷。溶质所带电荷与表面活性剂相反时，由于静电引力的作用，溶质易溶于反胶团，溶解率或分配系数较大。如果溶质所带电荷与表面活性剂相同，则不能溶解到反胶团中。根据不同蛋白质在 AOT 中的溶解度实验，在等电点附近，当 pH＜pI，即在蛋白质带正电荷的范围内，蛋白质在反胶团中的溶解率接近 100%。反胶团与生物分子间的阻碍作用和疏水性相互作用对生物分子的溶解度也有重要影响。

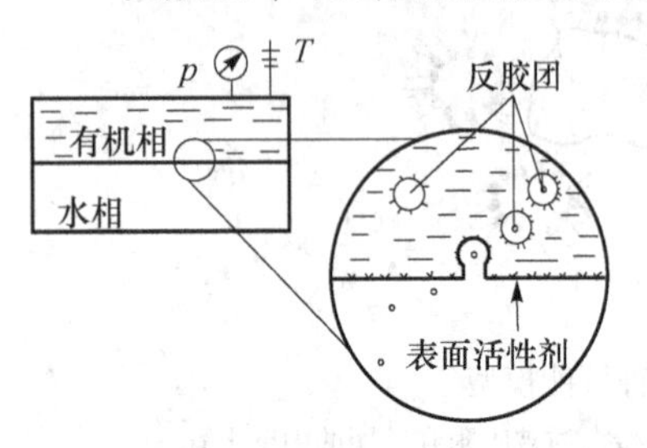

图 4-12　反胶团萃取示意图

四、影响反胶团萃取蛋白质的主要因素

反胶团萃取蛋白质，与反胶团内表面电荷和蛋白质的表面电荷间的静电作用有关，还与反胶团的大小有关。任何可以增强静电作用或导致形成较大的反胶团的因素，都有助于蛋白质的萃取。通过对上述因素进行系统的研究，确定最佳工作条件，就可得到合适的蛋白质萃取率，从而达到分离纯化的目的。下面对影响反胶团萃取的主要因素进行讨论。

（一）表面活性剂种类和浓度

表面活性剂是反胶团萃取的一个关键因素，不同结构的表面活性剂形成的反胶团的大小和性能有很大区别。一般来说，在反胶团萃取过程中，人们通常都希望所选择的表面活性剂能形成体积较大反胶团，且蛋白质与反胶团间相互作用不应太强，以减少蛋白质失活。常见表面活性剂是 AOT（丁二酸-二-2-乙基己酯磺酸钠）、TOMAC（三辛基甲基氯化氨）等离子型表面活性剂。这些表面活性剂具有易于形成较大反胶团及易分离等特点，但对于相对分子质量大于 30000 蛋白质萃取效率较差，且酶在反胶团中稳定性也不高，为此人们尝试在反胶团中加入亲和配基，通过配基与蛋白质之间特异性作用提高推动力及萃取选择性。

除此以外，反胶团萃取还应考虑形成反胶团变大（由于蛋白质的进入）所需的能量的大小以及反胶团表面的电荷密度等因素，这些都会对萃取产生影响。增大表面活性剂的浓度可增加反胶团的数量，从而增大对蛋白质的溶解能力。但表面活性剂浓度过高时，有可能在溶液中形成比较复杂的聚集体，同时会增加反胶团萃取过程的难度。

（二）溶剂体系

溶剂的性质，尤其是极性，对反胶团的形成、大小都有很大的影响。常用的溶剂有烷烃类（正乙烷、环乙烷、正辛烷、异辛烷、正十二烷等）、四氯化碳、氯仿等。有时也添加助溶剂，如醇类（正丁醇等）来调节溶剂体系的极性，改变反胶团的大小，增加蛋白质的溶解度。

（三）水相 pH

蛋白质溶入反胶团的推动力是静电引力，而决定蛋白表面电荷的状态是水相的pH。在离子强度一定时，当pH大于蛋白质等电点时，蛋白质表面带负电，反胶团内表面静电荷为正，因异性电荷相吸而使蛋白质由水相转到反胶团相。通过调节溶液pH，使其小于蛋白质等电点，就可以使蛋白质又从有机相转入水相，从而实现不同性质（不同等电点）蛋白质间分离。因此水相的pH是影响反胶团主要因素之一。

（四）离子的种类和强度

反胶团相接触的水溶液离子强度以几种不同方式影响着蛋白质的分配。一般认为，增大离子强度将减弱与反胶团内表面间静电引力，使蛋白质溶解度减小。另外，离子强度增大后，将减弱表面活性剂极性头间排斥，导致反胶团变小，使蛋白质不能进入反胶团中。因此，在低离子强度下萃入反胶团相中蛋白质，可通过使其与另一离子强度较高的水相接触而发生反萃。由于蛋白质性质不同，其在反胶团相中溶解度达到最低时所对应最小离子强度也不相同，利用这种差别，即可实现不同蛋白质间分离和浓缩。

（五）含水率 w_0

反映反胶团结构大小的一个重要参数是其含水率（w_0），即“水池”中溶入水和表面活性剂摩尔比。一般来说，反胶团大小依赖 w_0，w_0 增大，反胶团尺寸变大，自由水增多；反之，亦然。w_0 受盐浓度影响，盐浓度增加，将减弱表面活性剂极性头间排斥，导致反胶团变小；反之，亦然。

（六）温度

温度对反胶团生物催化反应影响与对其他溶液一样，当温度升高到一定程度时，能够提高蛋白质在有机相中的溶解度，不利于蛋白质的萃取；但升高温度可以实现蛋白质的反萃取，由于蛋白质对温度变化较为敏感，所以这种方法值得探讨。

五、反胶团技术的应用

由于反胶团具有优良的特性，其在食品工业，药物，农业化学等领域具有广泛的应用。下面介绍几种反胶团技术的应用实例。

(一) 蛋白质分离上的应用

沈睿等研究了CTAB(十六烷基三甲基溴化铵)与Tween、含氧有机物形成的混合反胶团对工业脂肪酶进行萃取分离的效果。实验表明，CTAB-Tween85和CTAB-含氧有机物混合反胶团的萃取率高于单一CTAB反胶团；反萃时CTAB-含氧有机物混合反胶团的反萃率与单-CTAB反胶团的反萃率相似，CTAB-Tween60和Tween40混合反胶团的反萃效果优于单一CTAB反胶团。通过测定反萃水相的酶活，发现CTAB-TRRO混合反胶团的效果最好，酶活回收率最高，可以达到70%。

(二) 氨基酸分离上的应用

司晶星研究了AOT/异辛烷反胶团体系对色氨酸进行萃取分离的效果。实验表明：在AOT浓度60mmol/L、萃取pH为2.0、离子强度为0.1mol/L；反萃取pH为10、离子强度为1mol/L的条件下，经过一次萃取，回收率可以达到70%左右。

(三) 抗生素分离上的应用

美国的Hu等利用二-2-乙基已基磷酸钠(NaDEHP)/异辛烷反胶束体系进行了氨基糖苷类抗生素新霉素和庆大霉素的萃取研究。结果显示：在适当条件下，氨基糖苷类抗生素能被有效萃取至反胶束溶液中，经一步萃取的萃取率可达80%以上。同时，萃取至反胶束相的抗生素也容易被反萃取到二价阳离子(如Ca^{2+})的水溶液中。

此外，他们还发现抗生素的萃取率在很大程度上受到水相料液中pH及盐浓度的影响。实验结果表明：当水相料液的pH为8.5～11时，新霉素和庆大霉素的萃取率随pH升高而急剧下降；而当水相料液中的$(NH_4)_2SO_4$浓度为0.2mol/L时，新霉素和庆大霉素的萃取率分别为75%和82%，随着盐浓度增到2mol/L，萃取率却降为13%和10%。

我国吴子生等在室温和pH 5～8的条件下进行了青霉素G的反胶束相转移提取研究，提取率在90%以上。研究表明：离子强度及pH对青霉素的萃取率、反萃取率的影响不大，但是离子强度对蛋白质的萃取率影响却很大。因此，可利用这些特点去除杂蛋白，提高青霉素的纯度。

目前，反胶团萃取技术仍处于起步阶段，但其工艺流程简单，易于实现规模化连续操作，分离效率高等特点，显示出其巨大的发展潜力。然而，反胶团萃取技术在实际应用上还有许多问题尚需进一步的探讨，如：普通表面活性剂会对产品产生污染，没有适合于规模化分离设备……，这都在一定程度上限制了其工业应用。因此，开发高性能天然生物相容性表面活性剂和合适的分离设备刻不容缓。相信随着研究的深入，利用反胶团萃取技术对蛋白质等生物产品进行大规模的分离和纯化已为时不远。

第四节　超临界流体萃取

超临界流体萃取是20世纪70年代以来迅速发展起来的一种新型的萃取分离技术。其利用高压、高密度的超临界流体具有类似气体的较强穿透力及类似于液体的较大密度和溶解度，将超临界流体作为溶剂，从液体或固体中萃取所需组分，然后再采用升温、降压或二者兼用的手段将超临界流体与所萃取的组分分开，达到提取分离的目的。作为新一代萃取分离技术，超临界流体萃取在食品、香料、生物制药等领域获得普遍应用，并已初步形成了一个新的产业。然而，要真正实现 CO_2 超临界萃取技术的产业化，还有若干问题亟待解决。

一、超临界流体

（一）超临界流体

任何一种物质都存在气相、液相、固相三种状态，如图 4-13 所示。当物质在气、液、固三相共存成平衡状态时，所对应的温度 T 和压力 p 在该物质的 T-p 相图中为一个点，这个点就叫三相点；而当物质气、液两相共存成平衡状态时，所对应的温度 T 和压力 p 在该物质的 T-p 相图中构成了一条线段，这条线我们就叫该物质的气液平衡线，或沸点线，或饱和蒸汽压线。在物质的气液平衡线上，当温度升高到一定值后，无论压力如何增加，该物质都不能转化为液体，而是表现出一种气-液不分的状态，这时的物质既有气体的性质，又有液体的性质。我们把物质在其 T-p 相图上的这个点叫做临界点，把该点所对应的温度和压力分别称为临界温度 T_c 和临界压力 p_c。我们将处于临界温度（T_c）和临界压力（p_c）以上，介于气体和液体之间的流体称为超临界流体（supercritical fluid，SF）。

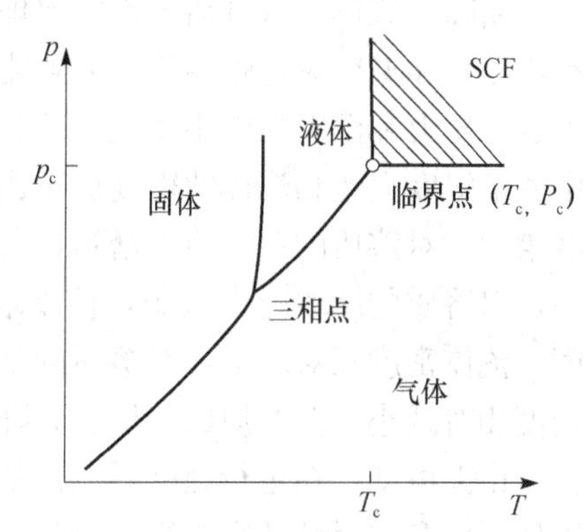

图 4-13　物质临界点附近的 T-p 相图

（二）超临界流体的选取

超临界流体具有气体和液体的双重特性。超临界流体的密度和液体相近，黏度与气体相近（表 4-2），其黏度比液体小 10～100 倍，但扩散系数约比液体大 100 倍，可以迅速渗透到物体的内部溶解目标物质，快速达到萃取平衡，对许多物质有很强的溶解能力。因此在固体内提取有效成分时，用超临界流体作为萃取剂远优于液体。

表 4-2　超临界流体与气体、液体的区别

相	密度/(g/mL)	扩散系数/(cm²/s)	黏度/[g/（cm·s）]
气体（G）	10^{-3}	10^{-1}	10^{-4}
超临界流（SCF）	0.3～0.9	10^{-3}～10^{-4}	10^{-3}～10^{-4}
液体（L）	1	10^{-5}	10^{-2}

用作萃取剂的超临界流体应具备以下条件：化学性质稳定，对设备没有腐蚀性，不与萃取剂发生反应；临界温度应接近常温或操作温度，不宜太高或太低；操作温度应低于被萃取溶质的分解变质温度；临界压力低，以节省动力费用；对被萃取物的选择性高，容易得到纯产品；纯度高，溶解性能好，从而溶剂用量少；货源充足，价格便宜。

如果用于食品和医药工业，还应选择无毒的物质。

自然界中可作为超临界流体的物质很多，如二氧化碳、一氧化亚氮、六氟化硫、乙烷、庚烷、氨等。其中二氧化碳因其临界温度低（t_c31.3℃），接近室温；临界压力小（p_v7.15MPa），扩散系数为液体的100倍，因而具有惊人的溶解能力。同时CO_2具有化学性质不活泼、无色、无味、无毒、安全性好、价格便宜、纯度高、容易获得等优点，特别适合天然产物中有效成分的提取，因此目前应用最为广泛。

二、超临界流体萃取原理

超临界流体萃取分离过程的原理是利用超临界流体的溶解能力与其密度的关系，即利用压力和温度对超临界流体溶解能力的影响而进行的。通过实验可知，在超临界区域附近，压力和温度的微小变化，都会引起流体密度的大幅度变化。而溶质在超临界流体中的溶解度大致和流体的密度成正比。如果保持温度恒定，增大压力，则超临界流体密度增大，对溶质的萃取能力增强，完成对溶质的溶解；压力减小，超临界流体的密度减小，对溶质的萃取能力减弱，使萃取剂与溶质分离。同样也可保持压力恒定，降低温度，流体密度相对增大，对溶质的萃取能力增强，完成对溶质的溶解；提高温度，流体密度相对减小，对溶质的萃取能力降低，使萃取剂与溶质分离。

由上可知，在进行超临界流体萃取时，首先应使超临界流体与待分离的物质接触，以便可以有选择性地把极性大小、沸点高低和相对分子质量大小的成分依次萃取出来。当然，对应各压力范围所得到的萃取物不可能是单一的，但可以控制条件得到最佳比例的混合成分；其次，再通过减压、升温的方法使超临界流体变成普通气体，被萃取物质则完全或基本析出，从而达到分离提纯的目的。也就是说，超临界流体萃取过程是由萃取和分离两部分组合而成的。

三、影响因素

（一）萃取压力的影响

萃取压力是超临界流体萃取最重要的参数之一，萃取温度一定时，压力增大，流体密度增大，溶剂强度增强，溶剂的溶解度就增大。对于不同的物质，其萃取压力有很大的不同。

（二）萃取温度的影响

温度对超临界流体溶解能力影响比较复杂，在一定压力下，升高温度被萃取物挥发性增加，这样就增加了被萃取物在超临界气相中的浓度，从而使萃取量增大；但另一方面，温度升高，超临界流体密度降低，从而使化学组分溶解度减小，导致萃取数减少。因此，在选择萃取温度时要综合这两个因素考虑。

（三）萃取颗粒大小

粒度大小可影响提取回收率，一般来说，粒度小有利于CO_2超临界流体萃取。减小样品粒度，可增加固体与溶剂的接触面积，从而使萃取速度提高。不过，粒度如过小、过细，不仅会严重堵塞筛孔，还会造成萃取器出口过滤网的堵塞。

（四）CO_2 的流量

CO_2 的流量变化对超临界萃取有两个方面的影响。CO_2 的流量太大，会造成萃取器内 CO_2 流速增加，CO_2 停留时间缩短，与被萃取物接触时间减少，不利于萃取率的提高；但另一方面，CO_2 的流量增加，可增大萃取过程的传质推动力，相应地增大传质系数，使传质速率加快，从而提高超临界流体萃取的萃取能力。因此，合理选择 CO_2 的流量在超临界流体萃取中也相当重要。

（五）夹带剂的影响

在超临界状态下，CO_2 具有选择性溶解的特性。一般来说，CO_2 超临界流体萃取对低分子、低极性、亲脂性、低沸点的成分，如挥发油、烃、酯、内酯、醚、环氧化合物等表现出优异的溶解性，如天然植物与果实的香气成分；对具有极性集团（—OH、—COOH 等）的化合物，极性基团越多，就越难萃取，故多元醇、多元酸及多羟基的芳香物质均难溶于超临界二氧化碳；对于相对分子质量高的化合物，相对分子质量越高，越难萃取，相对分子质量超过 500 的高分子化合物也几乎不溶。为此，在萃取相对分子质量较大、极性集团较多的中草药成分时，需向由有效成分和超临界二氧化碳组成的二元体系中加入第三组分，来改变原来有效成分的溶解度，这类能改变溶质溶解度的第三组分就称为夹带剂（也有许多文献称夹带剂为亚临界组分）。

不同物质需要添加不同的夹带剂。实际生产中，常需要根据萃取组分的性质来选择夹带剂的种类，其添加量则通过实验来确定。具体内容见下：

（1）充分了解被萃取物的性质及所处环境。被萃取物的性质包括分子结构、分子极性、相对分子质量、分子体积和化学活性等。了解被萃取物所处环境也是非常必要的，它可以指导夹带剂的选择。例如，DHA 分布于低极性的甘油脂、中极性的半乳糖酯和极性很大的磷脂中，且主要存在于极性脂质中，所以要提取其中 DHA 必须提取出各种极性的脂质成分，进而可以确定合适的夹带剂。

（2）综合夹带剂的性质（分子极性、分子结构、相对分子质量、分子体积）和被萃取物性质及所处环境进行夹带剂的预选。如对酸、醇、酚、酯等被萃取物，可以选用含—OH、C═O 基团的夹带剂；对极性较大的被萃取物，则可选用极性较大的夹带剂。

（3）满足廉价、安全、符合医药食品卫生等要求。由于 CO_2 超临界萃取技术已广泛应用于生物、医药、食品等领域，因而夹带剂在这些领域中还须满足廉价、安全、符合医药食品卫生等要求。

（4）实验验证。在上述因素确定后，应通过实验进一步确定其准确度。臧志清等在 CO_2 超临界萃取红辣椒夹带剂的筛选研究中对此做了详细的介绍，详细内容请参阅该文献。

四、超临界流体萃取操作过程

超临界流体萃取是由萃取和分离两个阶段组合而成的，如图 4-14 所示。在萃取阶段，首先将萃取原料装入萃取釜；然后将作为超临界溶剂的二氧化碳气体经热交换器冷凝成液体，再经加压及调节温度，使其成为超临界二氧化碳流体；最后使二氧化碳流体作为溶剂从萃取釜底部进入，与被萃取物料充分接触，选择性溶解出所需的化学成分。在超临界流体萃取的分离阶段，含溶解萃取物的二氧化碳流体经节流阀降压到低于二氧化碳临界压力以下进入分离釜（又称解析釜），由于二氧化碳溶解度急剧下降而析出溶质，自动分离成溶质和二氧化碳气体两部分。前者为过程产品，定期从分离釜底部放出，后者为循环二氧化碳气体，经过热交换器冷凝成二氧化碳液体再循环使用。至此，完成待分离组分的分离。

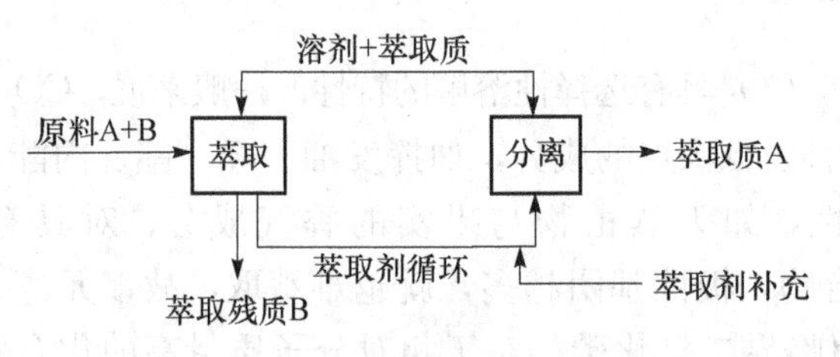

图 4-14　超临界流体萃取过程

（一）超临界萃取过程的分类

根据分离方法的不同，可以把超临界萃取过程分为等温法、等压法和吸附法三种典型工艺过程。

1. 等温法

1）工艺流程

等温法是通过变化压力使萃取组分从超临界流体中分离出来，如图 4-15 所示。含有萃取质的超临界流体经过膨胀阀后压力下降，其萃取质的溶解度下降。溶质析出由分离槽底部取出，充当萃取剂的气体经压缩机送回萃取槽循环使用。

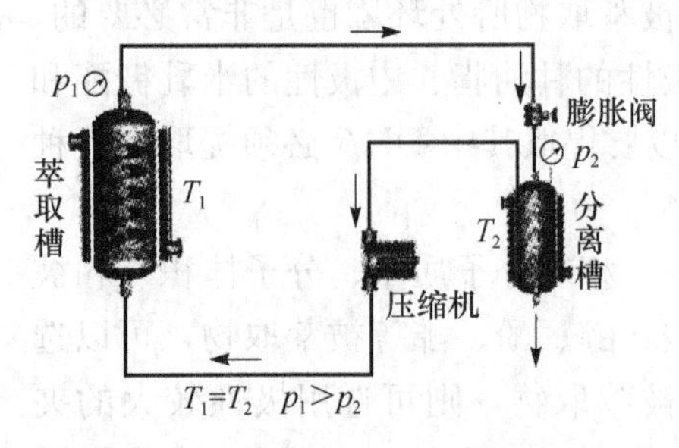

图 4-15　等温法超临界萃取流程

2）操作特点

等温法萃取过程的特点是萃取釜（萃取槽）和分离釜（分离槽）等温，萃取釜压力高于分离釜压力。利用高压下 CO_2 对溶质的溶解度大大高于低压下的溶解度这一特性，将萃取釜中选择性溶解的目标组分在分离釜中析出成为产品。降压过程采用减压阀，降压后的 CO_2 液体（一般处于临界压力以下）通过压缩机或高压泵再将压力提升到萃取釜压力，循环使用。

2. 等压法

1）工艺流程

等压法是利用温度的变化实现溶质与萃取剂的分离。如图 4-16 所示，含萃取质的超临界流体经加热升温使萃取剂与溶质分离，由分离槽下方取出溶质。作为萃取剂的气体经降温后送回萃取槽使用。

2）操作特点

等压法工艺流程特点是萃取釜（萃取槽）和分离釜（分离槽）处于相同压力，利用二者温度不同时 CO_2 流体溶解度的差别来达到分离目的。

3. 吸附法

1）工艺流程

吸附法是采用可吸附溶质而不吸附超临界流体的吸附剂使萃取物分离。萃取剂气体经压缩后循环使用，如图 4-17 所示。

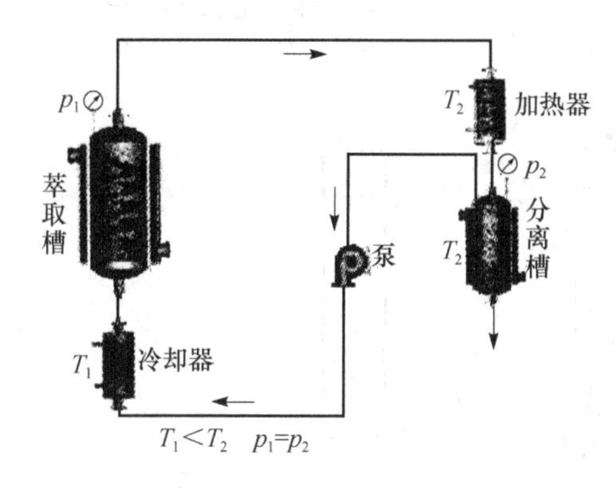

图 4-16　等压法超临界流体萃取流程

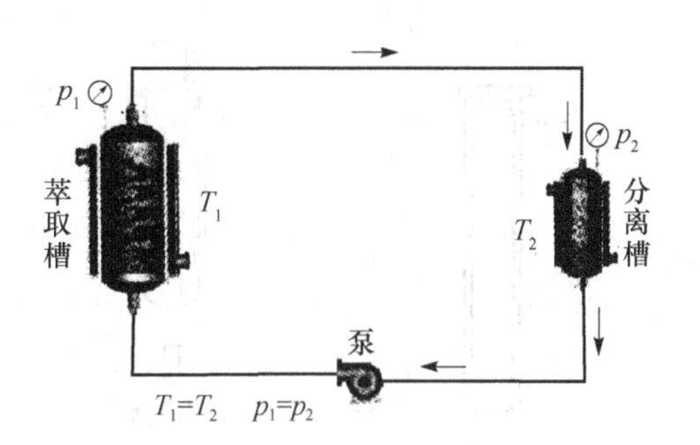

图 4-17　吸附法超临界流体萃取流程

2）操作特点

吸附法工艺流程中萃取和分离处于相同温度和压力下，利用分离釜中填充特定吸附剂将 CO_2 流体中待分离的目标组分选择性吸附除去，然后定期再生吸附剂即可达到分离目的。

对比等温、等压和吸附三种基本流程的能耗，吸附法理论上不需压缩能耗和热交换能耗，应是最省能的过程。但该法只适用于可使用选择性吸附方法分离目标组分的体系，绝大多数天然产物分离过程很难通过吸附剂来收集产品，所以吸附法只能用于少量杂质脱除过程。一般条件下，温度变化对 CO_2 流体的溶解度影响远小于压力变化的影响。因此，通过改变温度的等压法工艺过程，虽然可以节省压缩能耗，但实际分离性能受到很多限制，实用价值较少。所以目前超临界 CO_2 萃取过程大多采用改变压力的等温法流程。

（二）固体物料的 CO_2 超临界萃取工艺过程

常用固体物料的萃取过程如图 4-18 所示，天然产物 CO_2 超临界萃取工艺一般采用等温法和等压法的混合流程，通过改变压力达到改变 CO_2 流体溶解为主要分离手段。萃取釜压力提高，有利于溶解度增加，但过高压力将增加设备的投资和压缩能耗。从经济指标考虑，通常工业应用的萃取过程的操作压力都低于 32MPa。分离釜是产品分离和CO_2流体循环的组成部分。分离压力越低，萃取和解析的溶解度差值越大，越有利于分离过程效率的提高。工业化流程都采用液化CO_2经高压泵加压与循环的工艺。因此，分离压力受到CO_2液化压力的限制不可能选取过低的压力，通常循环压力在5.0～60MPa。假如要求将萃取产物按不溶解性能分成不同产品，工艺流程中可串接多个分离釜，各级分离釜的压力按从高至低的次序排列，最后一级分离压力应是循环CO_2的压力。流程中CO_2流体采用液态加压工艺，所以流程中有多个热交换装置以满足CO_2多次相变的需要。萃取釜温度选择受溶质溶解度大小和热稳定性的限制，与压力选用范围相比，温度选择范围要窄得多，常用温度在其临界温度附近。

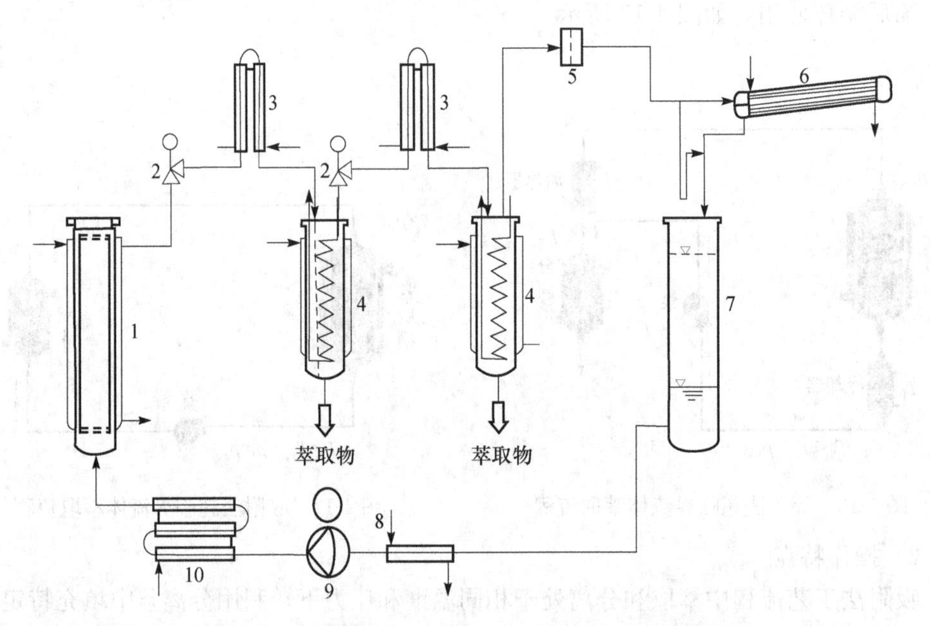

图4-18　固体物料CO_2超临界萃取工业化流程

1. 萃取釜；2. 减压阀；3. 热交换器；4. 分离釜；5. 过滤器；6. 冷凝器；7. CO_2储罐；8. 预冷器；9. 加压泵；10. 预热器

（三）液相物料的CO_2超临界流体萃取的工艺过程

液相物料超临界CO_2萃取流程采用逆流塔式分离塔，流程如图4-19所示。液体原料经泵连续进入分离塔中间进料口，CO_2流体经加压、调节温度后连续从分离塔底部进入。分离塔有多段组成，内部装有高效填料，为了提高回流的效果，各塔段温度控制以塔顶高、塔底低的温度分布为依据。高压CO_2流体与被分离原料在塔内逆流接触，被溶解组分随CO_2流体上升，由于塔温升高形成内回流，提高回流液的效率。已萃取溶质的CO_2流体在塔顶流出，经降压解析出萃取物，萃取残液从塔底排出。该装置有效用于超临界CO_2萃取和精馏分离过程，达到进一步分离、纯化的目的。

如前所述，固相物料的CO_2超临界萃取只能采用间歇式操作，即萃取过程中萃取釜需要不断重复装料-充气，升压-运转-降压，放气-卸料-再装料的操作。因此，装置处

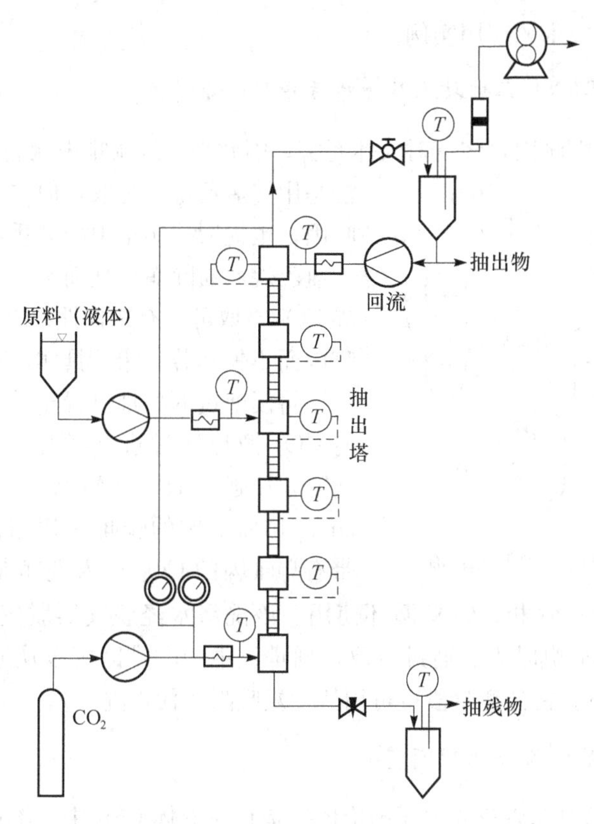

图4-19　液相物料连续逆流萃取塔

理量少，萃取过程中能耗和 CO_2 气耗较大，以致产品成本较高，影响该技术推广应用。但是相对于固相物料，当前尚有大量液相混合物适合于超临界 CO_2 萃取分离。例如，食品工业中从植物性和动物性油脂中提取特殊高价值的成分；天然色素的分离精制以及香料工业中的精油脱萜和精制等。相对于固相物料，液相物料超临界 CO_2 萃取有下列特点：

（1）萃取过程可以连续操作。由于萃取原料和产品均为液态，不存在固体物料加料和排渣等问题，萃取过程可连续操作，大幅度提高装置的处理量，相应的较少过程能耗和气耗，降低生产成本。

（2）实现萃取过程和精馏过程一体化，可以连续获得高纯度和高附加值的产品。液相混合物萃取分离基本上都可以采用连续逆流式超临界萃取装置，技术特点为 CO_2 萃取分离和精馏相耦合，有效发挥二者的分离作用，提高产品的纯度。

五、超临界流体萃取应用实例

超临界萃取技术从20世纪50年代初起先后在石油化工、煤化工、精细化工等领域得到应用，目前在食品工业和制药工业中的应用发展迅速。在食品工业方面，啤酒花有效分成萃取、天然香料植物或果蔬中提取天然香精和色素及风味物质、动植物中提取动植物油脂，以及咖啡豆或茶叶中脱除咖啡因、烟草脱尼古丁、奶脂脱胆固醇及食品脱臭等方面的研究和应用都取得了长足的发展。其中一些技术早已实现工业化应用。下面介绍几种超临界萃取技术的应用实例。

（一）用超临界 CO_2 萃取技术从咖啡豆中脱除咖啡因

咖啡中含有的咖啡因，多饮对人体有害，因此必须从咖啡中除去。工业上传统的方法是用二氯乙烷来提取，但二氯乙烷不仅提取咖啡因，也提取掉咖啡中的芳香物质，而且残存的二氯乙烷不易除净，从而影响咖啡质量。但超临界 CO_2 萃取可以有选择性地直接从原料中萃取咖啡因而不失其芳香味。具体过程如图 4-20 所示。

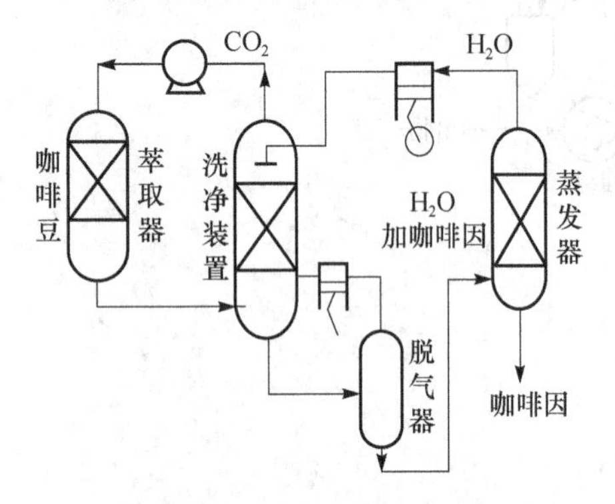

图 4-20　超临界萃取咖啡因的工艺流程

将浸泡过的咖啡豆置于萃取器中，其间不断有 CO_2 循环通过进行萃取，操作温度为 70～90℃，压强为 16～20MPa，密度为 0.4～0.65g/cm³。咖啡豆中的咖啡因逐渐被 CO_2 提取出来，带有咖啡因的 CO_2 进入洗净装置，用 70～90℃ 水洗涤，咖啡因转入水相，CO_2 循环使用。该洗涤水经脱气器脱气后，进入蒸发器，再用蒸馏的方法回收咖啡因。通过萃取，咖啡豆中的咖啡因可以从原来的 0.7%～3% 下降到 0.02%以下。在分离阶段也可用活性炭吸附取代水洗。

（二）用超临界 CO_2 萃取啤酒花

超临界 CO_2 萃取啤酒花的主要理论依据是它在液体 CO_2 中的溶解度随着温度强烈地变化。具体的工艺流程如图 4-21 所示。首先将非极性的液体 CO_2 泵入装有含酒花软树脂的柱 1 或柱 2 中，CO_2 压力控制在 5.8MPa 并预冷到 7℃，使 α-酸萃取率达到最大；接着，萃取液体进入蒸发器中（分离器），CO_2 在 40℃左右蒸发，非挥发性物质在蒸发器底部沉积，CO_2 气流用活性炭吸附的办法去污并增压后重新用于萃取，每次循环损耗小于1%。

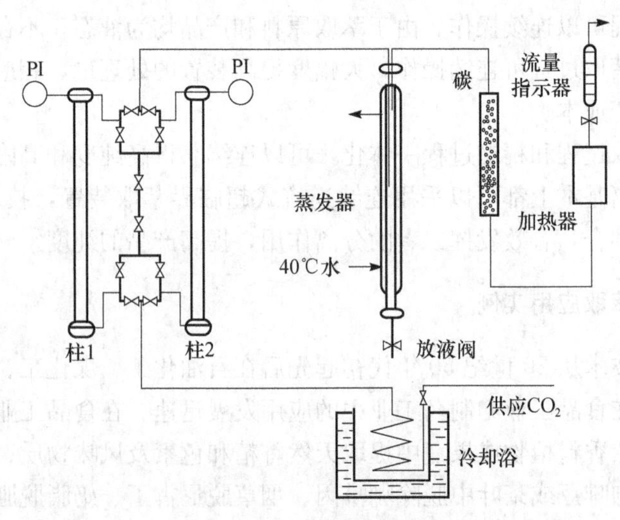

图 4-21　用超临界 CO_2 萃取啤酒花工艺流程

六、展望

由于超临界流体萃取毒性小、温度低、溶解性能好，非常适合生化产品的分离和提取，近年来在生化工程上的应用研究越来越多，如超大型临界 CO_2 萃取氨基酸，从单细胞蛋白的游离物中提取脂类，从微生物发酵的干物质中萃取 γ-亚麻酸，用超临界 CO_2 萃取发酵法生产的乙醇，以及各种抗生素的超临界流体干燥，脱除丙酮、甲醇等有机溶剂，避免产品的药性降低等。在医药工业中，其主要用于从动植物中提取有效药物成分、药用成分分析及粗品的浓缩精制等，甚至还可提取许多传统分离方法分离不出来的成分，利于新药开发。此外，该法还具有抗氧化、能灭菌等作用，有利于保证和提高产品质量。

虽然超临界流体萃取具有以上优点，但是由于超临界流体萃取设备中的分离釜只是一个空的高压容器，所以产品往往是不同馏分的混合物。因此单独采用超临界萃取技术常常满足不了对产品纯度要求。为此，人们开发了超临界萃取技术与其他分离手段的联用工艺技术，以便将天然产物中相似的化合组分较好地分开。

（一）超临界萃取和精馏联用

其特点是将超临界萃取与精密分馏相结合，在萃取的同时将产物按其性质和沸程分成若干个不同的产品。如图 4-22 所示，具体工艺是采用填有多孔不锈钢填料的高压精馏塔代替分离釜，沿精馏塔高度有不同控温段。新流程中萃取产物在分离解析的同时，利用塔中的温度梯度，改变 CO_2 流体的溶解度，使较重组分凝析而形成回流，产品各馏分沿塔高进行气-液平衡交换。例如，在鱼油精制中，采用该技术可制得纯度达到 90%以上的二十碳五烯酸（EPA）和二十二碳六烯酸（DHA）产品。

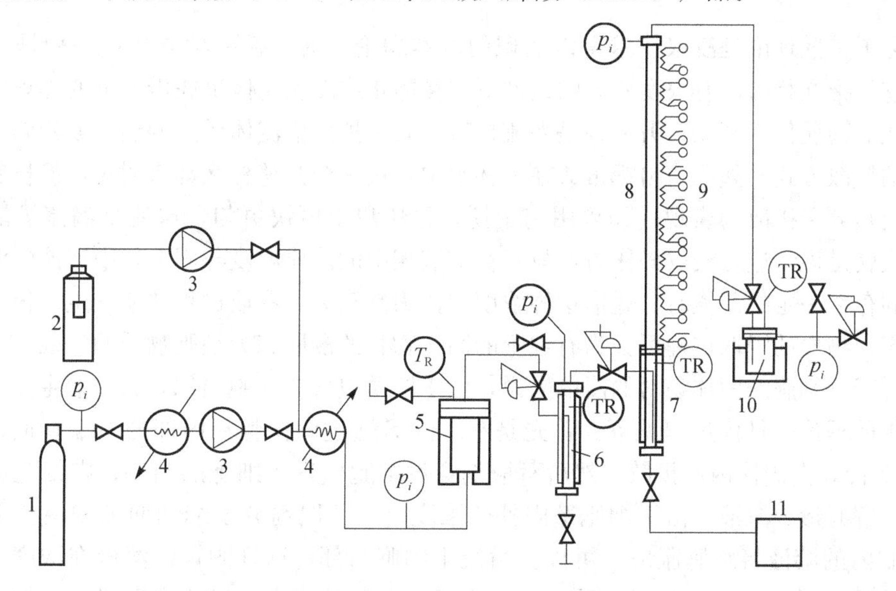

图 4-22 超临界 CO_2 萃取与精密分馏塔联用

1. CO_2 储罐；2. 提携剂罐；3. 加压泵；4. 热交换器；5. 萃取釜；6. 第一分离器；7. 第二分离器；8. 精馏塔；9. 分段电热器；10. 塔顶分离器；11. 塔底罐；p_i. 压力记录；T_R. 对地温度

（二）超临界萃取与尿素包合技术联用（超临界萃取结晶法）

利用尿素可与脂肪酸化合物形成包合物，而且分子结构和不饱和度不同的化合物与尿素的包合程度也不同。利用这一特性可实现组分的分离，如从鱼油中提纯 EPA 和 DHA。

（三）超临界萃取与色谱分离联用

超临界萃取与色谱分离联用。例如，从向日葵种子中提取维生素 E 时，同硅胶吸附柱联用。

此外，随着超临界萃取研究的不断深入以及应用领域的不断拓展，新型超临界流体技术如超临界流体色谱、超临界流体化学反应、超临界流体干燥、超临界流体沉析等技术的研究也取得了较大进展，显示了超临界流体萃取技术良好的应用前景。

第五节　其他萃取技术

一、浸取技术

同液-液萃取一样，浸取是生物分离过程中从细胞或生物体中提取目标产物或除去有害成分的重要手段之一。它是利用萃取剂 S 自固体 B 中溶解某一种（或多种）溶质 A 的单元操作，也称为固-液萃取。

（一）浸取理论

分子扩散理论是浸取技术得以实现的基本理论。其包括两种方式：一种是分子扩散，它是指在相内部有浓度差异的条件下，在静止或滞流流体里凭借分子的无规则运动而造成的物质传递现象；另一种是涡流扩散，其是指凭借流体质点的湍动或旋涡而传递物质的扩散方式。如取一勺蜂蜜放在一杯水中，过一会儿整杯水都有甜味，但杯底的更甜，这是分子扩散的表现；如果用勺子搅，很快甜得更快更匀，这便是涡流扩散的效果。也就是说，进行浸取操作时，只有在溶液相中的溶质浓度与固体相中溶液的溶质浓度之间存在一定的差值时，凭借这种浓度差作为推动力，浸取过程才能发生。根据物料的形态，物质的浸取机理可分为有细胞的固体物料的浸取和无细胞物质的浸取。

对于有细胞的固体物料的浸取来说，由于溶质包含在细胞内部，其浸取主要是根据分子扩散理论，具体过程见下：首先是萃取剂 S 通过固体颗粒内部的毛细管道，穿过液-固界面，向固体内部扩散；然后萃取剂穿过细胞壁进入细胞的内部；在细胞内部将溶质溶解并形成溶液。由于细胞壁内外的浓度差，萃取剂分子继续向细胞内扩散，直至细胞内的溶液将细胞胀破，可以自由流出细胞内部；这样固体内溶液在浓度差的推动下向固液界面扩散；最后溶质由固液界面扩散至液相主体完成浸取操作。如将人参浸泡于乙醇中，人参的有效成分人参皂苷逐渐溶解于乙醇的过程，就是上述机理的直接体现。

另一类是无细胞物质的浸取，这个历程就要简单些。首先也是萃取剂通过固体颗粒内部的毛细管道，穿过液-固界面，向固体内部扩散；然后溶质自固相转移至液相，形成溶液；在浓度差的推动下，毛细通道内溶液中的溶质扩散至固-液两界面；最后溶质由固-液界面向液相主体扩散完成浸取操作。

根据浸取机理可知，不同物质的扩散速率是不同的，即使是同一物质扩散速率也会随介质的性质、温度、压力和浓度的不同而变。

（二）影响浸取因素

1. 固体物质的颗粒度

根据扩散理论，固体颗粒度越小，固-液两相接触界面越大，扩散速率越大，传质速率越高，浸出效果好；另一方面，固体颗粒度太小，使液体的流动阻力增大而不利于浸取。

2. 溶剂的用量及浸取次数

根据少量多次原则，在定量溶剂条件下，多次提取可以提高浸取的效率。一般来说，第一次提取溶剂的量要超过溶质的溶解度所需要的量。不同的固体物质所用的溶剂用量和浸取次数都需要通过实验决定。

3. 温度

提高浸取操作温度，可增大溶质的溶解度，降低溶液的黏度，从而有利于传质的进行。但温度过高，一些无效成分萃出，则会增加分离提纯的难度；如溶质是易挥发、易分解的，会造成目标产物损失。

4. 浸取的时间

一般来说，浸取时间越长，扩散越充分，越有利于浸取。但当扩散达到平衡后，时间则不起作用，且长时间浸取，杂质会大量溶出，有些苷类也易被在一起的酶所分解。尤其是以水作溶剂时，长期浸泡还会发生霉变，影响浸取液的质量。

5. 搅拌

搅拌强度越大，越有利于扩散的进行。因此在萃取设备中应增加搅拌、强制循环等措施；提高液体湍动程度，以便进一步提高萃取效率。

6. 溶剂的 pH

根据需要调整萃取剂的 pH，有利于某些有效成分的提取，如用酸性物质提取生物碱，用碱性物质提取皂苷等。

（三）浸取操作

1. 浸取溶剂的选择

浸取溶剂的选择原则与液-液萃取剂相似。首先，浸取溶剂应对溶质的溶解度足够大，以节省溶剂用量；其次，浸取溶剂与溶质之间有足够大的沸点差，以便于采取蒸馏方法回收利用；再次，浸取溶剂还应满足价廉易得，无毒，腐蚀性小，溶质在溶剂中的扩散系数大且黏度小等条件。目前，常用的浸取溶剂有：水、乙醇、丙酮、乙醚、氯仿、脂肪油等。

2. 浸取操作前的预处理

1）增溶处理

由于细胞中各种成分间有一定的亲和力，因此，溶质溶解前必须先克服这种亲和力，方能使这些待浸取的目标产物转入溶剂中，这种作用称为解吸作用。工业上常采用在溶剂中添加适量的酸、碱、甘油或表面活性剂的方式帮助解吸，以增加目标产物的溶解。

（1）酸。利用酸解吸，主要是为了维持一定的 pH，以促进生物碱生成可溶性生物碱盐类，适当的酸度还可对生物碱产生稳定作用。若浸取溶质为有机酸时，适量的酸可使有机酸游离，再用有机溶剂浸取时效果更好。常用的酸有盐酸、硫酸、冰醋酸、酒石酸等。

（2）碱。常用的碱为氨水、氢氧化钙、碳酸钙、碳酸钠等。其中氨水和碳酸钙是安全的碱化剂，在浸取过程中用得较多。如在从甘草浸取甘草酸时，加入氨水，能使甘草酸完全浸出。碳酸钙为一不溶性的碱化剂，而且能除去鞣质、有机酸、树脂、色素等杂质。在浸取生物碱或皂苷时常加以利用。虽然二者在浸取过程中使用较多，但与酸相比，却不如其使用的普遍。

（3）表面活性剂。三类表面活性剂在浸取过程中作用各异：阳离子型表面活性剂有助于生物碱的浸取；阴离子表面活性剂对生物碱有沉淀作用；而非离子型表面活性剂毒性较小。因此，利用表面活性剂增强浸取效果时，应根据被浸固体中目标产物的种类及浸取法进行选择。

2）固体物料的预处理

（1）破碎。动、植物性固体的目标产物以大分子形式存在于细胞中，根据扩散理论，固体粉碎得越细，与萃取剂的接触面积越大，扩散面也越大，浸出效果越好。因此，浸取前一般要求先进行粉碎。但固体物料过细时，在提高浸出效果的同时，吸附作用同时增加，因而使扩散速率受到影响，此外，由于固体物料中细胞大量破裂，致使细胞内大量不溶物、黏液质等混入或浸出，使溶液黏度增大，杂质增加，扩散作用缓慢，萃取过滤困难。因此，对固体物料的粉碎还应根据溶剂和物料的性质，选择颗粒的大小。如利用锤击式破碎植物性固体，可获得植物粗粉，由于其表面粗糙，与溶剂的接触面大，因而浸取效率高；而利用切片机处理植物性固体，则可获得片状材料，由于其表面积小，因而浸出效率较低。

（2）脱脂。一般非极性溶剂难以从含有多量水分的固体物料中浸出目标产物；极性溶剂则不易从含有油脂的固体物料中浸出目标产物。因此，在进行浸取操作前，可根据溶剂和固体物料的性质，进行必要的脱脂和脱水处理。对于动物性固体物料来说，由于其一般都含有脂肪，可能会妨碍有效成分的分离和提纯。因此，应采用适宜的方法进行脱脂。目前，多利用脂肪和类脂质在低温时易凝固析出的特点，采用冷凝法处理动物性固体物料。具体过程如下：先将浸出液加热，使脂肪微粒乳化后或直接送入冰箱冷藏一定时间，然后再从液面除去脂肪。此外，也可利用脂肪或类脂质易溶于有机溶剂，而蛋白质类则几乎不溶解的特点，使用丙酮、石油醚等有机溶剂连续循环脱脂处理；对于植物性固体物料来说，不仅要考虑脱脂，还要考虑干燥脱水。

3. 浸取操作流程与设备

浸取操作主要包括不溶性固体中所含有的溶质在溶剂中溶解的过程和分离残渣与浸取液的过程。在前一个过程中，浸取和液-液萃取一样有：间歇和连续萃取流程；单级和多级萃取流程。在多级萃取流程中，又可分为多级错流和多级逆流萃取流程。其操作过程也与液-液萃取操作流程基本相同，这里就不再赘述。在后一个过程中，不溶性固体与浸取液往往不能分离完全。因此，为了回收浸取残渣中吸附的溶质，通常还需进行反复洗涤操作。

浸取设备按其操作方式可分为间歇式、半连续式和连续式。按固体原料的处理方法可分为固定床、移动床和分散接触式。在选择设备时，要根据所处理的固体原料的形状、颗粒大小、物理性质、处理的难易程度及其所需原料的多少等因素来综合考虑。如处理量大时，为避免固体原料的移动，可采用多个固定床，使浸取液连续取出。也可采用半连续式或间歇式。

(四) 浸取技术的应用

浸取技术在日常生活应用较为广泛，如在制糖工业中，常用水作为萃取剂，从甜菜中提取蔗糖；在抗生素生产中，常用乙醇从菌丝体中提取庐山霉素、曲古霉素等；在油脂工业中，则常以酒精或汽油作为萃取剂从大豆等油料作物中萃取食用油……可以说，浸取技术与我们的生活密切相关。

二、液膜萃取技术

液膜萃取技术是一种在20世纪60年代中期诞生的新型膜分离技术，又称液膜分离技术，液膜分离通常涉及三种液体：含有被分离组分的料液为连续相，称为外相；接受被分离组分的液体，称为内相；成膜的液体处于两者之间，称为膜相。也就是说，液膜萃取技术是将第三种液体展成膜状以便隔开两个液相，利用液膜类似于生物膜的选择透过性，使料液中的某些组分透过液膜进入接受液，然后再将三者各自分开，从而实现料液组分的分离。液膜萃取与液-液萃取虽然机理不同，但都属于液-液系统的传质分离过程。

液膜萃取技术具有许多明显的特色，如萃取与反萃取可同时进行，并实现分离和浓缩的目的。克服了固体膜选择性低和通量小的缺点，增大了目的产物穿过膜的扩散系数、减小了膜的厚度，增大了膜的透过速度，再现生物膜的高度选择性迁移。目前，液膜分离技术不仅在气体分离、烃类的提纯、湿法冶金、环境保护等领域中得到应用，而且还在发酵产物分离领域中引起了人们的关注，特别是在有机酸、氨基酸、抗生素、脂肪酸等生化产物的分离、提取中得到了较为广泛的研究，显示出了广阔的应用前景。

(一) 液膜的定义及其膜相组成

液膜是悬浮在液体中的很薄的一层乳液微粒。它能把两个组成不同而又互溶的溶液隔开，并通过渗透现象完成萃取分离。其由膜溶剂、表面活性剂、流动载体和膜增强剂共同构成。其中膜溶剂是与内外相都互不相溶的一种物质，是构成膜的基体，相当于化学萃取的稀释剂，对膜的性质和萃取操作影响很大。生物分离中使用的膜溶剂为油膜，如高分子烃类物质。表面活性剂由于具有亲水基和疏水基，所以可以促进液膜的传质速率，提高其选择性；还可以明显改变界面的表面张力，起到乳化作用，是液膜技术中稳定油水分界面的重要组分，对液膜的稳定性、渗透速度、分离效率和膜相与内水相分离后的循环使用有直接关系。流动载体是液膜萃取的关键之一，它能对欲提取的物质进行选择性迁移。所以它及其络合物必须溶于膜相而不溶于邻接的溶剂相、不与膜相的表面活性剂反应、有适中的稳定性。膜增强剂是用来控制膜的稳定性和渗透性的。也可以说，外相、内相及膜相共同组成了液膜分离体系。

（二）液膜的类型

液膜按其构型和操作方式的不同，主要分为乳状液膜和支撑液膜。

1. 乳状液膜

乳状液膜实际上可以看成一种“水-油-水”型或“油-水-油”型的双重乳液高分散体系。先将两个不互溶相即内相（回收液）与膜相（液膜溶液）充分乳化制成乳液，再将此乳液在搅拌条件下分散于第三相或称外相（原液）中，即可制成乳状液膜。在萃取过程中，外相的传递组分通过膜相扩散到内相而达到分离的目的。萃取结束后，首先使乳液与外相沉降分离，再通过静电凝聚等方法破乳回收内相，而膜相可以循环制乳，其结构如图 4-23 所示。

上述液膜的液滴直径范围为 0.5～2mm，乳液滴直径范围为 1～100μm，膜的有效厚度为 1～10μm，因而具有巨大的传质比表面，可使萃取速率大大提高。

2. 支撑液膜

支撑液膜体系是由料液、液膜及反萃液三相及支撑体组成。支撑液膜是借助微孔的毛细管力将膜溶液吸附在多孔支撑体的微孔内而制得的，其结构如图 4-24 所示。在膜的两侧是与膜互不相溶的料液相和反萃液相，待分离物质自料液相经在多孔支撑体中的液膜相向反萃液相传递。

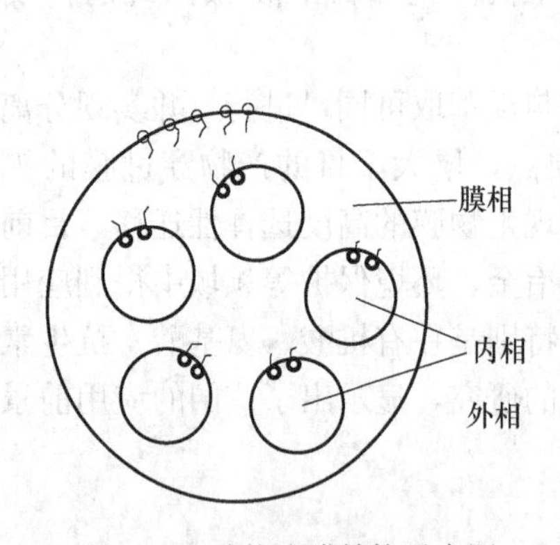

图 4-23　乳状液膜结构示意图

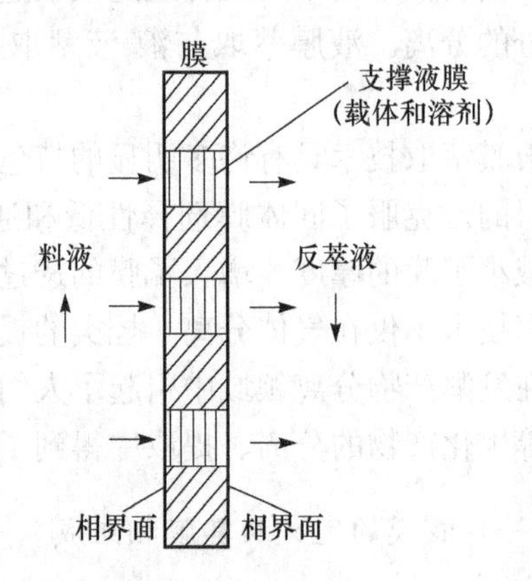

图 4-24　支撑液膜结构示意图

由于液膜含浸在多孔支撑体上，可以承受较大的压力，且具有更高的选择性，因而它可以承担合成聚合物膜所不能胜任的分离要求。支撑液膜的性能与支撑体材质、膜厚度及微孔直径的大小关系极为密切。支撑体一般都采用聚丙烯、聚乙烯、聚砜及聚四氟乙烯等疏水性多孔膜，膜厚为25～50μm，微孔直径为0.02～1μm。通常孔径越小液膜越稳定，但孔径过小将使空隙率下降，从而将降低透过速度。所以开发透过速度大而性能稳定的膜组件是支撑液膜分离过程达到实用化目的的技术关键。

支撑液膜使用的寿命目前只有几个小时至几个月，不能满足工业化应用要求，可以采取以下措施来提高稳定性：

（1）开发新的支撑材料，现用的超滤膜或反渗透膜不符合支撑液膜特殊的要求，开发具有最佳孔径、孔形状、孔弯曲度的疏水性的膜材质和膜结构的支撑体势在必行，如复合膜的制备，使穿过膜的扩散速率加快，更可增加稳定性。

（2）支撑液膜的连续再生，通过各种手段在不停车的情况下，连续补加膜液，使膜的性能得以稳定。

（3）载体与支撑材料的基体进行化学键合，即所谓“架接”，以制成载体分子的一端固定在支撑体上、另一端可自由摆荡的支撑液膜系统，这样既能满足载体的活动性，又能满足载体的稳定性。

（三）液膜分离机制

液膜分离技术是蓬勃发展中的一项新技术，对其分离机理的认识目前还没有形成完整的理论，现按液膜渗透中有无流动载体分为两类进行分离机理介绍。

1. 无载体液膜分离机理

这类液膜分离过程有三种主要分离机理，即选择性渗透，化学反应及萃取和吸附。图4-25是这三种分离机理示意图。

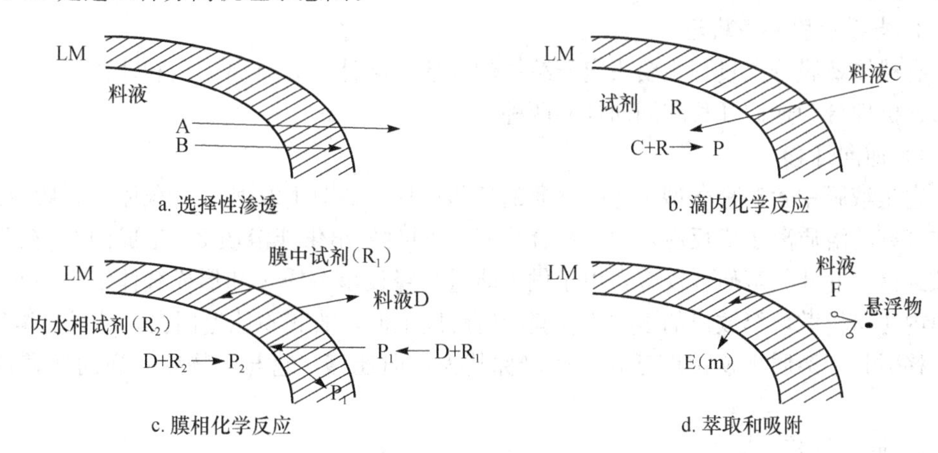

图4-25 无流动载体液膜分离机理

1）选择性渗透

这种液膜分离属单纯迁移选择性渗透机理，即单纯靠待分离的不同组分在膜中的溶解度和扩散系数的不同导致透过膜的速度不同来实现分离。图4-25a中包裹在液膜内的A、B两种物质，由于A易溶于膜，而B难溶于膜，因此A透过液膜的速率大于B，经过一定的时间后，在外部连续相中A的浓度大于B，液膜内相中B的浓度大于A，从而实现 A、B 的分离。但当分离过程进行到膜两侧被迁移的溶质浓度相等时，输送便自行停止。因此，它不能产生浓缩反应。

2）化学反应：包括滴内化学反应及膜相化学反应

（1）滴内化学反应（Ⅰ型促进迁移）。如图 4-25b 所示，液膜内相添加有一种试剂 R，它能与料液中迁移溶质或离子 C 发生不可逆化学反应并生成一种不能逆扩散透过膜的新产物 P，从而使渗透物 C 在内相中的浓度为零，直至 R 被反应完为止。这样，保持了 C 在液膜内外两相有最大的浓度差，促进了 C 的传输，相反由于其他物质不能与 R 反应，即使它也能渗透入内相，但很快就达到了使其渗透停止的浓度，从而强化了 C 与其他物质的分离。这种因滴内化学反应而促进渗透物传输的机理又称Ⅰ型促进迁移。

（2）膜相化学反应（属载体输送，Ⅱ型促进迁移）。如图 4-25c 所示，在膜相中加有一种流动载体 R_1，先与料液（外相）中溶质 D 发生化学反应，生成络合物 DR_1，这里用 P_1 表示。在浓度差作用下，由膜相内扩散至膜相与内水相界面处，在这里与内水相中的试剂 R_2，发生解络反应，溶质 D 与 R_2 结合生成 DR_2，这里用 P_2 表示，留于内水相，而流动载体 R_1 又扩散返回至膜相与外水相界面一侧。不难看出，在整个过程中，流动载体并没有消耗，只起了搬移溶质的作用。这种液膜在选择性、渗透性和定向性三方面更类似于生物细胞膜的功能，它可使分离和浓缩两步合二为一。这种机理叫作载体中介输送或称Ⅱ型促进迁移。

（3）萃取和吸附。如图 4-25d 所示，这种液膜分离过程具有萃取和吸附的性质，它能把有机化合物萃取和吸附到液膜中，也能吸附各种悬浮的油滴及悬浮固体等，达到分离的目的。

2. 支撑液膜分离机理

有载体液膜分离过程主要决定于载体的性质。载体主要有离子型和非离子型两类，其渗透机理分为逆向迁移和同向迁移两种。

1）逆向迁移

它是液膜中含有离子型载体时溶质的迁移过程，如图 4-26 所示。载体 C 在膜界面 I 与欲分离的溶质离子 1 反应，生成络合物 C_1，同时放出供能溶质 2。生成的 C_1 在膜内扩散到界面Ⅱ并与溶质 2 反应，由于供入能量而释放出溶质 1 和形成载体络合物 C_2 并在膜内逆向扩散，释放出的溶质 1 在膜内溶解度很低，故其不能返回去，结果是溶质 2 的迁移引起了溶质 1 逆浓度迁移，所以称其为逆向迁移，它与生物膜的逆向迁移过程类似。

2）同向迁移

液膜中含有非离子型载体时，它所载带的溶质是中性盐，它与阳离子选择性络合的同时，又与阴离子络合形成离子对而一起迁移，故称为同向迁移，如图 4-27 所示。载体 C 在界面 I 与溶质 1、2 反应（溶质 1 为欲浓集离子，而溶质 2 供应能量），生成载体络合物 C_2^1 并在膜内扩散至界面Ⅱ，在界面Ⅱ释放出溶质 2，并为溶质 1 的释放提供能量，解络载体 C 在膜内又向界面 I 扩散。结果，溶质 2 顺其浓度梯度迁移，导致溶质 1 逆其浓度梯度迁移，但两溶质同向迁移，它与生物膜的同向迁移相类似。

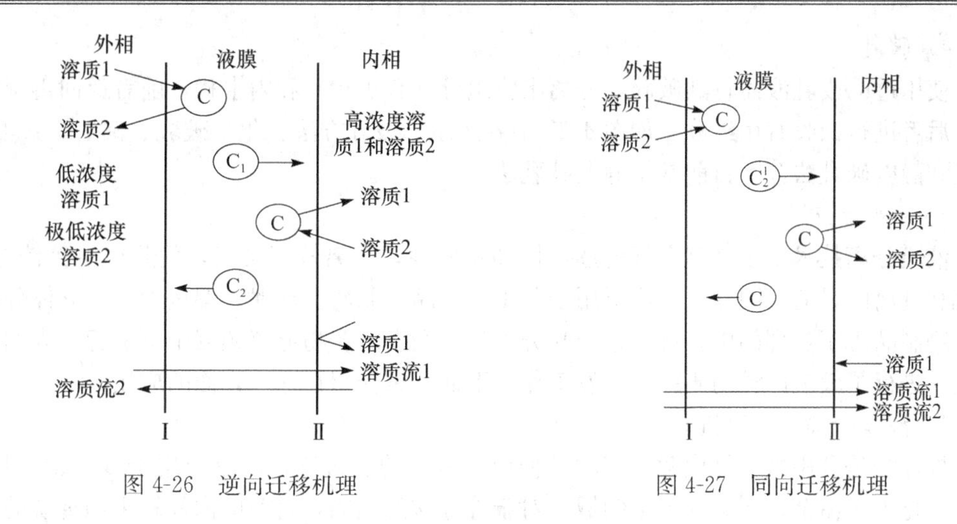

图 4-26　逆向迁移机理　　　　图 4-27　同向迁移机理

上述有载体液膜分离机理不仅适用于乳状液膜也适用于支撑液膜。

（四）乳化液膜分离工艺流程及应用

1. 工艺流程

液膜分离操作全过程分四个阶段，如图 4-28 所示。

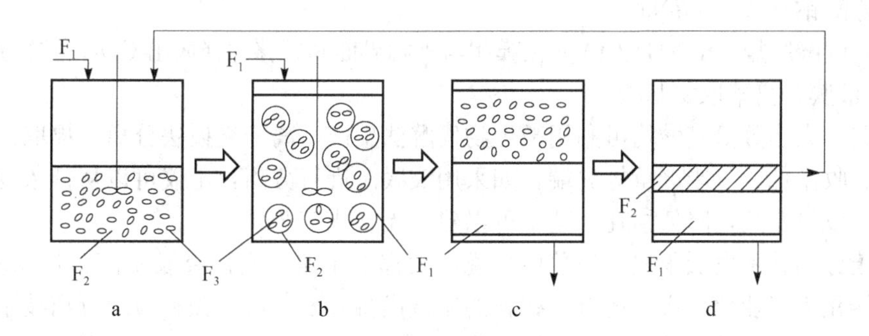

图 4-28　液膜分离流程图

a. 乳状液的准备；b. 乳状液与待处理溶液的接触；c. 萃余液的分离；d. 乳状液的分层；
F_1. 待处理液；F_2. 液膜；F_3. 内相溶液

1）制备液膜

将反萃取的水溶液 F_3（内水相）强烈地分散在含有表面活性剂、膜溶剂、载体及添加剂的有机相中制成稳定的油包水型乳液 F_2，如图 4-28 中 a 所示。

2）液膜萃取

将上述油包水型乳液，在温和的搅拌条件下与被处理的溶液 F_1 混合，乳液被分散为独立的粒子并生成大量的水/油/水型液膜体系，外水相中溶质通过液膜进入内水相被浓集，如图 4-28 中 b 所示。

3）澄清分离

待液膜萃取完后，借助重力分层除去萃余液，如图 4-28 中 c 所示。

4) 破乳

使用过的废乳液需将其破碎，分离出膜组分（有机相）和内水相，前者返回再制乳液，后者进行回收有用组分，如图 4-28 中 d 所示。破乳方法有化学破乳、离心、过滤、加热和静电破乳法等。目前常用静电破乳法。

2. 工业上应用

液膜分离技术由于具有良好的选择性和定向性，分离效率又高，而且能达到浓缩、净化和分离的目的。因此，它广泛用于化工、食品、制药、环保、湿法冶金、气体分离和生物制品等工业部门中。近年来液膜分离技术在发酵产物分离领域中也引起了人们的关注，进行了较为广泛的研究和开发工作。下面着重介绍在这一方面的应用。

1) 液膜分离制取有机酸

柠檬酸是利用微生物代谢生产的一种极为重要的有机酸，广泛应用于食品、饮料、医药、化工、冶金、印染等各个领域，对于柠檬酸的提取，目前国内外均采用传统的钙盐法，存在有工艺流程长、产品收率低、原材料消耗大、污染环境等问题。

液膜分离技术可用于分批或连续地萃取发酵产物。具体步骤分为：

(1) 在外相与膜相的界面上，三元胺（R_3N）与柠檬酸（$C_6H_8O_7$）反应形成胺盐[$(R_3NH)_3C_6H_8O_7$]。

(2) 生成的胺盐在膜相内转移，然后在膜相与内相界面间与 Na_2CO_3 反应并被萃取形成柠檬酸钠（$C_6H_8O_7Na_3$）。

(3) 碳酸胺盐[$(R_3NH)_2CO_3$] 在膜相与外相界面间转移并释放出 CO_2，胺得到再生。

2) 液膜分离萃取氨基酸

目前，大多数氨基酸均可利用微生物发酵法生产，离子交换法分离、提取，存在有周期长、收率低、三废严重等弊端。如采用液膜法进行分离，不仅可以从低浓度氨基酸溶液中提取氨基酸，降低损耗，甚至可以建立无害化工艺。

液膜分离技术发展很快，但总体来说，大都处于实验室研究及中间工厂试验阶段，如需要转化为工业化生产，还有一些新的领域尚待开发，可以预料液膜分离技术的不断完善将在生物技术等领域中发挥应有的作用。

小　结

本章对萃取基本理论进行了详细阐述；主要介绍了溶剂萃取、双水相萃取等几种常见液-液萃取的原理、操作过程，分析了影响其萃取效果的因素。通过本章学习，应重点掌握溶剂萃取、双水相萃取等几种常见液-液萃取的基本原理及操作过程，熟悉萃取技术的相关概念及特点，了解固体浸取技术的原理、操作和影响因素，了解液膜的基本概念、膜相的组成、液膜分离机制和工艺流程。

思考题

1. 萃取分离技术是如何进行分类的？

2. 和其他生物分离技术相比，萃取分离技术有什么特点？

3. 什么叫溶剂萃取、萃取剂、溶质、原溶剂、分配系数、分离因素、萃取相、萃余相、萃取液、萃余液和反萃取?

4. 溶剂萃取的原理是什么?操作过程包括哪些步骤?影响因素有哪些?

5. 画出单级萃取和多级逆流萃取的流程。

6. 作为萃取剂的条件是什么?

7. 什么是双水相系统?

8. 双水相萃取的原理是什么?有何特点?

9. 双水相系统的操作过程有包括哪几步?有哪些影响因素?

10. 什么叫临界点、临界温度、临界压力和超临界流体?

11. 超临界流体萃取的原理是什么?

12. 超临界流体萃取的基本过程是什么?该操作过程可分为哪几类?

13. 以超临界 CO_2 萃取技术为例说明它具有什么特点?

14. 什么叫浸取技术?

15. 什么叫反胶团?它是如何形成的?有何特性?

16. 简述反胶团萃取过程及其影响因素。

17. 什么叫液膜、液膜萃取?

18. 简述液膜的类型及其组成。

第五章 过滤与膜分离技术

生物制品的制备中，常常需要使用过滤与膜分离技术。特别是近年来，随着人类社会的发展，能源短缺、水资源及环保问题日益突出，如何有效利用水资源，加强水资源的回收再用仍是当务之急；同时，随着科学技术水平的提高，生物化工、精细化工、制药、食品等行业要求过滤与分离向高纯度、高分离度发展，这都为过滤和膜分离技术的发展提供了极大的机遇。

第一节 过滤技术

过滤是实现产品固液分离最常用的一种手段之一，是一种以某种多孔物质作为介质来处理悬浮液的单元操作。过滤操作首先出现在19世纪的欧洲，随着过滤技术在工业中的广泛使用和人们对过滤机理的研究，过滤正逐步向大型化、智能化和多功能化发展。

一、过滤介质

过滤介质是过滤时用来阻留固体颗粒、渗透液体的多孔隙固体物质，是影响过滤效果的重要因素之一。过滤介质应满足具有适合可截留被分离颗粒的孔径；孔的数量多，孔径短不是很弯曲；化学稳定性好，耐酸碱；有一定机械强度，易于回收；可再生，使用寿命长等特点。目前工业上常用的过滤介质主要有以下几类。

（一）织物介质

织物介质又称滤布。它是由棉、毛、丝、麻等天然纤维或其他各种合成纤维制成的织物，或由玻璃纤维丝、金属丝等织成的网。这类过滤介质应用最广泛。这类织物介质均有商品出售，通常可根据下列几个方面进行选择：滤液澄清度，滤布不易堵塞，滤饼剥离性能良好，耐清洗，具有适当的机械强度和耐腐蚀能力，过滤阻力小，能适应过滤机的类型和操作条件，价低廉等。

（二）粒状介质

常用的粒状介质有硅藻土、珍珠岩、活性炭、细砂等细小坚硬，具有较大比表面积的颗粒状物质。多用于含固体颗粒较少的，较清洁的悬浮液过滤，如城市用水、啤酒等场合。

（三）多孔性固体介质

常用的多孔性固体介质有多孔陶瓷、多孔塑料、烧结金属等。这些材料的结构中，都具有很多微细的孔道，且机械强度大，耐腐蚀性强，适用于处理只含少量细小固体颗粒的腐蚀性悬浮液或其他有特殊要求场合。

此外，多孔性固体介质还包括在金属板上打孔后制成的打孔板。由于目前一般的金属加工技术还不能在金属板上打足够小的孔，从而使它的应用受到了很大的限制。现在一般只在粗滤或作为过滤介质的支撑板时使用。如啤酒生产中的麦汁过滤槽的过滤筛板就是加工成长孔（0.7～40mm）的磷青铜或不锈钢板。从过滤的观点考虑，最有用的打孔板是用电沉技术结合照像腐蚀加工而成的。以镍板加工的这种打孔板，孔径范围为5～500μm，孔间距为0.2mm，厚度为0.04～0.07mm，孔隙率随孔径增大而增加。

二、过滤基本原理

在过滤操作中，待过滤的悬浮液在自身重力或外力的作用下，其中的液体通过介质的孔道流出而固体颗粒被过滤介质截留下来，从而实现固-液分离。在过滤操作中，所处理的悬浮液称为滤浆，所用的多孔物质称为过滤介质，通过介质孔道而流出的液体称为滤液，被过滤介质截留下来的物质称为滤饼或滤渣。图5-1为过滤操作示意图。

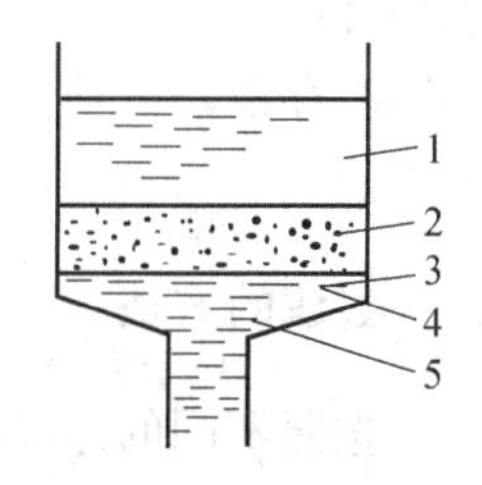

图5-1　过滤操作示意图

1. 滤浆；2. 滤饼；3. 滤布；4. 支撑物；5. 滤液

液体中的固体颗粒主要通过4种过滤机理被除去。它们分别是直接拦截、惯性冲撞、扩散拦截及重力沉降，如图5-2所示。

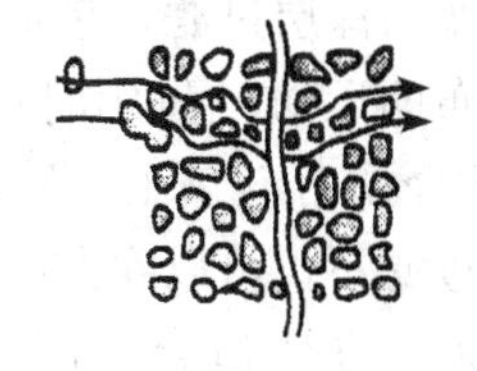
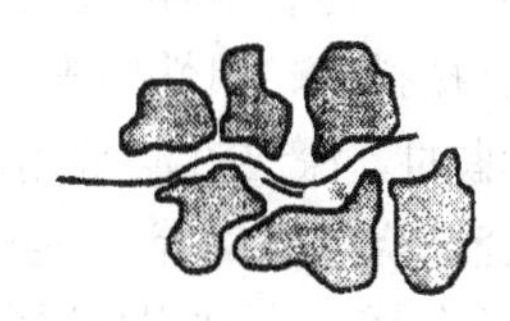

a　　b　　c

图5-2　过滤原理

a. 直接拦截；b. 惯性冲撞；c. 扩散拦截

（一）直接拦截

直接拦截是指物料通过滤层（过滤介质和部分滤渣）时，大于或等于滤层孔径的颗粒受到滤孔的拦截不能穿过滤层而被截留的现象。直接拦截的本质是一种筛分效应，属于机械拦截。

（二）惯性撞击

惯性撞击是指液体流入滤层中弯弯曲曲的孔道时，流体所携带的、尺寸小于滤层孔径的颗粒，由于自身的理化性质和惯性，使颗粒撞击并吸附在滤层孔道的表面的现象。

（三）扩散拦截

扩散拦截它是指流体通过滤层的弯曲通道时，由于流速小，流体呈层流流动，流体中的微小颗粒，在做布朗运动碰撞滤层孔道表面而被吸附、截留的现象。

（四）重力沉降

悬浮液中的固体微粒虽小，但仍具有质量。当流体在滤层孔道中流动速度很低，固体微粒所受的重力大于流体对它的拖滞力时，固体微粒就会发生重力沉降，从而悬浮液中的颗粒就会沉降到滤层孔道表面而被吸附、截留。

在过滤操作中，每种原理所起作用的程度与固体颗粒尺寸大小及滤层的性质等因素有关。固体颗粒尺寸不同时，四种原理所起作用和效率就存在差异，如固体颗粒尺寸大于介质孔道直径时，过滤原理则以直接拦截为主；颗粒尺寸小于介质孔道直径时则分别以惯性拦截、扩散拦截原理和重力沉降为主。实际上，无论是液体或气体，这四种原理都同时存在，只是作用强弱不同。由于这四种原理的共同作用而使过滤分离效率得以增强。

三、过滤的方法

按照不同的标准，过滤方法可以分为不同的类型。

1. 根据过滤时作用物质不同分类

根据过滤时起主要作用的物质不同，过滤可分为介质过滤和饼层过滤两种方法。

（1）在介质过滤中，起过滤作用的是过滤介质。普通的介质过滤是通过对大于其孔径的颗粒进行直接拦截来完成过滤的。还有一种介质过滤叫深层过滤，它是通过过滤介质中的孔道对滤浆中的颗粒进行直接拦截、惯性撞击、布朗运动、重力沉降等作用，把颗粒留在过滤介质内部来完成过滤的。深层过滤常用的介质有硅藻土、砂、颗粒活性炭、玻璃珠、塑料颗粒、烧结陶瓷、烧结金属等。深层过滤不仅可以除去滤浆中较大的颗粒，而且还可以除去直径小于孔道直径的颗粒。这种方法适合于固体含量少于0.001g/mL，颗粒直径在5～100μm的悬浮液的过滤分离，如河水、麦芽汁、酒类及饮料的过滤澄清。

（2）在饼层过滤中，沉积于过滤介质上的滤饼层起主要过滤作用，过滤介质主要起支撑作用。当悬浮液通过过滤介质时，由于过滤介质中孔道的直径往往稍大于一部分悬浮颗粒的直径。所以，刚开始过滤时，有一部分细小固体颗粒会穿过过滤介质，使滤液浑浊。此时，一般情况下，会将这部分滤液回流到滤浆槽重新过滤。随着过滤的进行，滤浆中的固体颗粒会在过滤介质的孔道中迅速发生“搭桥现象”。即小于滤层孔径的多个颗粒在同时通过一个滤孔时，相互拥挤而卡在滤孔入口处或孔道中，从而使滤孔变小的现象。如图5-3所示。这时过滤介质的孔道直径变小，从而使得小于孔道直径的细小固体颗粒也能被拦截，滤饼开始生成，滤液也变得澄清，此后过滤才算正式开始。由此可见，一个完整的饼层过滤过程主要包括四个步骤：一是滤饼的形成；二是过滤的进行；三是滤饼的洗涤；四是滤饼的清除。滤饼的形成是从被处理

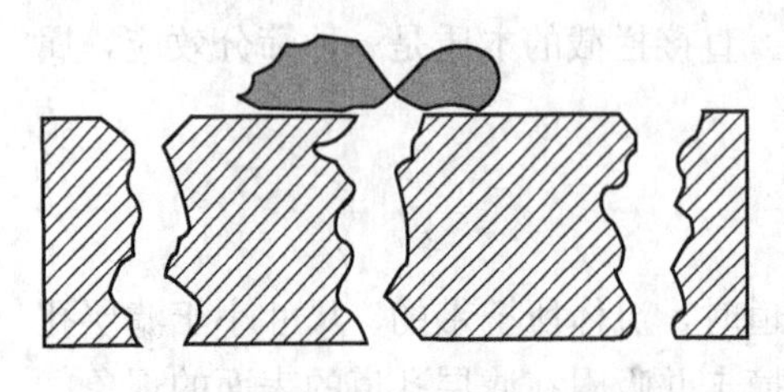

图5-3 搭桥现象示意图

的料液接触过滤介质时开始的，随着过滤时间的增长，饼层厚度逐渐增大，此时的滤液一般达不到过滤的要求，通常是将它回流回去，重复过滤；当滤液达到要求后，说明滤饼层已经形成，过滤操作也就可以开始了；滤饼的洗涤是回收饼层中的有用物质或者是除去饼层中的杂质，洗涤液的体积与流速决定着回收率的高低及洗涤时间的长短；滤饼的清除主要是在过滤一定时间后，过滤阻力增大，滤速明显减小时，将饼层从过滤介质上除去，以便使过滤能够在较高过滤速度下进行。

在饼层过滤中，如果构成滤饼的固体颗粒是不易变形的坚硬固体，即当滤饼两侧的压力差增大时，颗粒的形状和颗粒间的空隙没有显著变化，单位厚度滤饼的过滤阻力可以认为是恒定的，这种滤饼称为不可压缩性滤饼。反之，如果滤饼是由某些胶体类的物质构成，当两侧的压力差增大时，颗粒的形状和颗粒间的空隙便有显著变化，单位厚度滤饼的过滤阻力增大，这种滤饼称为可压缩性滤饼。对于过滤而言，我们都希望滤饼为不可压缩性滤饼，这样有利于过滤的进行。

2. 根据过滤时推动力不同分类

根据过滤时推动力的不同，过滤可分为：重力过滤、加压过滤、真空过滤和离心过滤。

(1) 重力过滤是利用滤饼上的液层高度，也就是滤液的重力作为过滤推动力进行过滤的。其优点是设备结构简单、附属设备少、滤液的澄清度较好；缺点是占地面积大、过滤速率低。

(2) 加压过滤是在过滤介质上形成滤饼的一侧施加大于大气压的压力，另一侧则是常压或略高于常压，在两侧压力差的推动下进行过滤的。柱塞泵、隔膜泵、螺杆泵、离心泵、压缩气体以及来自压力反应器的料液本身都可提供过滤时施加的压力。加压过滤多为间歇操作，连续操作时的加压过滤由于带压卸渣困难而限制了它的使用。加压过滤的发展方向是自动化、大型化。加压过滤的优点是：由于采用较高的过滤压力，过滤速率较大；设备结构紧凑，造价较低；操作性能可靠，适用范围广，设备使用寿命长。缺点主要是间歇操作，需人工卸料、清洗，劳动强度大。

(3) 真空过滤是过滤介质上形成滤饼的一侧为常压，另一侧是真空，在两侧压力差的推动下进行过滤的。真空过滤的优点为较易实现连续操作，处理能力大；滤饼能洗涤、脱水；滤布易清洗。

(4) 离心过滤是料液在离心场中做圆周运动，获得离心力，以离心力代替压力差或重力作为过滤推动力的分离方法。直径大于过滤介质孔径的固体颗粒就会被截留，形成滤饼层，而液体和其他物质就会透过依次流经饼层、过滤介质，到达离心机的外围排出，从而实现固-液分离操作。滤饼层随过滤时间的延长而逐渐加厚，至一定厚度后停止过滤，进行卸料处理后再转入过滤操作。离心分离具有分离速率快、分离效率高、液相澄清度好等优点。缺点是设备投资高、能耗大，此外连续排料时固相干度不如过滤设备。

3. 根据过滤时外压力和液体流速不同分类

根据过滤时外加压力和液体流速的不同，可分为：恒压过滤、恒速过滤和变速-变压过滤。

(1) 恒压过滤是用压缩空气或通过抽真空的方式给过滤提供恒定的过滤压力，来完成操作的过滤方法。

(2) 恒速过滤是通过定容泵来给过滤提供恒定流量的料液来完成过滤的操作。

(3) 变速-变压过滤是指过滤时，液体的流速和过滤压力都是随着过滤的进行、过滤阻力的增大而变化着的操作。在这种操作中，液体一般是由离心泵来输送的。

4. 其他固液分离方法

在一般过滤中，滤液的流动方向与滤饼基本垂直，我们把这种过滤操作称为封头过滤。当采用这种方式来分离细菌、细胞碎片、蛋白质等悬浮液时，由于其固体颗粒细微，可压缩性大，所以形成的滤饼阻力很大。随着过滤的进行，过滤速度会迅速下降。

另一种过滤称为切向流过滤、错流过滤、交叉过滤或十字流过滤，它是一种维持恒压下高速过滤的技术。其操作特点是使悬浮液在过滤介质表面作切向流动，利用流动的剪切作用将过滤介质表面的固体（滤饼）移走而过滤压力保持不变，这是因为液体内部的压力在各个方向上都相等。当移走固体的速率与固体的沉积速率相等时，过滤速率就近似恒定。较为常用的实现切向流过滤的方法有：用泵循环使悬浮液流经过滤介质或在介质表面加以搅拌造成流动，产生切向流。

四、过滤的影响因素

影响过滤的因素很多，主要有以下几种。

1. 混合物中悬浮微粒的性质和大小

一般情况下，悬浮微粒越大，粒子越坚硬，大小越均匀，固-液分离越容易，过滤速度越大；反之亦然。如发酵液中的细菌菌体较小，分离较困难，过滤速度就会相对减小；而胶体粒子通常悬浮于流体中，必须运用凝聚与絮凝技术，增大悬浮粒子的体积，以利于固-液分离，从而获得澄清的滤液。

2. 混合液的黏度

流体的流动特性对固-液分离影响很大，其中黏度的影响最大。流体的黏度越大，过滤速度就会越低，固-液分离越困难。通常混合液的黏度与其组成和浓度密切相关，组成越复杂，浓度越高，其黏度越大。如以淀粉作碳源、黄豆饼作氮源的培养基，其发酵液的黏度较大。

3. 操作条件

固-液分离操作中温度、pH、操作压力、滤饼厚度等因素都会影响固液分离速率。一般来说，升高温度，调整 pH，都可改变流体黏度，从而使固-液分离效率得到提高；降低滤饼层的厚度可使过滤阻力减小，从而提高滤速；提高操作压力也可提高过滤速度，但如果滤饼的可压缩性较大时，提高压力往往会使滤饼进一步压缩，过滤阻力增大，反而造成滤速下降。

4. 助滤剂的使用

对于可压缩性滤饼，当过滤压力差增大时，滤饼颗粒变形、颗粒间的孔道变窄，有时甚至会因颗粒过于细密而将通道堵塞，严重影响正常过滤。为了防止此种情况发生，可在滤布面上预涂一层比表面积较大、颗粒均匀、性质坚硬、不易压缩变形的物料，如硅藻土、珍珠岩、纤维素、活性炭等，这种预涂物料即为助滤剂。助滤剂表面有吸附胶体的能力，而且颗粒细小坚硬，不可压缩，所以能防止滤孔堵塞，缓和过滤压力上升，提高过滤操作的经济性。有时也可将助滤剂加到待过滤的滤浆中，所得到的滤饼将有一个较坚硬的骨架，其压缩性减小，孔隙率增大。

5. 固-液分离设备和技术

采用不同的固-液分离技术，如过滤、沉降和离心分离，其分离效果不同；同一种分离技术，选用的设备结构、型号不同，其分离效果也不同。在选择固液分离设备时，要根据被分离混合物的性质、分离要求、操作条件等因素综合考虑。

五、过滤设备

（一）重力过滤器

下面介绍几种工业中常用的重力过滤器。

1. 过滤槽

过滤槽有一个可拆卸的假底，假底上加工有许多长圆形小孔、矩形小孔，或用多孔材料直接加工而成。物料进入过滤槽后，在假底上形成滤饼层，并在重力作用下进行过滤。过滤结束后，对于比较容易洗涤的滤饼可以直接在滤饼上淋洒洗涤液（水）进行置换洗涤。对于难以洗涤的，则可用过滤槽内的耕糟机翻松滤饼层，使滤饼中的可溶成分充分扩散到洗涤液（水）中，以提高洗涤质量。

在啤酒生产中普遍使用的麦汁过滤槽，就是典型的以滤饼层（麦糟层）过滤方式进行固、液分离的重力过滤器，其结构如图 5-4 所示。

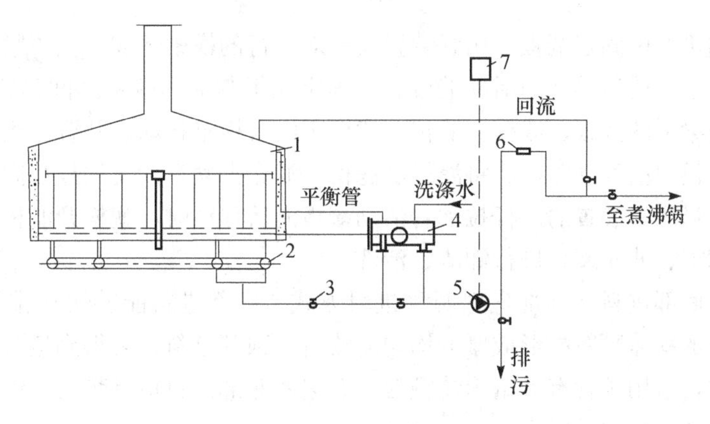

图 5-4 带麦汁缓冲罐的过滤槽

1. 过滤槽；2. 汇总管；3. 蝶阀；4. 平衡罐；5. 泵；6. 视管；7. 变频调节器

虽然麦汁过滤槽的使用历史悠久，至今仍保持其传统的结构型式。但随着生产规模的扩大和新技术的发展，过滤槽已实现大型化、自动化，其操作性能也得到显著改进。如：小型的麦汁过滤槽直径为 3m 左右，新型的大过滤槽直径已超过 12m。

2. 砂滤器

砂滤器是在罐体的假底上放入按颗粒大小分层的砂砾、砂，形成具有深层过滤功能的过滤床层，从过滤床层的底部到顶部，砂的颗粒大小逐层减小。

砂滤器是一种澄清过滤装置，常用于水的过滤。原水在罐的顶部进入，清水通过位于罐体假底下的排水管或通过埋置在过滤床底部的开孔排水管流出。为了增大生产能力，提高过滤速率，目前常用的均为密闭罐体型式、可进行加压操作的砂滤器。

（二）加压过滤机

1. 板框压滤机

板框压滤机是一种结构简单、应用广泛的加压过滤机，如图 5-5 所示。它由相互交替排列的滤板、滤框和罩在滤板两侧过滤面上的滤布组成。锁紧压滤机后，每两个相邻的滤板及位于其中间的滤框就围成一个独立的、可供滤浆进入和形成滤饼的滤室。

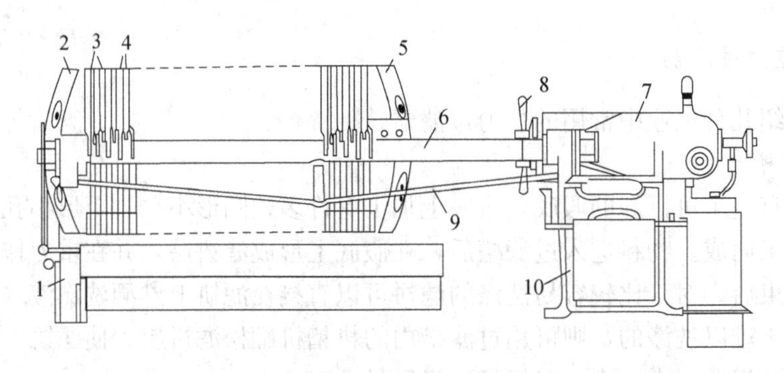

图 5-5　板框式压滤机

1. 支座；2. 固定板；3. 沟纹板；4. 过滤板框；5. 压紧机；6. 横梁；7. 压紧机构；8. 手轮；9. 拉杆；10. 支座

压滤机的机架由固定端板、压紧装置及一对平行的横梁组成。在压紧装置的前方有一放置在横梁上可前后移动的活动端板。在固定端板与活动端板之间是相互交替排列、垂直搁置在横梁上的滤板、滤框。滤板、滤框可沿着横梁移动、开合。当压紧装置的压杆顶着活动端板向前移动时，就将滤板、滤框、滤布夹紧在活动端板与固定端板之间形成过滤空间。当压紧装置的压杆拉动着活动端板向后移动时，就松开滤板、滤框，从而可对滤板、滤框、滤布逐一进行卸渣、清洗。

压滤机有底部进料和顶部进料两种进料方式。底部进料能够快速排除滤室中的空气，对于一般的固体颗粒能形成厚度均匀的滤饼。顶部进料，可得到最多的滤液和湿含量最少的滤饼，适用于含有大量固体颗粒，有堵塞底部进料口趋势的物料。大型的压滤机则采用底部和顶部双进料方式。

滤液的排出方式有明流和暗流两种。暗流方式是当压滤机锁紧后，由滤板、滤框上的排液孔道形成连通压滤机整个工作长度的滤液密封通道，滤液经滤板上的排液口流向滤液通道，再由固定端板的排液管道流向滤液储罐。主要用于易挥发的滤液或要求清洁卫生、避免染菌的物料的过滤。

明流方式是通过每块滤板的排液口各自直接流到压滤机下部的敞口集液槽中，明流方式可以观察到每块滤板流出的滤液流量及是否澄清；若滤布破损，滤液混浊，可关闭此滤板的排液阀，使这一组滤框停止工作，而不影响其他部分的正常工作，并且不影响滤液质量。如图 5-6 所示。

压滤机的滤饼洗涤方式可分为简单方式和穿透方式两种。简单方式的洗涤水流向与原液进料到排液的流向方向相同，洗涤效果较差。穿透方式的洗涤水间隔进入每一块滤板，从滤框的滤饼一侧整面穿过另一侧后，在另一块滤板的流道流出，洗涤效果较好，但滤板滤框需按顺序配置，不可错位。图 5-7 即为板框式压滤机过滤与洗涤液体流动路径示意图。

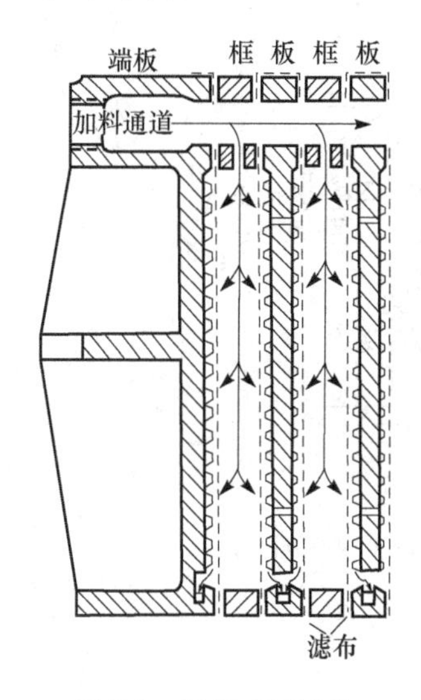

图 5-6　板框式压滤机过滤过程示意图

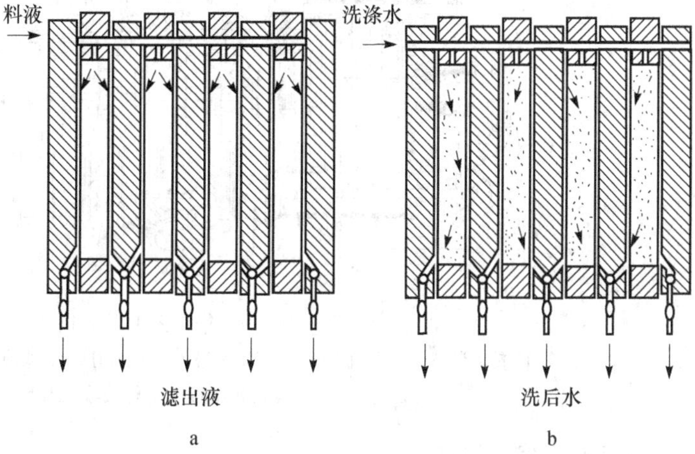

料液　洗涤水
滤出液　洗后水
a　b

图 5-7　板框式压滤机过滤与洗涤液体流动路径示意图
a. 板框式压滤机；b. 洗涤液体流动路径

2. 加压叶滤机

加压叶滤机由耐压的密闭圆筒形罐体及安装在罐体内的滤叶组成。在食品工业中，加压叶滤机大多作为硅藻土预涂层过滤机使用。

加压叶滤机的滤叶有垂直安装和水平安装两种方式。垂直滤叶两面均能形成滤饼，而水平滤叶只能在上表面形成滤饼。在同样条件下，水平滤叶的过滤面积仅为垂直滤叶的 1/2，但水平滤叶形成的滤饼不易脱落，操作性能比垂直滤叶好。

滤叶上的滤饼可利用振动、转动以及喷射水流清除，也可打开罐体，取出滤叶组件进行人工清洗。

1）水平滤叶型叶滤机

水平滤叶型叶滤机的罐体有立式和卧式两种。常用的型式为立式罐体，并将圆盘形叶片安装在可转动空心轴上，如图 5-8 所示。过滤时滤液通过已形成的滤饼，从位于滤饼下方的滤叶过滤面汇流至空心轴再通往罐外。卸滤饼时先向空心轴逆向通入少量的水，使滤饼松动，再转动中心轴，利用离心力将滤饼甩出，并由位于罐底

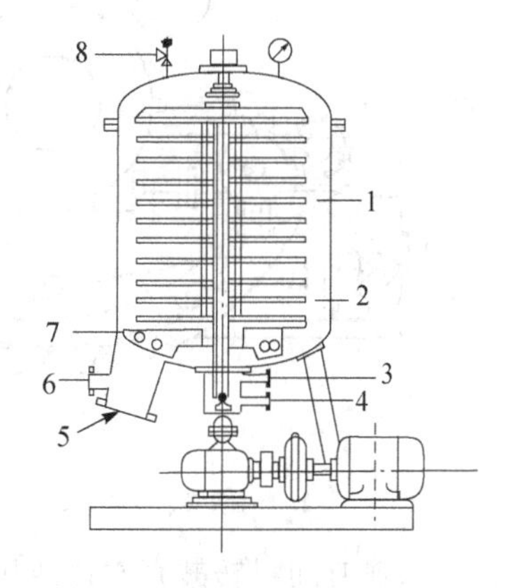

图 5-8　水平滤叶型叶滤机
1. 滤叶；2. 回收滤液用滤叶；3. 回收残液出口；4. 滤液出口；5. 排渣口；6. 原液出口；7. 除渣刮板；8. 安全阀

的除渣刮板将滤饼泥刮至排渣口排出罐外。

2）垂直滤叶型叶滤机

如图 5-9 所示为华雷兹型叶滤机，圆盘形滤叶安装在空心的中心轴上，过滤时中心轴以 1～2r/min 的转速缓慢旋转，在滤叶两侧形成均匀滤饼，滤液则通过空心的中心轴排出。滤饼可用压缩空气反吹进行干法卸料，也可用压力水喷射进行湿法卸料，卸下的滤饼由底部的螺旋输送器排出。

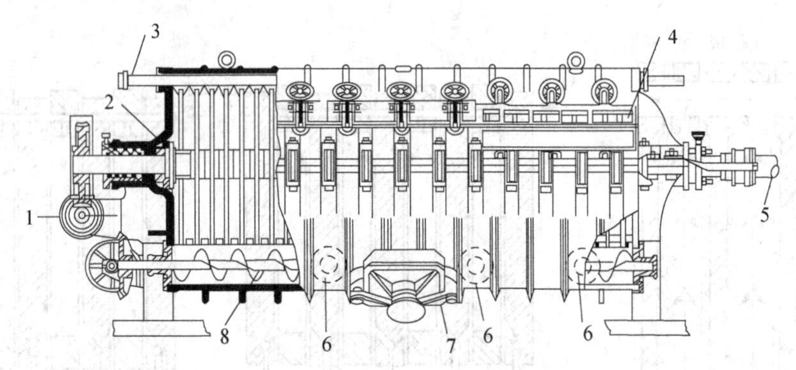

图 5-9　华雷兹型叶滤机

1. 传动装置；2. 联轴器；3. 喷洗水管；4. 观察孔；5. 滤液出口；6. 物料进口；7. 滤饼排出口；8. 螺旋输送器

（三）真空过滤机

食品工业中应用最多的真空过滤机是转鼓真空过滤机。如图 5-10 所示为刮刀卸料转鼓真空过滤机结构示意图。

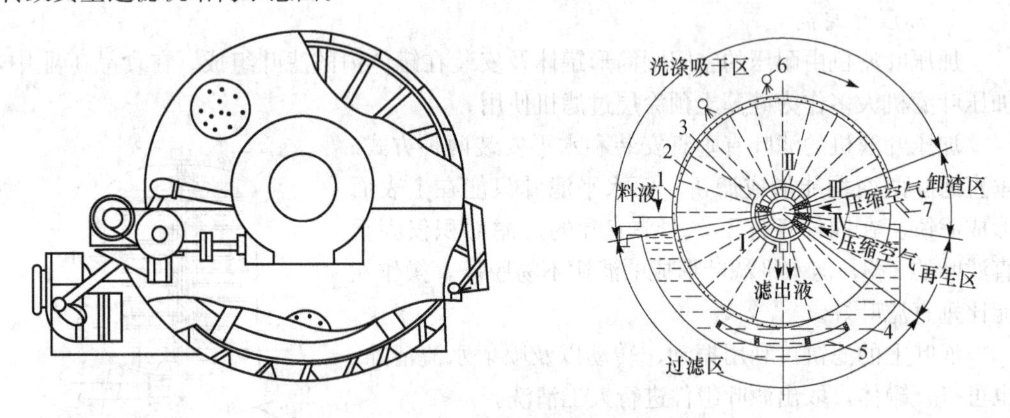

图 5-10　刮刀卸料转鼓真空过滤机

1. 转鼓；2. 过滤室；3. 分配图；4. 料液槽；5. 摇摆式搅拌器；6. 洗涤液喷嘴；7. 刮刀

刮刀卸料转鼓真空过滤机又称奥利佛（Oliver）过滤机，其基本结构形式为安装在敞口料浆槽上的圆筒形转鼓，转鼓在料浆槽中有一定的浸没率，以保证一定的吸滤面积。转鼓在径向分隔成 10～30 个扇形滤室，扇形滤室的圆弧形表面是覆盖着滤布的过滤筛（栅）板，由此组成转鼓的圆柱形过滤面。

转鼓真空过滤机的关键部件为由转动阀盘和固定阀盘组成的气源分配阀，位于转鼓空心轴端的转动阀盘中的分配孔道分别与转鼓的每个扇形滤室的管口相连通；位于料浆槽机架上的固定阀盘则与真空管路及压缩空气管路相连。转鼓转动时，由气源分配阀对每个扇形滤室在转动中所处的位置切换气源，进行吸滤、洗涤、脱水、卸料等周而复始的循环操作。转鼓真空过滤机在操作时，转鼓一般以0.1～2r/min的转速缓慢地转动，进行真空过滤。

为使转鼓在料浆槽中保持设定的浸没面积，料浆槽的液位必须保持恒定。常用的浸没面积为转鼓柱体面积的25%～37%（相应的浸没圆周角为90°～133°），但对固形物含量少，滤饼形成速度慢的料浆，浸没面积可高达60%（216°）。转鼓表面形成的滤饼，可用刮刀卸除。

转鼓真空过滤机适用于固形物含量较多、颗粒粒径范围为0.01～1mm的易过滤悬浮液。其优点为连续操作，处理能力大；滤饼能洗涤、脱水；滤布易清洗。

（四）离心过滤设备

常用离心过滤设备主要有三足式离心机、螺旋卸料离心机和卧式刮刀离心机三种。三足式离心机是目前最常用的过滤式离心机。由于其有孔转鼓悬挂在三根支足上，所以习惯上称为三足式离心机。与三足式离心机相比，卧式刮刀离心机实现自动化较为方便，各工序中间不需要停车，使用效率高、功率消耗较小、使用范围大。卧式刮刀离心机的转鼓直径为240～2500mm；分离因数为250～3000，转速为450～3500r/min，适用于5～10mm的固相颗粒，固相浓度为50%～60%。螺旋卸料离心机有以下特点：

（1）对料液浓度的适应范围大。可用于1%以下的稀薄悬浮液分离，也可用于50%的浓悬浮液。在操作过程中浓度有变化时不需要特殊调整。

（2）对颗粒直径的适应范围大。

（3）进料液浓度变化时几乎不影响分离效率，能确保产品的均一性。

（4）占地面积小，处理量大。

第二节　膜　分　离

膜分离是在20世纪初出现，20世纪60年代后迅速崛起的一门新兴的分离技术。其利用天然或人工合成的膜，以外界能量或化学位差作为推动力，可对双组分或多组分的溶质和溶剂进行分离、分级、提纯和富集。由于其具有高效、节能、环保、过滤过程简单、易于控制等特征，目前已广泛应用于食品、医药、生物、环保、化工、冶金、能源、石油、水处理、电子、仿生等领域，产生了巨大的经济效益和社会效益，已成为当今分离科学中最重要的手段之一。

一、膜分离概述

（一）膜的分类及性能

膜分离过程的实质是小分子物质透过膜，而大分子物质或固体粒子被阻挡。因此，膜分离的关键在于膜材料、膜结构及膜性能，其对于膜分离过程起着至关重要的作用。为了满足需求，目前人们已经开发出了可以完成不同任务、特性各异的膜，在生产中应用十分广泛。

1. 膜的分类

按不同的标准，膜可以分为不同的类型：

1）按孔径大小

按孔径大小膜可分为：微滤膜，孔径在 0.025～14μm；超滤膜，孔径在 1～20nm 之间；反渗透膜，孔径在 0.1～1nm；纳米过滤膜，平均孔径为 2nm 左右。

2）按结构

按结构膜可分为：对称性膜，不对称性膜。所谓对称膜就是没有表皮和支撑层之分，是由同一种材料制成，且分布均匀一致。非对称膜有相转化膜及复合膜两类。相转化膜表皮层与支撑层为同一种材料，通过相转化过程形成非对称结构；而复合膜表皮层与支撑层则由不同材料组成，通过在支撑层上进行复合浇铸、界面聚合、等离子聚合等方法形成超薄表皮层。

3）按膜材料

按膜材料可分为高分子合成聚合物膜，无机材料膜等。

4）按膜渗透性质

按膜的渗透性质可以分为：透过性膜和半渗透膜。在相同的条件下，不同的分子在透过膜时速率相同，则这种膜就叫透过性膜。在相同的条件下，不同的分子在透过膜时速率各不相同，则这种膜就叫半渗透膜。

5）按膜孔的特点

按膜孔的特点，膜又可分为：为多孔膜和致密膜。每平方厘米含有 1000 万至 1 亿个孔，孔隙率在 70%～80%，孔径均匀，孔径范围在 0.02～20μm 的无机膜叫多孔膜。而致密膜则主要是由物质的晶区和无定形区组成的。孔径在 0.5～1nm，孔隙率小于 10%，厚度为 0.1～1.25μm，具有透过性的膜，又称非多孔膜。

2. 膜的特点

虽然膜的种类繁多，但在实际应用中，对膜的基本要求是共同的，一般都要求膜应具有以下的基本特性。

1）耐压性

由于膜材料的孔都很小，要在过滤中具有满意的流量和渗透性，膜的两侧就必须具有一定的压力差，因此在膜过滤中，所用的膜必须具有一定的耐压性能，否则膜就有可能被压破或击穿，造成分离失败。

2）耐温性

在膜分离过程中，通常分离和提纯物质时的温度范围为 0～82℃，清洗和蒸汽消毒系统的温度≥110℃，所以要求膜要有一定的耐温性能。

3）耐酸碱性

待处理料液偏酸、偏碱性时，往往会严重影响膜的寿命，如醋酸纤维膜使用 pH 为 2～8，如料液偏碱，纤维素就会水解。所以我们要求膜要有一定的耐酸、耐碱性，以适应分离的具体要求。

4）化学相容性

化学相容性要求膜材料能耐各种化学物质的浸蚀而不致产生膜性能的改变。

5）生物相容性

高分子材料对生物体来说是一个异物，因此必须要求它不使蛋白质和酶发生变性，无抗原性等，以免在膜分离后使产品失效。

6）低成本

要使膜分离技术在生产中被广泛使用，膜的制造和使用成本就必须低廉，否则它就很难得到推广。

（二）膜组件及其类型

膜组件是由膜、固定膜的支撑体、间隔物以及收纳这些部件的容器共同构成的一个单元，也叫膜装置。膜组件的结构根据膜的形式而异，目前市售的有四种形式：平板式、管式、中空纤维式和螺旋卷式。

1. 平板式膜组件

平板式膜组件的结构类似板框过滤机，如图 5-11 所示。所用的膜为平板式，厚度为 50～500μm，将之固定在支撑材料上即可。支持物呈多孔结构，对流体的阻力很小，对欲分离的混合物呈惰性，支持物还具有一定的柔软性和刚性。

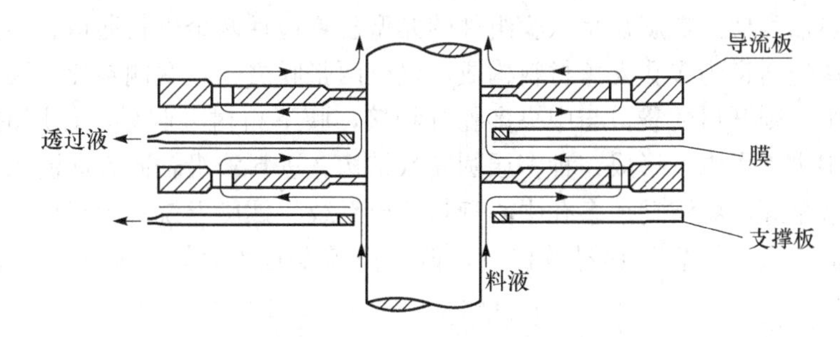

图 5-11　平板式膜组件过滤示意图

平板式膜组件由导流板、膜和支撑板交替重叠组成。图 5-11 为平板式膜组件的部分示意图。料液从下部进入，由导流板导流流过膜面，透过液透过膜，经支撑板面上的孔眼流入支撑板的内腔，再从支撑板外侧的出口流出；料液沿导流板上的流道与孔道一层层往上流，从膜组件上部的出口流出，从而得浓缩液。

在平板式膜组件中，料液平均流速通常只有 0.5m/s，与膜接触的路程只有 150mm 左右，所以流动为层流。平板式膜组件具有保留体积小，能量消耗介于管式和螺旋卷绕式之间等优点，但是体积较大。

2. 管式膜组件

管式膜组件由管式膜制成，如图 5 12 所示，其结构原理与管式换热器类似。有支撑的管状膜可以制成排管、列管、盘管等形式的膜组件。由于外压式管状的形式要求外壳耐高压，料液流动状况差，因此一般多用内压式管。管式膜组件具有易清洗，无死角，适宜于处理含固体较多的料液，单根管子可以调换等优点，但保留体积大，单位体积中所含过滤面积较小，一般为 $33\sim330m^2/m^3$，压降大。

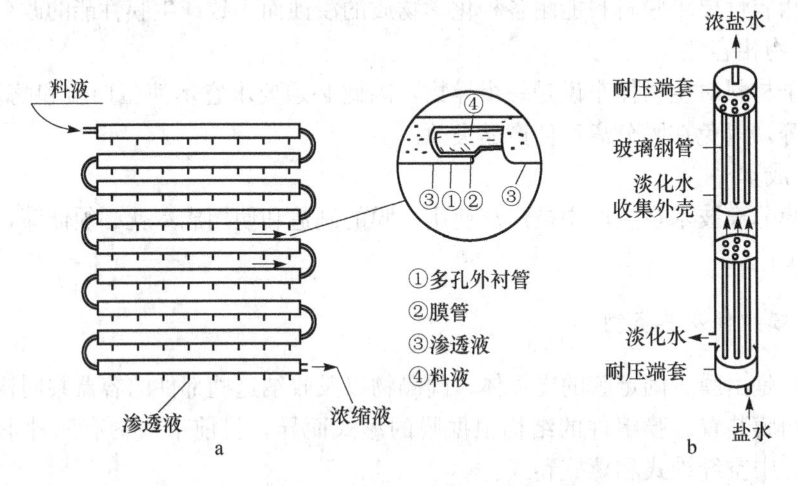

图 5-12　管式膜组件示意图

a. 内压单管式；b. 内压管束式

3. 螺旋盘绕状膜组件

平板膜沿一个方向盘绕后，就形成了螺旋盘绕膜组件，如图 5-13 所示，其结构与螺旋板式换热器类似。螺旋盘绕状膜组件的典型装置包括两个进料通道、两张膜和一个渗透通道。渗透通道为多孔支撑材料构成，置于两张膜之间，两侧封死，同时封死两个袋口中的一个，则开口的袋口与中央多孔管相接，膜下再衬上起导流作用的料液隔网，一起盘绕在中央管周围，形成一种多层圆筒状结构。进料液沿轴向方向流入膜包围成的通道，渗透液呈螺旋状流动至多孔中心管状流出系统。螺旋卷绕式膜组件具有单位体积中所含过滤面积大，换新膜容易等优点，但料液需要预处理，压降大，易污染，清洗困难。

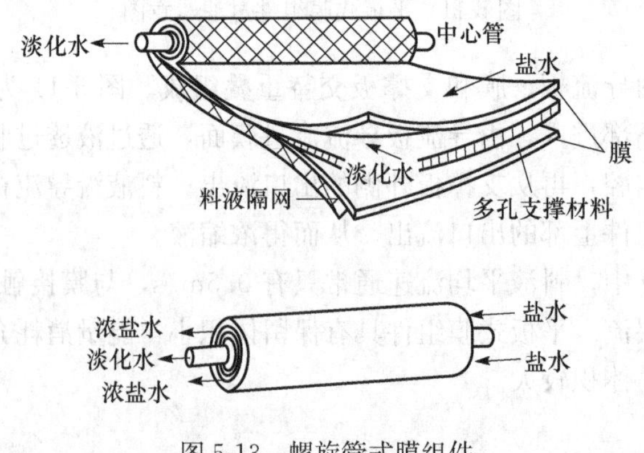

图 5-13　螺旋管式膜组件

4. 空心纤维膜组件

其结构与列管式换热器相似，可分为毛细管膜组件（图 5-14）和中空纤维膜组件

(图 5-15)。一般情况下，超滤、微滤等操作压力差小的过程可采用毛细管膜组件，料液从一端进入，通过毛细管内腔，浓缩液从另一端排出，透过液通过管壁，在管间汇合后排出。

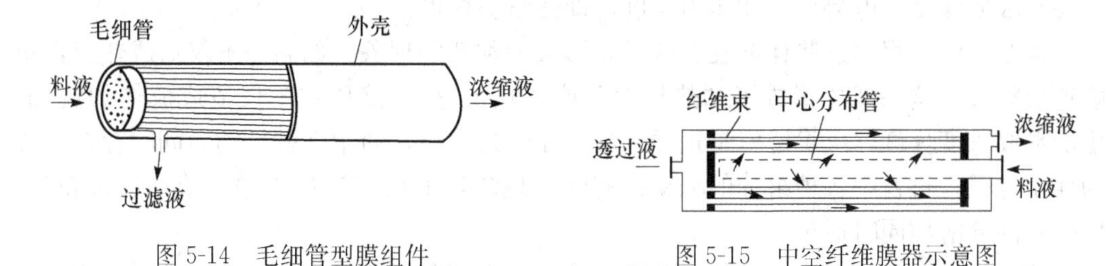

图 5-14　毛细管型膜组件　　图 5-15　中空纤维膜器示意图

反渗透等压差较大的过程宜采用中空纤维膜组件。该膜组件由几十万甚至几百万根纤维组成，这些中空纤维与中心进料管捆在一起，一端用环氧树脂密封固定，另一端也用环氧树脂固定，却留有透过液流出的通道，即纤维孔道。料液进入中心管，并经中心管上小孔均匀地流入中空纤维的间隙，透过液进入中空纤维管内，从纤维的孔道流出，浓缩液从纤维间隙流出。

中空纤维式膜组件具有设备紧凑，保留体积小，单位体积中所含过滤面积大，高达16000～30000m^2/m^3，可以逆洗，操作压力较低（小于 0.25MPa），动力消耗较低等优点，但由于存在纤维内径小、阻力大、易堵塞、膜面去污染困难等情况，因此对料液处理要求高，且中空纤维一旦破损，无法更换，需调换整个膜件。

（三）膜分离的机理

1. 膜分离过程的传质形式

在膜分离过程中，膜相间有三种基本传质形式，即被动传递、促进传递和主动传递，如图 5-16 所示。

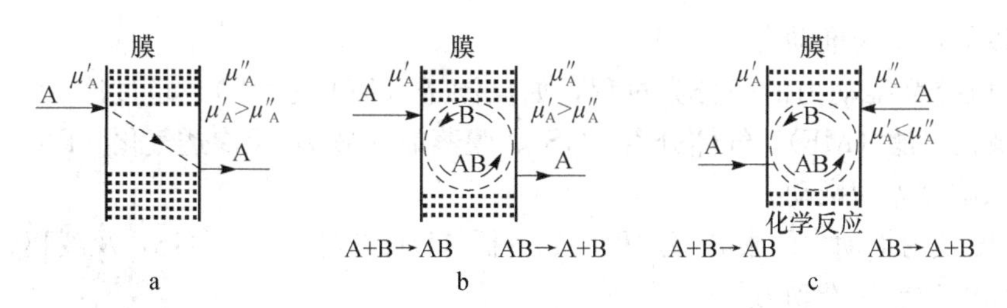

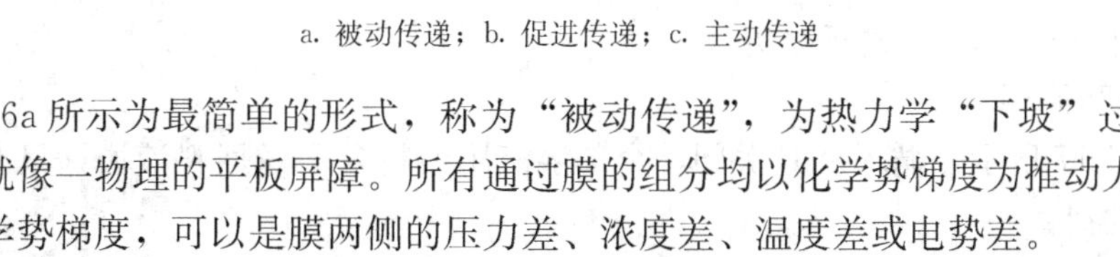

图 5-16　膜分离过程的传质形式示意图

a. 被动传递；b. 促进传递；c. 主动传递

图 5-16a 所示为最简单的形式，称为“被动传递”，为热力学“下坡”过程，其中膜的作用就像一物理的平板屏障。所有通过膜的组分均以化学势梯度为推动力。组分在膜中的化学势梯度，可以是膜两侧的压力差、浓度差、温度差或电势差。

图 5-16b 所示为“促进传递”过程。在此过程中，各组分通过膜的传质推动力仍是膜两测的化学势梯度。但各组分需由其特定的载体带入膜中。促进传递是一种具有高选择性的被动传递。

图5-16c所示为“主动传递”。与前两者情况不同，各组分可以逆化学势梯度传递，为热力学“上坡”过程。其推动力是由膜内某化学反应提供．主要发现于生命膜。

现已工业化的主要膜分离过程有5～6种，均为被动传递过程。这些过程的推动力主要是浓度梯度、电势梯度和压力梯度，即化学势梯度。

但在某些过程中这些梯度互有联系，形成一种新的现象。如温差不仅造成热流，也能造成物流，这一现象形成了“热扩散”或“热渗透”。静压差不仅造成流体的流动，也能形成浓度梯度，反渗透就是这种现象。在膜过程中，通常多种推动力同时存在，称为伴生过程。过程中各种组分的流动也有伴生现象，如反渗透过程中，溶剂透过膜时，伴随着部分溶质同时透过。

流速与推动力间以渗透系数来关联。渗透系数与膜和透过组分的化学性质、物理结构紧密相关。在均质高分子膜中，各种化学物质在浓度差或压力差下，靠扩散来传递；这些膜的渗透率取决于各组分在膜中的扩散系数和溶解度。

通常这类膜的渗透速率是相当低的。在多孔膜中，物质传递不仅靠分子扩散来传递，且同时伴有黏滞流动，渗透速率较高，但选择性较低。在带电荷的膜中，与膜电荷相同的物质就难以透过。因此，物质分离过程所需的膜类型和推动力取决于混合物中各组分的特定性质。

2. 膜分离的机理

膜分离其实是一种与膜孔径大小相关的筛分过程。其以膜两侧的压力差为驱动力，以膜为过滤介质，在一定的压力下，当原液流过膜表面时，膜表面密布的许多细小的微孔只允许水及小分子物质通过而成为透过液，而原液中体积大于膜表面微孔径的物质则被截留在膜的进液侧，成为浓缩液，因而实现对原液的分离和浓缩的目的。

（四）膜分离的类型

1. 按推动力的不同进行分类

1）以静压差为推动力

以静压差为推动力的膜分离过程，如反渗透（RO或HF）、超过滤（UF）、纳滤（NF）、微孔过滤（MF）、气体分离（GS）、膜蒸馏（MD）及渗透气化（PV）等。

2）以浓度差为推动力

以浓度差为推动力的膜分离过程，如透析（D）、气体分离（GS）及液膜分离等。

3）以电位差为推动力

以电位差为推动力的膜分离过程，如电渗析（ED）等。

2. 按操作方式不同进行分类

1）开路循环

如图5-17所示，循环泵R关闭，全部溶液用给料泵F送回料液槽，只有透过液排出到系统之外。

2）闭路循环

如图5-17所示，浓缩液（未透过的部分）不返回到料液槽，而是利用循环泵R送回到膜组件中，形成料液在膜组件中的闭路循环。闭路循环中，循环液中目标产物浓度

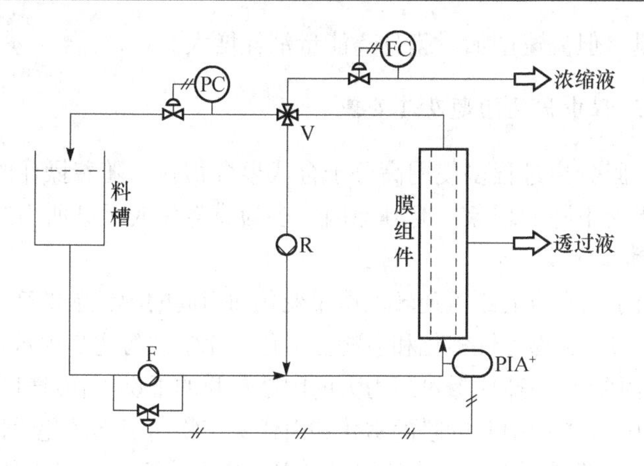

图 5-17 开路或闭路循环操作示意图

的增加比开路循环操作快，故透过通量小于开路循环。但其优点是膜组件内的流速可不依靠料液泵的供应速度，进行独立的优化设计。

3）连续操作

如图 5-18 所示，连续操作是在闭路循环的基础上，将浓缩液不断排到系统之外。每一级中均有一个循环泵将液体进行循环，料液由给料泵送入系统中，循环液浓度不同于料液浓度。各级都有一定量的保留液渗出，进入下一级。由于第一级处理量大，所以膜面积也大，以后各级依次减小。最后一级的循环液为成品，浓度最浓，因此，通量较低。

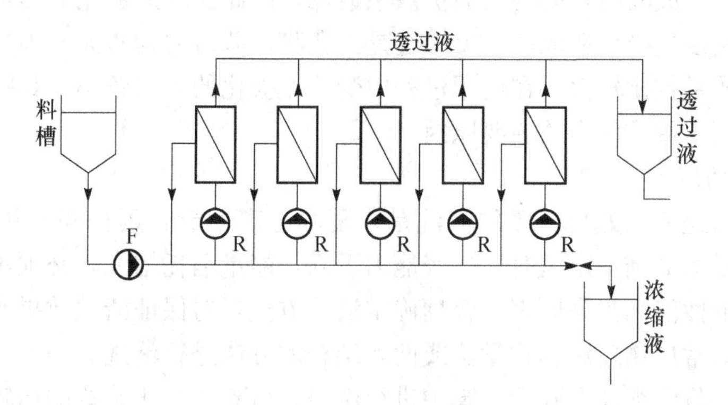

图 5-18 膜分离连续操作示意图

3. 根据料液流动方向分类

根据料液流动的方向，膜分离操作也可分为常规过滤和错流过滤。

膜分离操作一般采用错流方式进行，它与传统过滤的区别如图 5-19 所示。错流操作时，料液与膜面平行流动，料液的流动可有效防止和减少被截留物质在膜面上的沉积。流速增大，靠近膜面的浓度边界层厚度减小，这将减轻浓差极化的影响，有利于维

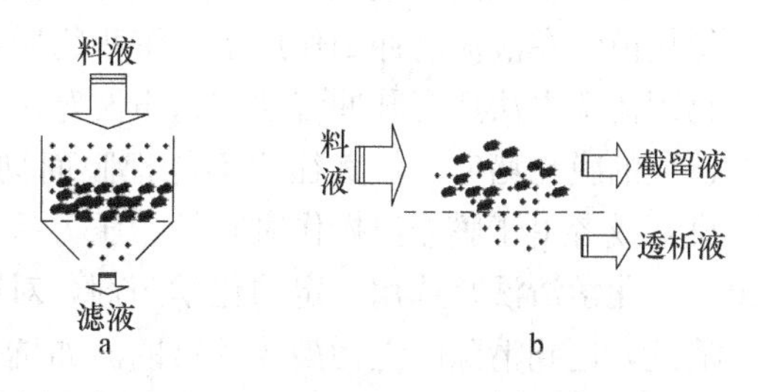

图 5-19 常规过滤与错流过滤示意图

a. 常规过滤；b. 错流过滤

持较高的渗透通量。但流速增加，膜分离能量消耗增大。

（五）膜分离过程中常见问题及其处理

实际应用中，膜分离过程多使用高分子合成聚合物膜。随着操作时间的增加，常会出现膜透过速率迅速下降的现象，究其原因，多为膜劣化或污染所引起的。

1. 膜的劣化和膜污染

膜的劣化是由于膜本身的不可逆转的质量变化而引起的膜性能的变化。造成的原因有如下三种：化学性劣化、物理性劣化和生物性劣化。化学性劣化是由水解、氧化等原因造成。物理性劣化是由挤压而造成透过阻力大的固结和膜的干燥等物理性原因造成。生物性劣化是由供给液中微生物而引起的膜的劣化和由代谢产物而引起的化学性劣化造成的。此外，pH、温度、压力都是影响膜劣化的因素，因此要十分注意它们的允许范围。

膜污染是指由于膜表面形成了析着层（污垢）或膜孔堵塞等外部因素导致膜性能下降的现象。其中膜的渗透通量下降是一个重要的膜污染标志，因此渗透通量也是膜分离中重要的控制指标。在膜分离操作中，渗透通量不仅与操作压差（推动力）、膜孔结构、溶液的黏度、操作温度等有关，还与料液流速、浓差极化现象及膜的污染程度有关。

不同的膜分离过程，膜污染的程度和产生膜污染的原因不同。微滤膜的孔径较大，对溶液中的可溶物几乎没有分离作用，常用于截留溶液中的悬浮颗粒，因此膜污染主要由颗粒堵塞造成的。超滤膜是有孔膜，通常用于分离大分子物质、小颗粒、胶体及乳液等，其渗透通量一般较高，而溶质的扩散系数低，因此受浓差极化的影响较大，所遇到的污染问题也是浓差极化造成的。反渗透是无孔膜，截留的物质大多为盐类，因为渗透通量较低，传质系数比较大，在使用过程中受浓差极化的影响较小，其膜表面对溶质的吸附和沉积作用是造成污染的主要原因。

2. 膜污染的清除

膜污染后需经清洗处理。膜的清洗是恢复膜分离性能、延长膜使用寿命的重要操作。当渗透通量降低到一定值时，生产能力下降，能量消耗增大，必须对膜进行清洗或更换。根据膜的性能和污染原因，合理确定清洗方法，对保证清洗效果非常重要。在药品分离生产中，常用物理法、化学法或两者结合的方法进行清洗。

物理清洗是将海绵球通到管式膜中进行洗涤，可不必停止装置的运转，或利用供给液本身间歇地冲洗膜组件内部，这种清洗方法是在膜滤每运行一个短的周期（如运转2h）以后，关闭透过液出口，这时膜的内、外压力差消失，附着于膜面上的沉积物变得松散，在液流的冲刷作用下，沉积物脱离膜而随液流流走，达到清洗的目的。其他的物理清洗方法还有脉冲流动、超声波等。通过物理清洗，一般能有效地清除因颗粒沉积造成的膜孔堵塞，但其往往不能把膜面彻底洗净，特别是对于吸附作用而造成的膜污染，或者由于膜分离操作时间长、压力差大而使膜表面胶层压实造成的污染。

化学清洗是选用一定的化学药剂，对膜组件进行浸泡，并应用物理清洗的方法循环清洗，达到清除膜上污染物的目的。如抗生素生产中对发酵液进行超滤分离，每隔一定时间（如运转1周），要求配制 pH 11 的碱液，对膜组件浸泡 15～20min 后清洗，以除去膜表面的蛋白质沉淀和有机污染物。又如当膜表面被油脂污染以后，其亲水性能下降，透水性降低，这时可用热的表面活性剂溶液进行浸泡清洗。常用的化学清洗剂有酸、碱、酶（蛋白酶）、螯合剂、表面活性剂、过氧化氢、次氯酸盐、磷酸盐、聚磷酸盐等。它们主要是利用溶解、氧化、渗透等作用来达到清洗的目的。

3. 膜的消毒与保存

大多数药物的生产过程需在无菌条件下进行，因此膜分离系统需进行无菌处理。有的膜（如无机膜）可以进行高温灭菌，而大多数有机高分子膜通常只能采用化学消毒法。常用的化学消毒剂有乙醇、甲醛、环氧乙烷等，需根据膜材料和微生物特性的要求选用和配制消毒剂。在实际操作中，一般采用浸泡膜组件的方式进行消毒，膜在使用前需用洁净水冲洗干净。

如果膜分离操作停止时间超过24h或长期不用，则应将膜组件清洗干净后，选用能长期储存的消毒剂浸泡保存。一般情况下，膜供应商根据膜的类型和分离料液的特性，提供配套的清洁剂、消毒剂和相应的工艺参数，用于指导用户科学使用和维护膜组件，防止膜受损，提高膜的使用寿命。

二、微滤技术

（一）基本原理

微滤是利用微孔滤膜的筛分作用，在静压差推动下，将滤液中尺寸大于0.1～10μm的微生物和微粒子截留下来，以实现溶液的净化、分离和浓缩的技术。由于微滤所分离的粒子通常远大于反渗透、纳滤和超滤分离的溶质及大分子，基本上属于固液分离范畴。因此不必考虑溶液渗透压的影响，过程的操作压差为0.01～0.2MPa，而膜的渗透量远大于反渗透、纳滤和超滤。

一般认为微滤的分离机理为筛分机理，微孔滤膜的物理结构起决定作用。通过电镜观察，微孔滤膜的截留作用大体可分为以下几种：

1. 机械截留作用

它是指膜具有截留比它孔径大或与孔径相当的微粒等杂质的作用，即过筛作用。

2. 物理作用或吸附截留作用

它是指膜通过对微粒物理吸附和电吸附等，将微粒截留的作用。

3. 架桥作用

它是指在膜孔的入口处，微粒因为架桥作用而被截留的现象。

4. 网络型膜的网络内部截留作用

指微粒在通过膜的孔道时，像深层过滤一样，在膜的内部而不是在膜的表面被截留的作用。

由上可见，对滤膜的截留作用来说，机械作用固然重要，但微粒等杂质与孔壁之间的相互作用有时则显得更为重要。

（二）微滤操作流程

微滤和常规过滤一样，料液中微粒的含量可以是10^{-6}级的稀溶液，也可以是

20%的浓浆液。根据微滤过程中微粒被膜截留在膜表面或膜深层的现象，可将微滤分成表面过滤和深层过滤两种。当料液中微粒的直径与膜孔的直径相近时，随着微滤过程的进行，微粒会被膜截留在膜表面并堵塞膜孔，这种过滤称为表面过滤。而当微粒的粒径小于膜孔径时，微粒在过滤时随流体进入膜的深层并被截留下来，这种过滤称深层过滤。

微滤的过滤过程有两种操作方式，即死端微滤和错流微滤。在死端过滤中，待澄清的流体在压差推动下透过膜，而微粒被膜截留，截留的微粒在膜表面上形成滤饼，并随时间而增厚，滤饼增厚使微滤阻力增加，如图 5-20a 所示。死端微滤通常为间歇式，须定期清除滤饼或更换滤膜。

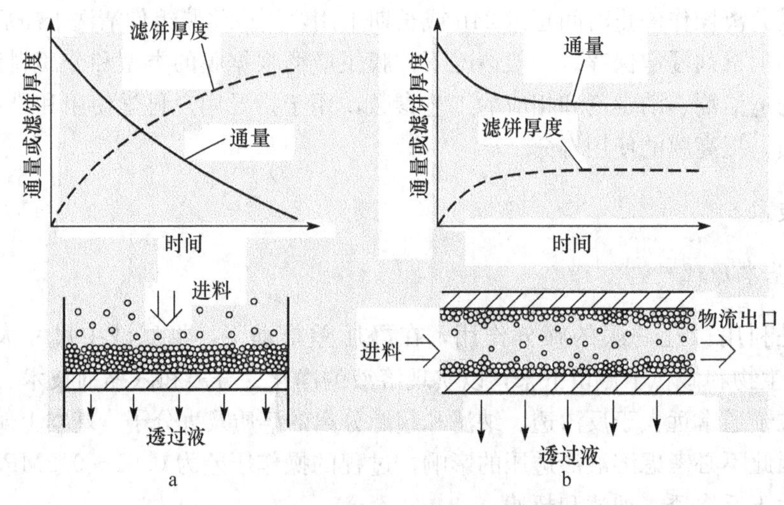

图 5-20 微滤的过滤过程示意图
a. 死端微滤；b. 错流微滤

错流微滤是用泵将滤液送入具有许多孔的，由膜作为管壁的管道或薄层流道内，滤液沿着膜表面的切线方向流动，在压差的推动下，使渗透液错流通过膜。由于料液的冲刷作用，只有少量的微粒沉积在膜的表面，大部分微粒会被流体带走，从而减小了过滤阻力，如图 4-20b 所示。与死端微滤不同的是，错流微滤过程中的滤饼层不会无限的增厚，相反，由料液在膜表面切线方向流动产生的剪切力能将沉积在膜表面的部分微粒冲走，故在膜面上积累的滤饼层厚度相对较薄。错流过滤能有效地控制浓差极化和滤饼层的形成。因此在较长周期内保持相对高的通量，一旦滤饼厚度稳定，通量也达到稳态或拟稳态。

（三）微滤的特点及应用

1. 微孔滤膜特点

1）孔径的均一性

微孔滤膜的孔径十分均匀，例如平均孔径为 0.45μm 的滤膜，其孔径变化范围在 0.45μm±0.02μm。只有达到孔径的高度均匀，才能提高滤膜的过滤精度。

2）空隙率高

微孔滤膜的表面有无数微孔，每平方厘米为 10^7～10^{11} 个，空隙率一般可高达 80%左右。膜的空隙率越高，意味着过滤所需的时间越短，即通量越大。一般说来，它比同等截留能力的滤纸至少快 40 倍。再加上孔径分布好，过滤结果的可靠性高，因此被卫生系统用于进行组织培养。

3）滤材薄

大部分微孔滤膜的厚度在 150μm 左右，与深层过滤介质（如各种滤板）相比，只有它们的 1/10 厚，甚至更小。所以，由于液体被过滤介质吸收而造成的液体损失非常少，比较适合过滤一些高价液体或少量贵重液体。其次，还因为微孔滤膜很薄，所以它的重量轻，其单位面积的重量约为 $5mg/cm^2$，储藏时占地少。

2. 微孔滤膜的应用

基于微孔滤膜的上述特点，微孔滤膜主要用来对一些只含微量悬浮粒子的液体进行精密过滤，以得到澄清度极高的液体；或用来检测、分离某些液体中残存的微量不溶性物质，以及对气体进行类似的处理。下面介绍微滤在实验室中及酿酒工业上的应用。

微孔滤膜在实验室中是检测有形微细杂质的重要工具。主要用途如下：

(1) 微生物检验。例如对饮用水中大肠菌群、游泳池水中假单胞族菌和链球菌、酒中酵母和细菌、软饮料中酵母、医药制品中细菌的检测和空气中微生物的检测等。

(2) 微粒子检测。例如注射剂中不溶性异物、石棉粉尘、航空燃料中的微粒子、水中悬浮物和排气中粉尘的检测、放射性尘埃的采样等。

在酿酒工业中，则可采用聚碳酸酯核孔滤膜来过滤除去啤酒中的酵母和细菌。通常，生啤酒在装瓶后，要加热杀死酵母菌，以便长期保存。但是加热破坏了生啤酒的营养，导致口味发生一些改变。利用孔径为 0.8μm 的核孔滤膜过滤，能分离除去啤酒中的酵母和细菌，但对啤酒的口味起主要作用的物质却能通过膜而保留在啤酒内。如此处理后的啤酒，不需加热就可以在室温下长期保存，保持了生啤酒的鲜美味道和营养价值，在市场上颇受欢迎。

三、超滤技术

（一）基本原理

应用孔径为 1.0～20.0nm 的膜来过滤含有大分子或微细粒子的溶液，使大分子或微细粒子从溶液中分离出来的过程称为超滤，超滤的推动力是压力差。

超滤膜对大分子的截留机理主要是筛分作用。决定截留效果的主要是膜的表面活性层上孔的大小与形状。除了筛分作用外，膜表面、微孔内的吸附和粒子在膜孔中的滞留也能使大分子被截留。实践证明，某些情况下，膜表面的物化性质对分离也有重要影响。由于超滤处理的是大分子溶液，溶液的渗透压对过程也有一定的影响。

根据基本的物理效应，可以将超滤过程的模型分成毛细流动模型和溶液扩散模型。

1. 毛细流动模型

在这种模型中，溶质的脱除主要靠流过微孔结构时的过滤或筛滤作用，半透膜阻止了大分子的通过。按这一模型所建立是毛细孔中的层流流动。

2. 溶解扩散模型

在这种模型中，假定扩散的溶质分子，先溶解于膜的结构材料中，而后再经载体的扩散而传递。因为分子种类不同，溶解度和扩散速度也不相同，因此，溶解扩散模型似乎能合理解释反渗透膜对溶液中不同成分的选择性。

实际上，上述两种模型在膜渗透传递中都可能存在，只是反渗透以溶解扩散机理占优势，而超滤则以毛细流动机理占优势。

（二）超滤操作流程

1. 超滤操作流程

常见的基本工艺流程有两类：一是一级流程，即指料液经一次加压操作的分离流程；二是多级流程，是指料液经过多次加压分离的流程。在同一级中，排列方式相同的组件组成一段。

1）一级流程

（1）一级一段连续式。如图 5-21 所示，料液一次经过膜组件，透过液和浓缩液分别被连续引出系统。此流程操作最为简易，能耗最少。但这种方式透过液的回收率不高或浓缩液的溶质浓度不高，只适合于得率或分离效率要求不高的场合。

（2）一级一段循环式。如图 5-22 所示，原料液流过组件后，将浓缩液部分地或全部地返回储料槽中，与原有的料液混合后再次通过组件进行分离。对于以透过液为产品的生产而言，这种操作方式虽然提高了透过液的得率，但透过液的质量会有所下降；对于以浓缩液为产品的操作而言，则可得到浓度较高的浓缩液。

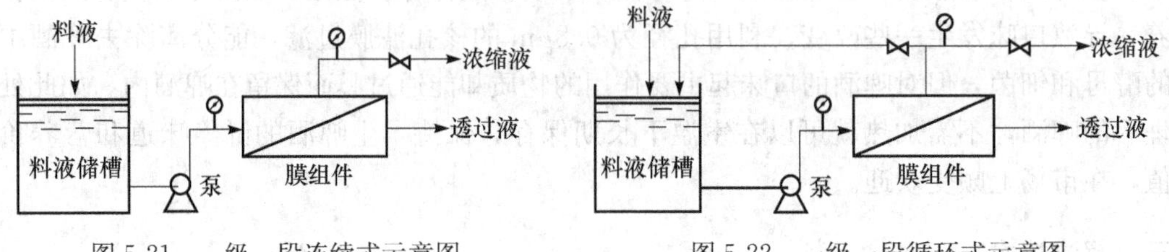

图 5-21　一级一段连续式示意图　　图 5-22　一级一段循环式示意图

（3）一级多段直流式。如图 5-23 所示，是把前一段的浓缩液作为后一段的进料液，而各段的透过液直接排出。这种方式透过液的回收率很高，但透过液的质量逐段降低；而浓缩液的浓度大为提高。另外采用该方式时，过程推动力会逐段降低。

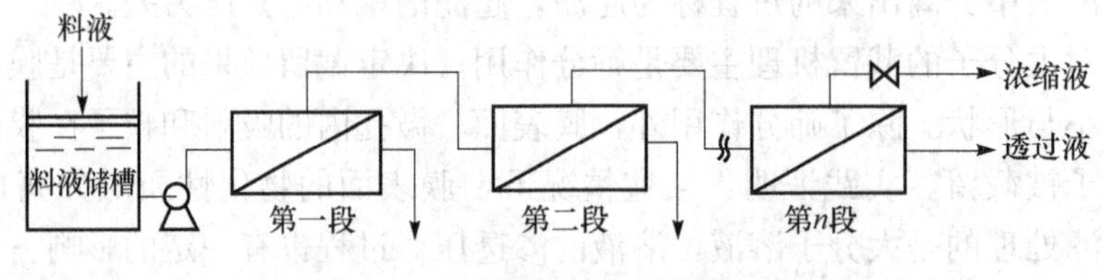

图 5-23　一级多段直流式示意图

2）多级流程

（1）多级直流式：如图 5-24 所示，是把上一级的透过液作为下一级的进料液。对于以制纯水为目的的生产而言，这种方式的特点是透水水质大大提高，但水回收率低。因此，对于以分离为目的的生产而言，则可采用不同规格膜组件以得到不同的分离产品。

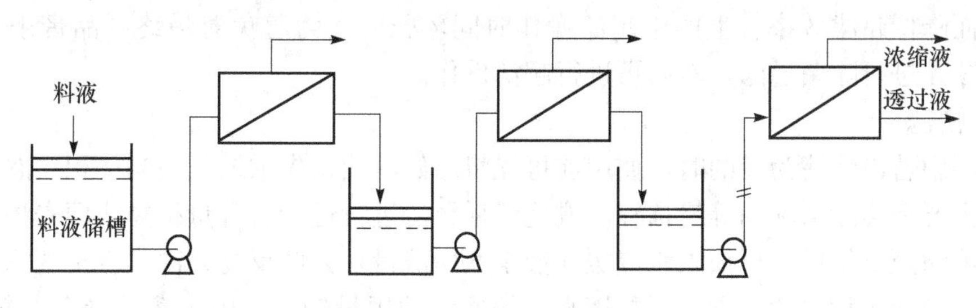

图 5-24　多级直流式示意图

（2）多级循环式：如图 5-25 所示，是将上一级的透过液作为下一级的进料液，直至最后一级透过液引出系统，而浓缩液则从后一级向前一级并与前一级的进料液混合后，再进行分离。这种方式既可提高透过液的回收率，又可提高透过液的质量。

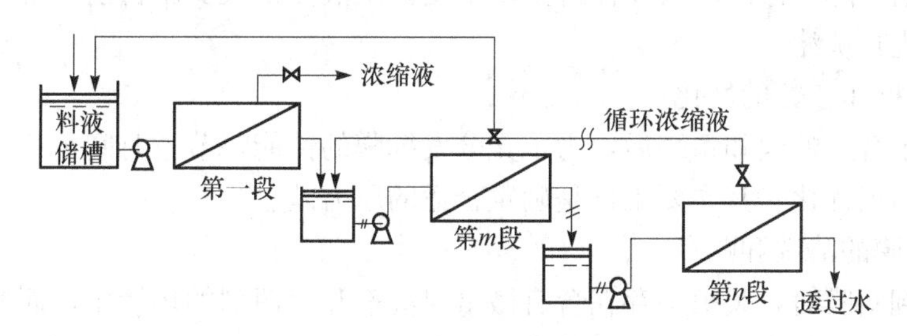

图 5-25　多级循环式示意图

实际生产中，可根据需要采用不同操作方式的有机组合，以达到高的组分分离率及其得率。

2. 超滤的操作方法

超滤前应根据产品的特性，确定操作的目的，并根据溶液的成分、浓度、黏度、pH 及工作温度等指标，选用技术规格合适的超滤装置，通过预实验确定超滤压力、切向流速等技术参数，确保超滤技术在实际使用中达到最佳效果。

1）充分了解超滤膜的性能

不同材质的超滤膜其化学稳定性不同，对溶液的吸附量也不同。不同类型的超滤装置其耐压性能不同，截留分子质量不同，超滤膜的使用范围也不同。因此，使用时应避免选择能与超滤液体中的成分发生化学反应的超滤膜材质。

2）正确安装超滤装置

输液管道，进、出口压力表及阀门连接要牢固无渗漏，安装后可通过完整性试验进行验证。

3）超滤膜清洗消毒处理后的检测

超滤膜清洗消毒处理后，应根据生产工艺要求进行必要的检测，如 pH、蛋白质残留试验及热原质检测等。在生物制药中，为避免目标药物成分失活，有些具有特殊活性的产品在料液超滤时，必须用相应的工艺，进行缓冲液循环平衡处理后才能使用。

4）对加工溶液的要求

生产工艺中需进行超滤的溶液必须先经澄清过滤，去除大颗粒杂质，以避免堵塞超滤膜孔而降低超滤效率。生产中超滤操作时间较长时，为避免对最终产品带来不利影响，可预先进行除菌过滤，然后再进行超滤操作。

5）洗滤

生产中若以洗滤为目的时，使用前可先将原始溶液预先浓缩至适当体积，然后根据生产的需要和实际情况用等量稀释法或连续稀释法进行透析。等量稀释法即先将原始溶液超滤浓缩至半量后，再加入水或缓冲液至原始液量，如此反复几次，直至洗滤达到最终目的。等量稀释法的特点是稀释用水或缓冲液的用量较多，由于溶液量在不断变化，产品截留物质的浓度（或含量）也在不断变化，以致洗滤时滤速也在不断变化；连续稀释法（又称恒滤）即在洗滤过程中不断补充水或缓冲液，将超滤溶液量始终保持在同一液量不变。因此产品中截留物质的浓度（或含量）不变。而透过物质的浓度（或含量）则随洗滤逐渐下降，但洗滤滤速保持基本不变，用液体量较少。目前在常规生产中大多采用此方法进行洗滤。

6）超滤操作参数的优化

当选择了合适的膜和系统后，为了充分发挥膜的性能，节省时间，还需对超滤的操作参数进行适当优化。其主要工作是确定合适的压力差。

7）超滤膜的清洗和贮存

用户收到新膜时，膜被保存在含有微量保湿剂和灭菌剂的环境中，而使用过的膜则被保存在氢氧化钠等为保护剂的稀溶液中。在以上两种情况下，都必须在生物溶液流经以前将膜冲洗干净。清洗用水最好为干净去离子水或注射用水。

在正式超滤前，为了保证整个系统（包括膜、管道、泵等）均处于良好的状态，将该系统充满与生物分子相同的缓冲液或生理溶液是非常重要的。通过这一步骤可以达到以下重要目的：pH与离子强度的稳定与一致；温度的稳定；去除空气及气泡。

超滤膜在使用后进行有效的清洗也是非常重要的，它可以保证处理各批物料的效果可靠与稳定，延长膜的使用寿命，降低运行成本。而清洗剂和清洗方案的选择则需认真考虑超滤料液性质、污染物种类及清洗剂的有效性，与膜的化学兼容性、价格、操作的方便性等因素后，才可确定。

超滤膜在不用时必须湿态保存。短时间不用时可封闭在去离子水或缓冲液中，如长时间不用，需储存在一定浓度氢氧化钠溶液中并加入必要的杀菌剂，如叠氮钠或甲醛等。

其他膜分离技术的操作方法亦可参照以上步骤进行。

（三）超滤特点及应用

1. 超滤的特点

超滤法具有在分离过程中相态不变、无需加热、所用设备简单、占地面积小、操作压力低、泵与管对材料要求不高等明显的优点。它能够在室温或特定温度下脱除高达90%的水分。因此，防止了对处理物的热降解或氧化降解作用。

超滤法也有一定的缺陷：采用超过滤法分离时，膜表面极易产生浓差极化等现象，为了强化传质，势必要加大流量，因此超滤法的动力费用较大；此外，和其他浓缩方法相比，超滤法不能直接得到干粉，因此，对于像蛋白质等溶液，通常只能浓缩到一定程度，如需进一步浓缩，尚需采用蒸发等措施。

2. 超滤的应用

超滤的应用主要包括：纯水制备、成分调整提纯和浓缩三个方面。在制备纯水时，超滤能除去水中的微粒、胶体、细菌、热原病毒、大分子有机物和蛋白质，作为饮料配制用水、矿泉水、纯净水等的终端过滤处理。在成分调整提纯方面，可用于牛奶、植物蛋白、动物血液、淀粉、酶制剂、胰岛素、氨基酸等产品的成分调配或提纯。在浓缩方面，主要应用于乳浆、乳清、果蔬汁等产品的浓缩。下面介绍一些超滤在生产实际中的应用。

1）在连续发酵中的应用

传统的发酵罐与超滤机组合而成的系统可以用于进行葡萄糖连续发酵生产乙醇，在这种细胞膜反应分离系统中，酵母细胞在液相中不断地将反应物转化成产物，而生成的产物则借助于循环，连续不断地通过膜而分离，使得液相中产物始终保持在较低浓度，降低了由产物引起的抑制作用。研究结果表明，当进料浓度和稀释率一定时，连续发酵系统中的细胞浓度比间歇式发酵提高 1～2 个数量级，乙醇生产率比中空纤维发酵器和固定化细胞法高 4 倍左右，比间歇式发酵高 10～20 倍，葡萄糖利用率可达 100%。

2）在果酒及低度白酒澄清中的应用

超滤技术与冷冻过滤、离子交换吸附、絮凝沉淀过滤等方法相比，具有处理方法简单、操作费用低、提高酒质或饮料的稳定性等优点，因此常用于低度酒、果酒及饮料的澄清。

3）甜叶菊苷的提取

在甜叶菊苷的提取工艺中，用超滤技术进行净化处理。结果表明，该法去除了大量的胶体、色素、蛋白质及多糖类大分子杂质，使产品质量得到提高。

4）生物制药中的实际应用

供静脉注射用的 25%人胎盘血白蛋白（即胎白），通常是用硫酸铵盐析法制备的，生产过程中得到的中间产物，即低浓度胎白溶液需经两次硫酸铵盐析、两次过滤及压干、透析脱盐、除菌、真空浓缩等加工步骤。该工艺的缺点是硫酸铵耗量大，能源消耗多，操作时间长，透析过程易产生污染。选用超滤工艺可以同时解决上述问题，而且对于简化工艺、提高产品收率和产品质量具有明显的优点。上海生物制品研究所采用 LFA-50 超滤组件对胎白进行浓缩和脱盐所得结果如下：平均回收率为 97.18%；吸附损失为 1.69%；透过损失为 1.23%；截留率为 98.77%。结果表明，采用超滤技术改革目前的生产工艺，可以简化工艺步骤，减少能耗及原材料的消耗，可缩短生产周期，提高产品质量，具有显著的经济效益。

四、透析技术

1861 年，Thomas Graham 发现将一张半透膜置于两种溶液之间时，两种溶液中的小分子溶质（包括溶剂）可透过膜而相互交换，这种现象就是所谓的透析。目前它已成为生物化学实验室和生物制品生产中最简便最常用的分离纯化技术之一，常被用于去除溶液中的小分子杂质（主要是盐类）、少量有机溶剂、生物小分子杂质，调节溶液中的离子组成或浓缩样品等方面。

（一）基本原理

透析过程的简单原理如图 5-26 所示，即中间是透析膜（虚线），A 侧通原液、B 侧通溶剂。透析膜在溶剂中溶胀可形成极细的筛孔，只有低分子质量的溶质和溶剂能自由通过，例如盐或某些缓冲液可以通过这些筛孔。相对分子质量在 15000 以上的大分子物质则不能通过。如此，溶质由 A 侧根据扩散原理，而溶剂（水）由 B 侧根据渗透原理相互进行移动，一般低分子物质比高分子物质扩散得快。

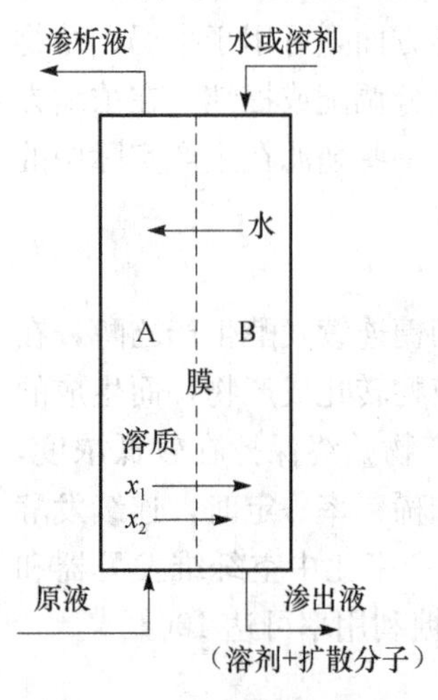

图 5-26　透析原理示意图

透析的目的就是借助这种扩散的速度差，使 A 侧二组分以上的溶质得以分离。不过这里所说的不是溶剂和溶质的分离（浓缩），而是溶质之间的分离。浓度差（化学位）是这种分离过程的唯一推动力。这里用的透析膜也是半透膜的一种，它是根据溶质分子的大小和化学性质的不同而具有不同透过速度的选择性透过膜。通常用于分离水溶液中的溶质。

（二）透析操作流程

1. 透析膜的预处理

用作透析膜的材料有动物膜、火棉胶膜、玻璃纸及部分高分子聚合物，如疏水性的聚丙烯腈、聚酰胺及聚甲基丙烯酸酯及亲水性的纤维素、聚乙烯及聚乙烯醇等，其多为化学惰性物质，以防溶质吸附在膜上。目前使用最普遍的是玻璃纸袋和纤维素制成的透析膜。

半透膜常被制成袋状用于实践中。由于新买的透析袋含有作为增塑剂的甘油，微量硫化合物和金属离子，对生物分子可能有较大的影响，所以在使用前必须将透析袋加以处理。处理透析袋的方法一般有 4 种：

（1）将这种透析袋浸在蒸馏水中，在 0.01mol/L 醋酸或稀的 EDTA 溶液中处理即可。

（2）将所需的透析袋放到 2～5L50％的乙醇中煮沸 1h，然后在 50％的乙醇中室温浸 1h，再在 10mmol/L $NaHCO_3$ 中浸 2 次，1mmol/L EDTA 中浸 1 次，最后浸入蒸馏水 2 次。

（3）将透析袋在蒸馏水中煮 3 次，每次煮沸 10min 即可除去部分有害物质。

（4）将透析袋在 75％以上的乙醇中浸泡数小时或过夜，然后用蒸馏水充分冲洗即可。处理好的透析袋应放于蒸馏水中在 4℃储藏。如要长时间存放，则应加入防腐剂如叠氮化钠，也可在 50％的甘油中保存。

2. 透析

透析袋处理好后即可以用于样品的透析。在样品装入透析袋前，首先应将透析袋一端打结或用纯棉线或橡皮圈扎住进行密封，也可以使用特制的透析袋夹夹紧，由另一端灌满水，用手指稍加压，检查不漏，方可倒去水，装入透析样品至透析袋的 2/3 或一半，密封开口端；然后再将此透析袋浸入水或缓冲液中，这时样品溶液中的生物大分子被截留在袋内，而盐和小分子物质则不断扩散透析到袋外，直到袋内外两边的浓度达到平衡为止。为了加快透析速度，除多次更换透析液外，还可使用磁力搅拌及其他透析装置。如美国生物医学公司生产的各种型号的透析器，由于使用对流透析的原理，透析速度和效率都得到了极大的提高。

3. 透析效果的检验

可用化学方法或电导率仪来检查透析时盐是否去净。例如，样品中有 NaCl，可根据透析的原理，用 $AgNO_3$ 检查溶剂中是否含有 NaCl，来确定样品中的 NaCl 是否去净。如果 NaCl 的浓度较低或者有些盐类没有可以用来检验的试剂，可以采用电导率仪来测定。即用透析过的蒸馏水和蒸馏水同时在电导率仪上测定电导率，来进行比较，如电导率相同，则说明透析结束。

4. 透析操作应注意的问题

（1）密封时在透析袋内样品表面应留有足够的空间，并排除空气，防止透析袋被胀破。由于透析过程中透析袋内的液体体积会增加，如果预留空间不足，透析袋很容易在透析过程中扩张，导致袋的孔径变大，甚至破裂。因此，通常透析样品只能装至透析袋的 2/3 或一半，以保证样品在袋内能适当流动。一般来说，含盐量很高的蛋白质溶液透析过夜时，体积增加 50%是正常的。

（2）透析应在低温下进行，一方面可防止酶变性，另一方面也可防止微生物的生长。

（3）透析过程中如发现透析袋不是因为胀袋而破裂，则说明样品中可能混有能分解透析袋的酶，此时应更换其他种类的透析袋。

（4）透析过程中应经常更换溶剂，并不断搅拌溶剂。由于透析过程主要是扩散过程，溶剂中的盐会不断增加，尤其膜外表面附近的盐浓度会更高些，因此应不断搅拌溶剂，分散膜外表面的盐浓度，提高透析的速度。随着透析时间的增加，袋内外的盐浓度趋于相等，扩散会逐渐停止，因此应经常更换溶剂。为避免酶的变性，更换的溶剂温度应与透析时的溶剂温度一样。

（5）透析时间不能过长，以免样品漏掉，一般 24h 以后即可检查透析效果。

（三）透析特点及应用

1. 透析的特点

透析的动力是扩散压，扩散压是由横跨膜两边的浓度梯度形成的，不需要外加压力，所以透析操作能耗低，不会引起一些生物活性物质变性、失活。透析的速度反比于膜的厚度，正比于欲透析的小分子溶质在膜内外两边的浓度梯度，还正比于膜的面积和温度，通常是 4℃透析，升高温度可加快透析速度。

对某些高浓度的蛋白质溶液（百分之几）而言，由于浓度差极化的原因，应用超滤法进行分离较困难，这种情况下采取透析方法更为合适，特别是像用人工肾来处理浓度高的且含有固形物的血液来说，透析法无疑更具有优越性。由于透析操作中的推动力主要是浓度差，所以不会出现浓度差极化现象，过滤时不必有较大的流速，在溶液中不会引起较大的剪切力破坏生物大分子，动力消耗也小。

但是透析操作也存在分离速度慢，透析液使用量大的缺点。

2. 透析的应用

透析主要应用于生物制品的除盐、除少量有机溶剂、除去生物小分子杂质、浓缩样品和医学人工肾方面，同时也有一些工业应用。下面就此做一简介。

1）血液透析

血液透析又叫“人工肾”，是使用最早、使用最多的血液净化治疗方法之一，现已成为一种安全、可靠的肾脏功能替代疗法，是许多慢性肾功能衰竭晚期患者维持生命的依靠。

血液透析方法是利用半透膜物质交换原理，将病人的血液引到透析器中，与透析液之间进行物质交换，血液中的有害物质透过透析膜被透析液带走，直接排出体外；血液中人体需要的物质不能通过透析膜，而留在了血液中，以此达到清除体内有毒物质和代谢废物，纠正电解质、酸碱平衡失常的治疗效果。

2）在实验室进行一些生化组分结晶

羊胰蛋白的结晶：将盐析法获得的羊胰蛋白粗品，溶于 0.4mol/L、pH 为 9 的硼酸缓冲液中，过滤。滤液加入等量结晶透析液（0.4mol/L 硼酸缓冲液与等体积饱和硫酸镁混合，以饱和碳酸钠调 pH 至 8.0），装入透析袋内，于 0～5℃对以上结晶透析液透析，每天换结晶透析液一次，3～4d 后出现结晶，7d 内结晶完全。

3）从人造丝浆压榨液中回收碱

从人造丝浆压榨液中回收碱，主要是用透析法分离原液（压榨液）中的半纤维素和 NaOH。透析膜是由聚乙烯醇制成的中空丝，原液沿中空丝的外部自下而上流动，水则自上而下走中空丝的内腔。原液同水的流量比大约为 3，若要提高碱回收率，可再增大该比值；若要提高回收的渗出液的碱浓度，可将流量比减小。

五、其他过滤技术

（一）电渗析

电渗析技术目前不仅成功地应用于水处理方面，在其他方面也获得了应用。迄今，国外电渗析技术已获得工业化应用的主要有：海水及苦咸水淡化，放射性废水处理，海水浓缩制盐，牛奶及乳清脱盐，医药制造，血清、疫苗精制，稀溶液中的羧酸回收及丙烯腈的电解还原等。

1. 电渗析的基本原理

电渗析装置是由许多只允许阳离子通过的阳离子交换膜 K 和只允许阴离子通过的阴离子交换膜 A 组成的，如图 5-27 所示，这两种交换膜交替地平行排列在两正负电极

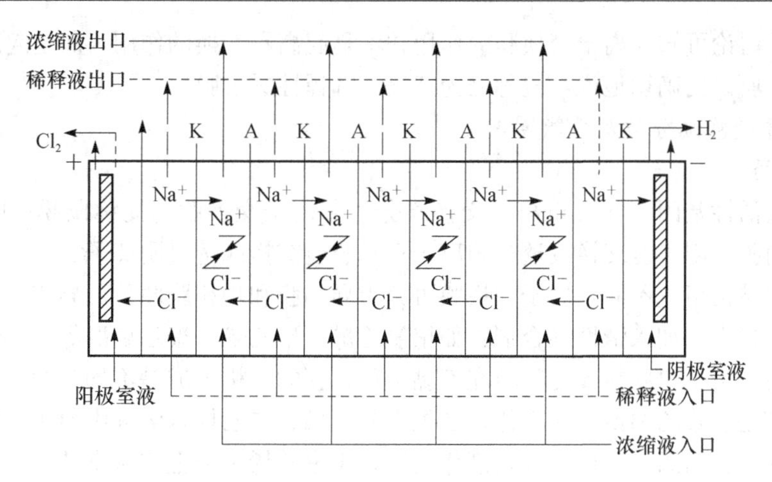

图 5-27　电渗析原理示意图

板之间。最初，在所有隔室内，阳离子与阴离子的浓度都均匀一致，且成电的平衡状态。当加上电压以后，在直流电场的作用下，淡室中的全部阳离子趋向阴极，在通过阳膜之后，被浓室的阴膜所阻挡，留在浓室中；而淡室中的全部阴离子趋向阳极，在通过阴膜之后，被浓室的阳膜所阻挡，也被留在浓室中。于是淡室中的电解质浓度逐渐下降，而浓室中的电解质浓度则逐渐上升。以 NaCl 为例，当 NaCl 溶液进入淡室之后，Na^+则通过阳膜进入右侧浓室；而 Cl^-则通过阴膜进入左侧浓室。如此，淡室中的盐水逐渐变淡，而浓室中的盐水则逐渐变浓。

离子交换膜是一种由高分子材料制成的具有离子交换基团的薄膜。其所以具有选择透过性主要是由于膜上孔隙和膜上离子基团的作用。

在膜的高分子键之间有一足够大的孔隙，膜上孔隙的作用是容纳离子的进出和通过。这些孔隙从正面看是直径为几十埃到几百埃的微孔；从膜侧面看是一根根曲曲弯弯的通道。由于通道是迂回曲折的，所以其长度要比膜的厚度大得多。离子就是在这些迂回曲折的通道中做电迁移运动，由膜的一侧进入另一侧。

在膜的高分子链上，连接着一些可以发生解离作用的活性基团。凡是在高分子链上连接的是酸性活性基团（例如—SO_3H）的膜，称之为阳膜；凡是在高分子链上连接的是碱性活性基团［例如—N—(CH)—OH］的膜，称之为阴膜。

在水溶液中，膜上的活性基团会发生解离作用，解离所产生的解离离子（如阳膜上解离出来的 H^+ 和阴膜上解离出来的 OH^-）就进入溶液。于是，在膜上就留下了带有一定电荷的固定基团。存在于膜微细孔隙中的带一定电荷的固定基团，好比在一条狭长的通道中设立的一个个关卡或“警卫”，以鉴别和选择通过的离子。阳膜上留下的是带负电荷的基团，构成了强烈的负电场。在外加直流电场的作用下，根据异性相吸的原理，溶液中带正电荷的阳离子就可被它吸引、传递而通过微孔进入膜的另一侧，而带负电荷的阴离子则受到排斥；相反，阴膜微孔中留下的是带正电荷的基团，构成了强烈的正电场，也是在外加直流电场的作用下，溶液中带负电荷的阴离子可以被它吸引传递透过，而阳离子则受到排斥。这就是离子交换膜具有选择透过性的主要原因。

由上述讨论可知，离子交换膜的作用并不是起离子交换的作用，而是起离子选择透过的作用。所以更确切地说，应称之为“离子选择性透过膜”。

2. 离子交换膜分类及性能要求

1）分类

（1）按活性基团不同可将离子交换膜分为阳离子交换膜，简称阳膜；阴离子交换膜，简称阴膜。阳膜能交换或透过阳离子；阴膜能交换或透过阴离子。

（2）按结构组成不同，离子交换膜可分为异相膜和均相膜两种。异相膜是将离子交换树脂磨成粉末，加入惰性黏合剂：如聚氯乙烯、聚乙烯、聚乙烯醇等，再经机械混炼加工成的膜。由于树脂粉末之间填充着黏合剂，膜的结构组成是不均匀的，故称为异相膜。均相膜是以聚乙烯薄膜为载体，首先在苯乙烯、二乙烯苯溶剂中溶胀并以偶氮二异腈为引发剂，在高温、高压和催化剂作用下，于聚乙烯主链上连接支链，聚合生成交联结构的共聚体，再用浓硫酸磺化制成阳膜；以氯甲醚、氯甲基化后，再经胺化后而制成阴膜。异相膜电阻较大、电化学性能也比均相膜差，但机械强度较高，因此水的处理一般采用异相膜。近年又研制出半均相膜，它是将聚乙烯粒子浸入苯乙烯、二乙烯苯后，加热聚合，再按上述工艺制成阳膜或阴膜。

2）性能要求

离子交换膜应具有如下性能：

（1）离子选择透过性要大。这是衡量离子交换膜性能优劣的主要指标。当溶液的浓度增高时，膜的选择透过性则下降，因此在浓度高的溶液中，膜的选择透过性是一个重要因素。

（2）离子的反扩散速度要小。由于电渗析过程的进行，将导致浓室与淡室之间的浓度差增大，这样离子就会由浓室向淡室扩散。这与正常电渗析过程相反，所以称之为反扩散。反扩散速度随着浓度差的增大而上升，但膜的选择透过性越高，反扩散速度就越小。

（3）具有较低的渗水性。电渗析过程只希望离子迁移速度高，因只有这样才能达到浓缩与淡化的目的。所以为使电渗析有效地进行工作，膜的渗水性应尽量小。

（4）具有较低的膜电阻。在电渗析器中，膜电阻应小于溶液的电阻。如果膜的电阻太大，在电渗析器中，膜本身所引起的电压降就很大，这不利于最佳电流条件，电渗析器效率将会下降。

（5）膜的物理强度要高。为使离子交换膜在一定的压力和拉力下不发生变形或裂纹，膜必需具有一定的强度和韧性。

（6）膜的结构要均匀。能耐一定温度，并具有良好的化学稳定性和辐射稳定性，膜的结构必须均匀以保证在长期使用中，不至于局部出现问题。

3. 电渗析的特点

1）电渗析的优点

与离子交换相比较，电渗析具有以下优点：

（1）能量消耗少：电渗析器在运行中，不发生相的变化，只是用电能来迁移水中已解离的离子。耗电量一般与水中的含盐量成正比。对含盐量为4000～5000mg/L以下的苦咸水的淡化，电渗析水处理法耗能少、较经济。（包括水泵的动力耗电在内，耗电量为每吨水 6.5kW·h。)

(2) 药剂耗量少、环境污染小：在采用离子交换法水处理中，当交换树脂失效后，需用大量酸、碱进行再生，水洗时有大量废酸、碱排放，而以电渗析水处理时，仅酸洗时需要少量酸。

(3) 设备简单操作方便：电渗析器是用塑料隔板与离子交换膜及电极板组装而成的，它的主体与配套设备都比较简单。膜和隔板都是高分子材料制成的，因此，抗化学污染和抗腐蚀性能均较好。在运行时通电即可得淡水，不需要用酸、碱进行反复的再生处理。

(4) 设备规模和脱盐浓度范围的适应性大：电渗析水处理设备可用于小至每天几十吨的小型生活饮用水淡化和大至几千吨的大、中型淡化。

2) 电渗析的缺点

(1) 对解离度小的盐类及不解离的物质，例如水中的硅酸盐和不离解的有机物等难以去除掉；对碳酸根的迁移率较小。

(2) 电渗析器是由几十到几百张较薄的隔板和膜组成的，部件多，组装技术要求比较高，往往会因为组装不好而影响配水的均匀性。

(3) 电渗析水处理的流程是使水流在电场中流过，当施加一定电压后，靠近膜面的滞流层中电解质的盐类含量较少。此时，水的解离度增大，易产生极化结垢和中性扰乱现象，这是电渗析水处理技术中较难掌握又必须重视的问题。

(4) 电渗析器本身的耗水量比较大，虽然采取极水全部回收，以及浓水部分回收或降低浓水进水比例等措施，但其本身的耗水量仍达 20%～40%。因此，对某些地区来说，电渗析水处理技术的应用将受到一定的限制。

(5) 电渗析水处理对原水净化处理要求较高，需增加精过滤设备。

(二) 纳米过滤

1. 纳米过滤的分离机理

纳米过滤是介于反渗透与超过滤之间的一种以压力为驱动的新型膜分离过程。纳滤膜也具有建立在离子电荷密度基础上的选择性，因为膜的离子选择性，对于含有不同自由离子的溶液，透过膜的离子分布是不相同的（透过率随离子浓度的变化而变化），这就是 Donnan 效应。例如：在溶液中含有 Na_2SO_4 和 NaCl，膜优先截留 SO_4^{2-}，Cl^- 的截留随着 Na_2SO_4 浓度的增加而减少。同时为了保持电中性，Na^+ 也会透过膜，在 SO_4^{2-} 浓度高时，截留甚至会被否定。

由于大多数纳滤膜含有固定在疏水性超滤膜支撑膜上的负电荷亲水性基因，因此纳滤膜比反渗透膜有较高的水通量，这是水偶极分子定向移动的结果。由于存在着表面活性基团，它们也能改善以疏水性胶体、油酯、蛋白质和其他有机物为背景的抗污染能力。这一点，使纳滤膜可用于高污染源。例如染料浓缩和造纸废水处理上优于反渗透膜。

可是，如果溶质所带电荷相反，它与膜相互配合会导致污染。纳滤膜最好应用于不带电荷分子的截留，可完全看作为筛分作用；或组分的电荷采用静电相互作用消除。

2. 特点及应用

大多数的纳滤膜是由多层聚合物薄膜组成，具有良好的热稳定性、pH 稳定性和对有机溶剂的稳定性，膜的活性层通常为带负电荷的化学基团。一般认为纳滤膜是多孔性的，其平均孔径为 2nm。纳米过滤膜的截断分子质量大于 200Da 或 100Da。这种膜截断分子质量范围比反渗透膜大而比超滤膜小，因此，纳米过滤膜可以截留能通过超滤膜的溶质而让不能通过反渗透膜的溶质通过。根据这一原理。可用纳米过滤来填补由超滤和反渗透所留下的空白部分。纳滤作为一种膜分离技术，具有其独特的特点：

1）可分离纳米级粒径

纳滤膜平均孔径为 2nm，所以纳米过滤膜的截断分子质量大于 200Da 或 100Da，可截留的颗粒直径为纳米级的。

2）集浓缩与透析为一体

因纳滤膜是介于反渗透膜和超滤膜之间的一种膜，它能截留小分子的有机物，并可同时透析出盐。

3）操作压力低

因为无机盐能通过纳米膜而透析，使得纳滤的渗透压力远比反渗透低，一般低于 1MPa，故也有“低压反渗透”之称。在保证一定膜通量的前提下，纳滤的操作压力低，其对系统动力设备的耐压要求也低，降低了整个分离系统的设备投资费和能耗。

4）纳滤膜污染因素复杂

纳滤膜介于有孔膜和无孔膜之间，浓差极化、膜面吸附和粒子沉积作用均是使膜被污染的主要因素。此外，纳滤膜通常是荷电膜，溶质与膜面之间的静电效应也会对纳滤过程的污染产生影响。

纳米过滤在生产上有许多应用，下面主要介绍纳米过滤在抗生素的回收与精制上的应用。在抗生素的生产过程中，常用溶剂萃取法进行分离提取，其中抗生素如赤霉素、青霉素常被萃取到有机溶剂中去，如被乙酸乙酯或乙酸丁酯所萃取，后续工序常用真空蒸馏或共沸蒸馏进行浓缩。若用膜过滤法进行浓缩，则要求用于分离的膜必须具有良好的耐有机溶剂的性能，同时还应具有良好的疏水性能，以便排斥抗生素，提高其选择性。现 MPW 公司生产的 MPF-50 和 MPF-60 膜，可以用于上述过程，其中透过该膜纯化的有机溶剂，可继续作萃取剂循环使用，而浓缩液中为高密度的抗生素。此外，在抗生素的萃取过程中，一般在水相残液中还含有 0.1%～1%抗生素和大量的水溶性有机溶剂，如果我们用亲溶剂及稳定性较高的膜 MPF-42，则同样能回收抗生素与溶剂。

（三）反渗透

1. 反渗透的基本概念

半透膜是一种只能透过溶剂而不能透过溶质的膜。当把溶剂和溶液（或把两种不同浓度的溶液）分别置于此膜的两侧时，纯溶剂将自然穿过半透膜而自发地向溶液（或从低浓度溶液向高浓度溶液）一侧流动，这种现象叫做渗透。当渗透过程进行到溶液的液面便产生一压头 H，以抵消溶剂向溶液方向流动的趋势，并最终达到平衡，此 H 称为该溶液的渗透压，如图 5-28a 所示。

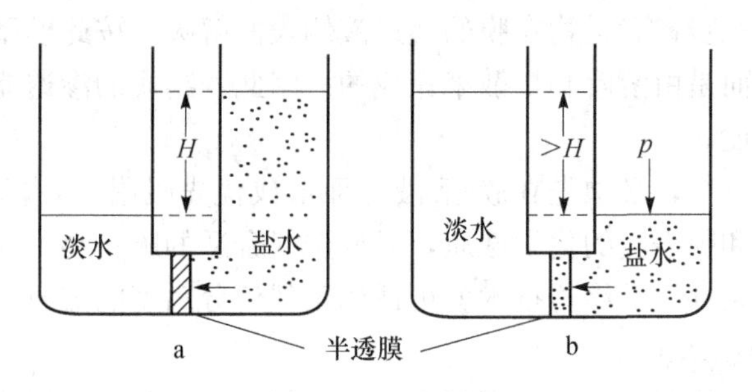

图 5-28　渗透与半渗透示意图

渗透压的大小取决于溶液的种类、浓度和温度，而与膜本身无关。在这种情况下，若在溶液的液面上再施加一个大于渗透压的压力时，溶剂将与原来的渗透方向相反，开始从溶液向溶剂一侧流动，这就是所谓的反渗透，如图 5-28b 所示。凡基于此原理所进行的浓缩或纯化溶液的分离方法，一般称之为反渗透法。

反渗透膜就是用于反渗透过程的半透膜。从某种意义上讲，它是反渗透器的心脏部分，评价一种反渗透装置质量的优劣，关键在于半透膜性能的好坏。

2. 反渗透过程的机理

反渗透的最大特点就是能截留大部分和溶剂分子大小同一数量级的溶质，而获得相当纯净的溶液（如水）。水透过膜是一个复杂的过程，迄今为止已提出了多种透过机理与模型。关于反渗透膜的透过机理目前尚无定论，大多是围绕应用最多的醋酸纤维膜所做出的假设，诸如氧键理论、优先吸附-毛细孔流理论、溶解扩散理论、扩散-细孔理论、自由体积理论等。现简单介绍一二。

1）优先吸附-毛细孔流理论

1963 年 Sourirajan 提出了优先吸附-毛细孔流理论。该理论假定：当水溶液与高分子多孔膜接触时，如果膜的化学性质使膜对溶质不吸附，对水优先吸附，那么在膜与溶液界面附近的溶质浓度会急剧下降，在界面上就会形成一层被膜吸附的纯水层。如果该纯水在外界压力作用下能通过膜表面的毛细孔流动，就能够从水溶液中获得纯水。但毛细孔的大小必须有一定的限度。一般认为吸附层为两个水分子厚度，故膜的孔径应约为水分子厚度的 2 倍，即 1.0～2.0nm，称为膜的临界孔径。在此直径范围内，在压差下通过膜孔隙的是纯水，盐类无法通过；反之，盐离子就可能透过膜孔，其难易程度是：一价盐最易，二价盐次之，三价盐再次之。

优先吸附-毛细孔流模型在一定程度上能够反映反渗透过程，指出了膜材料的选择与反渗透膜制备的指导思想，即膜材料应对水要选择性吸附，对溶质要选择性排斥，膜的活性层应有尽可能多的有效孔径为 2t（t 为水分子直径）的细孔。

2）溶解扩散模型

Lonsdale 和 Riley 等提出溶解扩散理论来解释反渗透过程，该理论假定膜是无缺陷的“完整的膜”，溶剂与溶质的透过机理是由于溶剂与溶质在膜中的溶解，然后在化学位差的推动力下，从膜的一侧向另一侧进行扩散，直至透过膜。此过程分为三步：第一步，渗透物在膜的料液侧表面处吸附和溶解；第二步，渗透物在化学位差的推动下以分子扩散通过膜；第三步，渗透物在膜的透过液侧表面解吸。按此模型，渗透分子透过膜不是靠膜的微孔，而是由溶解和扩散来完成的。因此，物质的渗透能力，取决于扩散系数和在膜中的溶解度。

反渗透分离的进行，必须先在膜-溶液界面形成优先吸附层，优先吸附的程度取决于溶液的化学性质和膜表面的化学性质，只要选择合适的膜材料，并简单地改变膜表面的微孔结构和操作条件，反渗透技术就可适用于任何分离度的溶质分离。

3. 反渗透法的基本流程

反渗透分离基本流程同超滤分离基本流程相似，也可分为一级流程和多级流程。一级流程可分为：一级一段、一级循环和一级多段式流程。多级流程也可分为：多级直流和多级循环式流程。

在工业应用中，有关反渗透法究竟采用哪种级数流程有利，需根据不同的处理对象、要求和所处的条件而定。

4. 特点及应用

反渗透法比其他的分离方法（如蒸发、冷冻等方法）有显著的优点：整个操作过程相态不变，可以避免由于相的变化而造成的许多有害效应，无需加热，设备简单，效率高，占地小，操作方便，能量消耗少等。目前，已在许多领域中得到了应用，例如，从海水、苦咸水的脱盐，发展到了利用反渗透的分离作用进行食品、医药的浓缩，纯水的制备，锅炉水的软化，化工废液中有用物质的回收，城市污水的处理以及对微生物、细菌和病毒进行分离控制等许多方面。下面介绍反渗透在制糖工业上应用。

在制糖过程中对清净汁的浓缩通常是采用加热蒸发法。但此法需要大量燃料，而且容易发生糖分的热分解。为了克服这些缺点，制糖工业生产已开始采用反渗透法进行浓缩。

根据巴济（Baloh）等的试验，如果采用反渗透法对甜菜制糖的稀糖汁进行浓缩，则可以节约蒸发罐用能量的12.7%和糖汁预热用能量的16.5%（合计节能29%）。当然，反渗透用泵需要电能，但对于全厂的用电量来说，这是个不大的数字。此外，由于加热器的温度为100～105℃，所以能使蒸汽的压力由常用的3.55×10^5～4.55×10^5Pa（3.5～4.5atm）下降到1.55×10^5Pa（1.5atm）左右，从而大大节省了蒸汽。

不过，由于高浓度的糖液具有较高的渗透压（蔗糖的饱和溶液，即约67%水溶液，为200atm左右），采用反渗透法进行浓缩有一定限度。据悉，在进行糖液的反渗透浓缩时，当糖的浓度超过360g/L后，浓缩能力将急剧下降。

小　结

通过本章的学习，学生应掌握一般过滤、微滤、超滤、透析、电渗析、纳滤、反渗透的基本原理、操作过程和它们的性能特点；熟悉过滤、滤浆、滤液、滤渣或滤饼、过滤介质、搭桥现象、助滤剂、可压缩性滤饼、不可压缩性滤饼、错流过滤、膜分离技术、对称膜、非对称膜、半渗透膜、多孔膜、致密膜、膜的劣化、膜的污染、微滤、超滤、透析、电渗析、纳滤、反渗透的基本概念；理解各种过滤设备、膜组件的结构和工作机理以及膜劣化、膜污染产生的原因和预防、处理的办法；了解上述过滤与膜分离技术在实际中的应用。

思考题

1. 名词解释：过滤、滤浆、滤液、滤渣或滤饼、过滤介质、搭桥现象、助滤剂、可压缩性致密膜、膜的劣化、膜的污染、微滤、超滤、透析、电渗析、纳滤、反渗透。
2. 简述过滤的机理。
3. 根据不同的标准，过滤可以分为哪几类？
4. 简述影响过滤的因素和改善过滤性能的方法。
5. 列举几种常用的过滤设备。
6. 分离用的膜根据不同的标准可以分为哪几类？
7. 生产中要求分离用的膜应具有哪些性能？
8. 生产中常用的膜组件有哪些？简述它们结构和工作机理。
9. 在膜分离过程中的传质形式有哪几种？简述膜分离过程的机理。
10. 简述造成膜劣化和膜污染的原因及预防、清除的办法。
11. 简述超滤的基本原理、操作方法及特点。
12. 简述微滤的基本原理、操作流程及特点。
13. 透析操作应注意哪些问题？
14. 简述电渗析、纳滤和反渗透的基本原理及特点。

第六章　色谱分离技术

在天然有机物和生物化学研究工作中，常常需要从极其复杂的、含量甚微的混合物中分析和分离各种成分，尤其是某些关系到人们生命安全的生物药品，如注射药品和基因工程产品等，都需要高度纯化。但经典的分离方法，如萃取、结晶等单元操作很难达到药品的生产和商业要求的纯度。而色谱分离由于其分离效率高，设备简单，操作方便，条件温和，不易造成物质变性等优点，适用于很多生物物质的分离，在化学、化工、医药、食品、生物工程等诸多领域的科学研究和生产应用中发挥着重要的作用，是生物下游加工过程最重要的纯化技术之一。

第一节　概　　述

一、色谱分离技术的概念

色谱分离是一组相关分离方法的总称，也称之为色谱法、层析法、色层法、层离法等。它是一种利用物质在两相中分配系数的差别进行分离的分离方法。其中一相是固定相，通常为表面积很大的或多孔性固体；另一相是流动相，其多为液体或气体。当流动相流过固定相时，由于物质在两相间的分配情况不同，各物质在两相间进行多次分配，从而使各组分得到分离。

二、色谱分离技术的常用术语

（一）固定相

固定相是由层析基质组成，其基质包括固体物质（如吸附剂、离子交换剂）和液体物质（如固定在纤维素或硅胶上的液体），这些物质能与相关的化合物进行可逆性的吸附、溶解和交换作用。

（二）流动相

流动相是指在层析过程中推动固定相中的物质向一定方向移动的液体或气体。在柱层析中，流动相又称洗脱剂；在薄层层析时则称为展开剂。

（三）分配系数与阻滞因数 R_f

分配系数是指目的物质在固定相与流动相中含量的比值，常用 K 表示，K 为一常数，和溶质浓度无关；阻滞因数（或 R_f 值）则是指目的物质在同一时间内，在固定相中移动的距离与在流动相中移动距离之比，即

$$R_f = \frac{\text{溶质的移动速度}}{\text{移动相在色谱系统中的移动速度}} = \frac{\text{溶质的移动距离}}{\text{在同一时间内溶剂(前缘)的移动距离}}$$

不同的物质，在同种溶剂中的分配系数及移动速度也不相同。因此，利用几种物质之间分配系数或迁移率的差异，就可利用色谱法将其分开。差异程度越大，分离效果就越好。

三、色谱分离技术的分类

由于生物材料中目的物浓度低，且易变性，因此，需要利用合适的分离纯化技术在最短的时间内完成目的物质的分离提纯。为了达到此目的，近年来，色谱技术发展很快，各种新型的固定相型号日益增多，分离性能也越来越好，已成为当前分离制备最有效的手段之一。色谱分离技术可从如下几个方面进行分类。

（一）按照分离的原理不同进行分类

根据分离机理的不同，色谱法可分为吸附色谱、分配色谱、离子交换色谱、凝胶色谱、亲和色谱等，见表 6-1。

表 6-1　按照分离的原理不同进行分类

方法名称	主要分离过程的性质	固定相类型
吸附色谱	吸附	吸附剂
离子交换色谱	静电作用和扩散	离子交换树脂
分配色谱	萃取	液体
凝胶色谱	扩散	凝胶
亲和色谱	生物对之间特异性吸附与解吸	亲和剂

吸附色谱是各种色谱分离技术中应用最早的一类。当混合物随流动相通过固定相时，由于固定相对混合物中各组分的吸附能力不同，从而使混合物得以分离；分配色谱的固定相和流动相都是液体，其原理是根据混合物中各物质在两液相中的分配系数不同而分离；离子交换色谱是基于离子交换树脂上可电离的离子与流动相具有相同电荷的溶质进行可逆交换，由于混合物中不同溶质对交换剂具有不同的亲和力而将它们分离；凝胶色谱是以凝胶为固定相，靠各物质的分子大小和形状不同而对混合物进行分离；亲和色谱是利用偶联亲和配基的亲和吸附介质为固定相吸附目标产物，使目标产物得到分离纯化的液相色谱方法。

（二）按照流动相的状态不同进行分类

按流动相的不同，色谱法可分为气相色谱和液相色谱两大类。液相色谱根据固定相的不同，又可分为液-液色谱法、液-固色谱法等；气相色谱根据固定相的不同，则可分为气-固色谱法和气-液色谱法。

（三）按固定相性质及形式分类

根据固定相性质及形式的不同，色谱法可以分为柱色谱法、纸色谱法、薄层色谱法等。其中，柱色谱法是将固定相装在一金属或玻璃柱中或是将固定相附着在毛细管内壁上做成色谱柱，使样品从柱头到柱尾沿一个方向移动而进行分离的色谱法，各种不同机理的色谱分离都可在层析柱中进行；纸色谱法是利用滤纸作固定液的载体，把样品液点在滤纸上，然后用溶剂展开，各组分在滤纸的不同位置以斑点形式显现，根据滤纸上斑点位置及大小进行定性和定量分析；薄层色谱是将适当粒度的吸附剂作为固定相涂布在平板上形成薄层，然后用与纸色谱法类似的方法操作，以达到分离目的。

（四）按照色谱动力学过程不同进行分类

按照色谱动力学过程不同，色谱法可分为洗脱分析法、顶替法和迎头法。

洗脱分析法是色谱过程中最常使用的方法。将试样加入色谱柱入口端，然后再用流动相冲洗柱子，由于各组分在固定相上的吸附（或溶解）能力不同，于是被流动相带出的时间也就不同。这种方法的分离效能高，除去流动相后可得到多种高纯度（99.99%以上）的物质，可用于纯物质的制备。

顶替法就是当试样加入色谱柱后，再将一种吸附能力比所有组分都强的物质加入柱中。此后各组分依次顶替流出，吸附能力最弱的组分将首先流出色谱柱。这种方法有利于组分离，而且可以得到比较大量的纯物质，但方法的局限性较大。

迎头法就是将样品连续不断地通入色谱柱中，在柱后可得到台阶形的浓度变化曲线。根据台阶的位置定性，根据台阶的高度进行各个组分的定量。这种方法很简单，但在分析复杂组成样品时，不易获得准确的结果。

（五）按照色谱分离的规模进行分类

色谱分离的规模可分为色谱分析规模（小于10mg）、半制备（10～50mg）、制备（0.1～1g）和工业生产（大于20g/d）。

随着科技的发展，色谱方法已由过去常用的几种发展到今天名目繁多的很多种，且操作越来越简便、快速、自动化，效果也越来越灵敏。由于篇幅有限，本章将着重讨论吸附色谱、离子交换色谱等5种常用色谱技术的原理、操作步骤及其应用，其他色谱方法请参阅相关书籍。

第二节　吸附色谱法

吸附色谱法是依靠溶质与吸附剂之间的分子吸附力的差异性而分离物质的方法，也就是混合物随流动相通过由吸附剂组成的固定相时，由于吸附剂对不同组分有不同的吸附力，从而不同组分随流动相移动的速度不同，最终可将混合物中不同组分分离。吸附力主要是范德华力，有时也可能形成氢键或化学键（化化吸附）。吸附色谱法的关键是选择吸附剂和展开剂。

一、基本原理

当溶液中某组分的分子在运动中碰到一个固体表面时，分子会贴在固定表面上，这就发生了吸附作用。一般说来，任何一种固体表面都有一定程度的吸引力。这是因为固体表面上的质点（离子或原子）和内部质点的处境不同：内部质点间的相互作用力是对称的，其力场会相互抵消；而处在固体表面的质点，其所受的力不对称。一般来说，向内的一面受到固体内部质点的作用力大，而表面层所受的作用力小，于是产生固体表面的剩余作用力。这就是固体可以吸附溶液组分的原因，也就是吸附作用的实质。

在不同的条件下，溶液中某组分的分子与固体之间的吸附作用，既有物理作用的性质，又有化学作用的特征。物理作用力又称范德华吸附，是分子间相互作用的范德华力所引起的，其特点是无选择性，吸附速度快，吸附的过程是可逆的，吸附热（分子吸附在固体表面上所放出的热）较小，吸附不牢，被吸附的分子不限于一层，可以单层或多层。化学吸附则是由于吸附剂与吸附物之间发生了电子的转移，生成化学键而产生的。其特点是有选择性，吸附速度较慢，不易解吸，放能大，一般吸附的分子是单层的。物理吸附与化学吸附可以同时发生，也可以在一定条件下互相转化，例如，当低温时是物理吸附，在升温到一定程度后则转化为化学吸附。

由于吸附过程是可逆的，因此被吸附的物质在一定条件下可以解吸出来。一定条件下，单位时间内被吸附的分子与解吸的分子之间可形成动态平衡，即吸附平衡。也就是说，吸附色谱法的过程就是不断产生平衡与不平衡、吸附与解吸的过程。

二、分类

根据固定相性质及形式不同，吸附色谱法可分吸附薄层色谱法和吸附柱色谱法。

（一）吸附薄层色谱法

吸附薄层色谱法是将吸附剂或支持剂均匀地铺在玻璃板上，铺成一薄层，然后把要分离的样品点到薄层的起始线上，用合适的溶剂展开，最后使样品中各组分得到分离。

1. 基本原理

在吸附薄层色谱中，展开剂（溶剂）是不断供给的。所以，原点上溶质与展开剂之间的平衡不断遭到破坏，吸附在原点上的溶质不断解吸，解吸出来的溶质溶于展开剂中并随之向前移动，遇到新的吸附剂表面，溶质与展开剂又建立起新的平衡，但又立刻遭到不断移动上来的展开剂的破坏，又有一部分溶质解吸并随之向前移动。如此吸附-解吸-吸附的交替过程就构成了吸附薄层色谱法的分离基础。吸附力弱的组分容易解吸而溶于展开剂中，并随之向前移动，R_f 较大；吸附力强的组分不易解吸，也不易随着展开剂向前移动，R_f 较小；如果样品溶液中有两种溶质 A_1、A_2，其极性不同，因而其吸附能力、R_f 也就不同，从而达到分离。

2. 特点

1）混合物展开分离迅速

利用吸附薄层色谱法分离物质，混合物展开迅速，一般展开一次约在 15～60min，而纸色谱多在几小时至十几小时，因此薄层色谱法更适于快速鉴定。

2）分离效能好

分离效能比纸色谱好。由于展开距离比较短，因此斑点比较致密。

3）样品溶液需要量少

样品溶液需要量少。一般为1μL至几十微升。

4）操作简便

操作简便，不需要特殊昂贵而又复杂的仪器，便于普及。

5）灵敏度高

灵敏度高，与纸色谱比较，其灵敏度高10～100倍。

6）受温度变化影响不大

受温度变化影响不大，因展开时间较短，不像纸色谱难于控制温度。

7）可以使用强腐蚀性的显色剂

因静相物质多为隋性无机化合物，所以可以使用浓硫酸、浓硝酸、氢氧化钠等强腐蚀性显色试剂。这是纸色谱法所不及的。

8）薄层色谱的分离容量较大

薄层色谱的分离容量较纸色谱大，因此用作微量物质分离的制备色谱，较纸色谱好。

9）可以作为一种纯化手段，与气相色谱、红外分光光度等方法联用

在色谱分析领域内，上述优点使薄层色谱已经形成一个独特的分支。但其也有不足之处，常见的有以下几点：首先，限于操作条件，标准化不易严格控制，因此薄层色谱中 R_f 值重现性不够理想；其次，由于薄层板的脆弱性，色谱不易保存；其三，挥发性物质及高分子质量化合物的应用上还存在着一定的问题等。因此，对薄层色谱的研究工作还有待于进一步加深与推广。

3. 吸附剂的选择

选用吸附色谱法分离物质时，必须首先了解被分离物质的性质，然后选择合适的吸附剂，才能得到较好的分离效果。

用于薄层色谱法的吸附剂有硅胶、硅藻土、氧化铝、聚酰胺和纤维素等，其中硅胶和氧化铝的吸附性能良好，适用于各类有机化合物的分离纯化，应用最广。硅胶是微酸性吸附剂，适用于酸性物质和中性物质的分离；而氧化铝是微碱性吸附剂，适用于碱性物质和中性物质的分离，特别是对于生物碱的分离应用得最多。选择何种类型的吸附剂，主要是根据被分离化合物的特性而定。通常薄层色谱板有软板和硬板两类，前者是将吸附剂直接铺在板上制成的；后者是在吸附剂中加入黏合剂和水调制后涂布在板上，再经过除去水而制成的。

薄层板常用的吸附剂如下：

1）硅胶G

硅胶G（薄层色谱用），黏合剂为石膏（字母G为石膏Gypsum的缩写），颗粒度为10～40μm。

2）硅胶H

硅胶H（薄层色谱用），不含石膏及其他有机黏合剂，颗粒度为10～40μm。

3）硅胶HF254

硅胶HF254（薄层色谱用），与硅胶H相同，所不同的是它含有一种无机荧光剂，

在 λ254nm 紫外灯下呈荧光。

4）硅胶 60HR

硅胶 60HR，不含黏合剂的纯产品，适合于需要特别纯的薄层，用于分离的物质需要定量用。

5）氧化铝 G

氧化铝 G（Type 60G），含石膏黏合剂，Type 60 是氧化铝颗粒的孔径为 6nm。

6）碱性氧化铝 H

碱性氧化铝 H（Type 60G），其黏合力与氧化铝 G 相同，但不含黏合剂。

7）碱性氧化铝 HF254

碱性氧化铝 HF254（Type 60G），与碱性氧化铝相同，但含有一种无机荧光剂，在 λ254nm 紫外灯下呈荧光。

值得提醒的是：由于国内不同厂家出售的硅胶、氧化铝等吸附剂的类型编号常不一致，所以，在购买吸附剂时应注意其产品的指标。

4. 展开剂的选择

薄层色谱法展开剂多使用低沸点的有机溶剂。选择时可以参考前人的工作经验，但更重要的是依据具体情况，综合考虑溶剂的极性、样品的极性以及它在溶剂中的分配系数等多种因素，通过实验选取合适的展开剂。一般来说，展开剂可以是单一溶剂，但更多的是混合溶剂，有时可多达 3～4 种溶剂体系。如：氧化铝和硅胶薄层色谱使用的展开剂以亲脂性溶剂为主，且被分离的物质亲脂性越强，所需要展开剂的亲脂性也相应增强，因此，有时需添加一定比例的极性有机溶剂以增强其亲脂性；但在分离酸性或碱性化合物时，则需添加少量酸或碱（如冰醋酸、甲酸、二乙胺、吡啶），以防止拖尾现象产生。

常用展开剂的极性次序为：己烷＜环己烷＜四氯化碳＜甲苯＜苯＜氯仿＜乙醚＜乙酸乙酯＜丙酮＜正丙醇＜乙醇＜甲醇＜水＜冰醋酸。但其在不同的吸附介质上的色谱行为有所不同。表 6-2 列举了常用有机溶剂在硅胶薄层板上洗脱能力顺序；表 6-3 列举了常用有机溶剂在氧化铝薄层上的洗脱能力顺序；表 6-4 列举了聚酰胺薄层色谱常用的展开剂体系。

表 6-2　常用有机溶剂在硅胶薄层板上洗脱能力顺序

溶剂	洗脱能力递增									
	戊烷	四氯化碳	苯	氯仿	二氯甲烷	乙醚	乙酸乙酯	丙酮	二氧六环	乙腈
溶剂强度参数	0.00	0.11	0.25	0.26	0.32	0.38	0.38	0.47	0.49	0.50

表 6-3　常用有机溶剂在氧化铝薄层上的洗脱能力顺序

溶剂	溶剂强度参数	溶剂	溶剂强度参数	溶剂	溶剂强度参数
氟代烷	0.25	氯苯	0.30	乙酸甲酯	0.60
正戊烷	0.00	苯	0.32	二甲基亚砜	0.62

续表

溶剂	溶剂强度参数	溶剂	溶剂强度参数	溶剂	溶剂强度参数
异辛烷	0.01	乙醚	0.38	苯胺	0.62
石油醚	0.01	氯仿	0.40	硝基甲烷	0.64
环己烷	0.04	二氯甲烷	0.42	乙腈	0.65
环戊烷	0.05	甲基异丁基酮	0.43	吡啶	0.71
二硫化碳	0.15	四氢呋喃	0.45	丁基溶纤剂	0.74
四氯化碳	0.18	二氯乙烷	0.49	异丙醇	0.82
二甲苯	0.26	甲基乙基酮	0.51	正丙醇	0.82
异丙醚	0.28	1-硝基丙烷	0.53	乙醇	0.88
氯代异丙烷	0.29	丙酮	0.56	甲醇	0.95
甲苯	0.29	二氧六环	0.56	乙二醇	1.11
氯代正丙烷	0.30	乙酸乙酯	0.58	乙酸	大

表 6-4　聚酰胺薄层色谱常用的展开剂体系

化合物类型	展开剂体系
黄酮苷元	氯仿-甲醇（94∶6 或 96∶4）；氯仿-甲醇-丁酮（12∶2∶1）； 苯-甲醇-丁酮（90∶6∶4 或 84∶8∶8）；氯仿-甲醇-甲酸（60∶38∶2）； 氯仿-甲醇-吡啶（70∶22∶8）；氯仿-甲醇-苯酚（64∶28∶8）
黄酮苷	甲醇-乙酸-水（90∶5∶5）；甲醇-水（4∶1）；乙醇-水（1∶1）； 丙酮-水（1∶1）；异丙醇-水（3∶2）；30%～60%乙酸； 乙酸乙酯-95%乙醇（6∶4）；氯仿-甲醇（7∶3）；正丁醇-乙醇-水（1∶4∶5）；氯仿-甲醇-丁酮（65∶25∶10）
酚类	丙酮-水（1∶1）；苯-甲醇-乙酸（45∶8∶4）；环己烷-乙酸（93∶7）；10%乙酸
醌类	10%乙酸；正己烷-苯-乙酸（4∶1∶0.5）；石油醚-苯-乙酸（10∶10∶5）
糖类	乙酸乙酯-甲醇（8∶1）；正丁醇-丙酮-水-乙酸（6∶2∶1∶1）
生物碱	环己烷-乙酸乙酯-正丙醇-二甲基胺（30∶2.5∶0.9∶0.1）； 水-乙醇-二甲基胺（88∶12∶0.1）
氨基酸衍生物	苯-乙酸（8∶2 或 9∶1）；50%乙酸；甲酸-水（1.5∶100 或 1∶1）； 乙酸乙酯-甲醇-乙酸（20∶1∶1）；0.05mol/L 磷酸钠-乙醇（3∶1）； 二甲基甲酰胺-乙酸-水-乙醇（5∶10∶30∶20）；氯仿-乙酸（8∶2）
甾体、萜类	己烷-丙酮（4∶1）；氯仿-丙酮（4∶1）
甾体苷类	甲醇-水-甲酸（60∶35∶5）；乙酸乙酯-甲醇-水-甲酸（50∶20∶25∶5）

5. 薄层色谱法的操作方法

1）薄层板的制备

制备薄层板时，首先应选择板的大小。一般来说，板的大小应根据实验的需要来选用，通常作为定性分析的载板片为 8.0cm×3.0cm，而作为制备用的载板片为 20.0cm×20.0cm；然后，再先用洗涤剂清洗板表面，使其光滑清洁，然后用水洗涤、烘干。以防因板表面有污物，导致吸附剂涂不上去或者容易剥落；最后，设法使吸附剂附着于板平面上即可。

下面介绍两种使用较多的薄层板制备方法。

（1）干法铺板（软板）。多用于氧化铝薄板的制备，其制备过程如下：在一块边缘整齐的玻璃板上，撒上氧化铝，取一合适物品顶住玻璃板右端。两手紧握铺板的边缘，按一定方向轻轻拉过，一块边缘整齐、薄厚均匀的氧化铝薄层即成。

（2）湿法铺板（硬板）。可用于硅胶、聚酰胺、氧化铝等薄层板的制备，但最常用的是硅胶硬板。其制备过程见下：

硅胶G板：加硅胶重量5%、10%或15%的硫酸钙（黏合剂，可增强硅胶板的坚固性），与硅胶混匀，得到硅胶G5、G10或G15。用硅胶G和蒸馏水1∶（3～4）的比例调成糊状，倒一定量的糊浆于玻璃板上，铺匀，在空气中晾干，于105℃活化1～2h，薄层厚度为2.5mm左右。

硅胶-CMC板：取硅胶加适量0.5% CMC水溶液［1∶3左右（g/mL），作用同硫酸钙］，将硅胶调成糊状，倒合适的量在玻璃板上或载玻片，控制铺板厚度在2.5 mm左右，转动或借助玻璃棒使其分布于整个玻璃表面，振动使之为均一平面，放于水平处在空气中晾干，于105℃活化1h。一般情况薄层越薄，分离效果越好。

聚酰胺板：称取聚酰胺丝或粉末20g，加甲酸（85%）100mL搅拌溶解，约2～3h，成透明清液。必要时用纱布滤除难溶固体，将清液倒在涤纶片基上，立即用玻璃棒推动，使液体均匀铺在片基上，厚度应为0.15mm左右。薄膜铺好后，立即关闭通风橱，让甲酸慢慢挥发过夜，并在空气中风干，不可高温烘干，否则薄膜变形、折裂。

2）点样

首先用合适的溶剂将被检测的样品溶解，最好采用与展开剂相同或极性相近或挥发性高的溶剂，并尽量将溶液配制成0.01%～1%。定性分析可用管口平整的毛细管（内径为0.05mm左右）吸取样品轻轻接触到距离薄层板下端1cm处，如果在一块薄层板上需要点几个样，样品的间隔为0.5～1cm，而且需要在同一水平上。如果一次加样量不够，可在溶剂挥发后，重复点加，但每次加样后，原点扩散直径不超过2～3mm，同时样品的量不能太多，否则会造成斑点过大，相互交叉或拖尾现象。定量分析需要刻度精确的注射器点样，如果一次加样量不足，也可以在溶剂挥发后继续滴加。

3）展开

点样后，需根据薄层板的大小，选用不同的密闭容器作为展开槽，倾入已选择好的溶剂作为展开剂，然后通过展开剂的挥发使样品展开。一般来说，在探索选择展开剂时，宜采用市售的小展开槽（9cm×28cm×5cm），其他长方形缸和圆形标本缸等也都可以使用。

展开方式可分为上行展开和下行展开、单次展开和多次展开、单向展开法和双向展开法三类：

上行展开法是最常用的展开法，是指将滴加样品后的薄层，置入盛有适当展开剂的标本缸、大量筒或方形玻缸中，并使展开剂浸入薄层的高度约为0.5cm，这时，样品中的不同组分将随着展开剂从下往上爬行而分开。与上行展开法相比，下行展开则是将展开剂放在上位槽中，使展开剂由上向下流动，并借助滤纸的毛细管作用转移到薄层上，从而达到分离的效果。下行展开法中，由于展开剂受重力的作用而移动较快，所以展开时间比上行法要短。

单次展开是指用展开剂对薄层展开一次。当展开分离效果不好时，可考虑多次展开。操作时只需将薄层板自层析缸中取出，吹去展开剂，重新放入盛有另一种展开剂的缸中进行第二次展开。展开过程中，需要使薄层的顶端与外界敞通，一方面方便展开剂走到薄层的顶端尽头，另一方面则可以使展开连续进行，以利于 R_f 值很小的组分得以分离。

上面谈到的都是单向展开，其实，也可利用方形薄层板进行双向展开，具体操作基本同单向展开。

4）显色

显色是薄层色谱法鉴定有机物质的一个重要步骤。通常样品经展开结束后，首先使用紫外灯，观察有无荧光点，用铅笔画出有斑点的位置，再选用显色剂。表 6-5 列举了薄层色谱法中一些有机物的常用显色剂。

表 6-5　一些薄层色谱常用的显色剂

化 合 物	显 色 剂
生物碱类	碘化铋钾试剂；碘蒸气
黄酮类	紫外线氨熏，$AlCl_3$ 乙醇液
蒽醌类	醋酸镁甲醇液；5%氢氧化钾
糖类	邻苯二甲酸苯胺
强心苷类	氯胺-T-三氯乙酸；Kedde 试剂
甾体类	茴香醛硫酸液；三氯化锑冰醋酸
酚类	三氯化铁；三氯化铁-铁氰化钾液；香草醛盐酸液
酸类	葡萄糖苯胺；溴甲酚绿乙醇液

常用的显色法有喷雾法、碘蒸气法、生物显迹法三种方法：

喷雾法是指当薄层展开结束后，趁吸附剂上的溶剂尚未挥发呈潮湿状态，马上将显色剂喷雾在薄板上，根据显色剂的不同，有立即显色的，也有加热到一定温度后才显色的。

碘蒸气法是指当薄层展开结束后，取出让溶剂挥发干，需要时可用电吹风吹干，放入到碘蒸气饱和的密闭容器中显色，许多物质都能与碘生成棕色的斑点。

生物显迹法则是将一张用缓冲溶液浸湿的滤纸，覆盖在板层上，上面用另一块玻璃压住。10～15min 后取出滤纸，然后立即覆盖在接有试验菌种的琼脂平板上，在适当温度下，经一定时间培养后，即可显出抑菌圈。一般来说，抗生素等生物活性物质都可以用生物显迹法进行显色。

（二）吸附柱色谱法

1. 基本原理

吸附柱色谱法是一种以固体吸附剂为固定相，以有机试剂或缓冲溶液为流动相的柱状层析方法。吸附柱色谱法的基本原理同吸附薄层色谱法，也是利用吸附剂对混合物中各种成分吸附能力的差异，并在洗脱剂作用下使其不断地进行洗脱和吸附，从而达到分离纯化的目的。吸附柱色谱装置如图 6-1 所示。

2. 色谱柱的选择

色谱柱一般多为下端带有活塞的玻璃柱或金属柱。柱的直径与高度比为1∶10～1∶40，柱的大小视分离样品的量而定，一般能装样品的30～50倍量的吸附剂即可。当样品中几个成分的极性相差较小、难以分离时，吸附剂用量可适当提高至样品量的100～200倍。

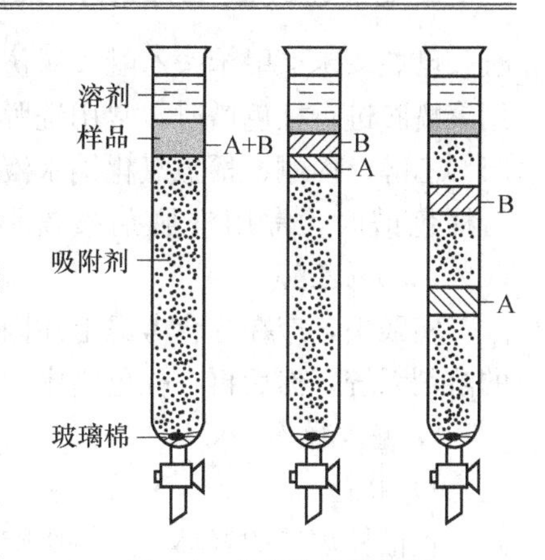

图6-1　吸附柱色谱装置及分离过程示意图

3. 吸附剂的选择

在实践中，不论选择哪种类型的吸附剂，都应具备表面积大，颗粒均匀，吸附选择性好、稳定性强和成本低廉等性能。目前，常用的吸附剂有以下几种：

氧化铝：为亲水性吸附剂，吸附能力较强，适用于分离亲脂性成分。一般来说，中性氧化铝适用于分离生物碱、萜类、甾类、挥发油、内酯及某些苷类；酸性氧化铝适用于分离酸性成分；碱性氧化铝适用于分离碱性成分。

硅胶：也是亲水性吸附剂，吸附能力较氧化铝弱，但使用范围远比氧化铝广，亲脂性成分及亲水性成分都可适用。天然物中存在的各类成分大都可用硅胶进行分离。

硅胶、氧化铝吸附剂属同一类型，在实际工作中用得最多。为避免发生化学吸附，酸性物质宜用硅胶、碱性物质宜用氧化铝进行分离。当然，硅胶、氧化铝用适当方法处理成中性时，情况会有所缓解。吸附柱色谱用硅胶及氧化铝市售品通常以100目左右为宜。如采用加压柱色谱，可采用更细的颗粒，甚至直接采用薄层色谱用规格，分离效果可大大提高。

聚酰胺：聚酰胺的吸附原理主要是分子中的酰氨基可与酚类、酸类等成分形成氢键，因此，主要用于分离黄酮类、蒽醌类、酚类、有机酸类、鞣质等成分。

活性炭：是疏水性（非极性）吸附剂。主要用于分离水溶性成分，如氨基酸、糖、苷等物质。

4. 洗脱剂的选择

洗脱剂的选取决定着柱色谱的分离效果。可以这样说，只要溶剂系统选择适当，就能把结构性质非常近似，甚至是某些异构体的化合物完全分离。合适的洗脱剂应符合下列条件：纯度较高；与样品及吸附剂均不起化学反应；对样品的溶解度大、黏度小、易与洗脱的组分分开。

选择洗脱剂时，首先应根据样品的溶解度、吸附剂的种类、溶剂极性等多因素综合考虑选取。一般来说，极性大溶剂的洗脱能力大，因此可先用极性小的作洗脱剂，使组分容易被吸附，然后换用极性大的溶剂作洗脱剂，使组分容易从吸附柱中洗出。如单一溶剂洗脱效果不好，可采用混合溶剂洗脱；若样品成分复杂，难以获得理想的分离效果时，可考虑采用梯度法进行洗脱。其次，常用的洗脱剂有饱和的碳氢化合物、醇、酚、酮、醚、卤代烷、有机酸等。不同洗脱剂在不同吸附剂中的洗脱效果也不同。一般来说，当用氧化铝、硅胶进行柱色谱时，常用洗脱剂洗脱能力由小到大排列如下：石油醚＜己烷＜苯＜甲苯＜乙醚＜氯仿＜乙酸乙酯＜乙酸甲酯＜丙酮＜乙醇＜甲醇＜水；当用聚酰胺进行柱色谱时，常用洗脱剂的洗脱能力由大到小为：水、30%、50%，70%、95%乙醇、丙酮、稀氢氧化钠水液或稀氨水液、二甲基甲酰胺；当用活性炭作吸附剂进行柱色谱时，常用洗脱剂按洗脱能力由小到大为：水、10%、20%、30%、50%、70%、95%乙醇。

实践中，应在综合考虑上述因素的基础上，先通过薄层色谱或纸色谱试验找到合适的溶剂系统，然后再在柱色谱中使用。

5. 基本操作

1）装柱

色谱柱填装的好坏，直接影响色谱分离的效果，不均匀的填装必然导致不规则的流型。目前，比较流行的有湿法装柱和干法装柱两种装柱方法。

干法装柱：在柱下端加少许棉花或玻璃棉，再轻轻地撒上一层干净的砂粒，打开下口，将吸附剂经漏斗缓缓加入柱中，同时轻轻敲动色谱柱，使吸附剂松紧一致，然后将洗脱剂小心沿壁加入色谱柱，至刚好覆盖吸附剂顶部平面，关紧下口活塞即可。

湿法装柱：在柱下端加少许棉花或玻璃棉，再轻轻地撒上一层干净的砂粒，打开下口，将准备最初使用的洗脱剂装入柱内，然后将吸附剂（或吸附剂与适量洗脱液调成的混悬液）连续不断地慢慢倒入柱内，随着洗脱剂慢慢流出，吸附剂将缓慢沉于柱的下端。待加完吸附剂后，继续使洗脱剂流出，直到吸附剂的沉降不再变动。此时再在吸附剂上面加少许棉花或小片滤纸，将多余洗脱剂放出至上面保持有1cm高液面为止。

2）上样

上样分为湿法上样和干法上样两种方式。

湿法上样：把被分离的物质溶在少量色谱最初用的洗脱剂中，小心加在吸附剂上层，注意保持吸附剂上表面仍为一水平面，打开下口，待溶液面正好与吸附剂上表面一致时，在上面撒一层细砂，关紧柱活塞。

干法上样：多数情况下，被分离物质难溶于最初使用的洗脱剂，这时可选用一种对其溶解度大而且沸点低的溶剂，取尽可能少的溶剂将其溶解。在溶液中加入少量吸附剂，拌匀，挥干溶剂，研磨使之成松散均匀的粉末，轻轻撒在色谱柱吸附剂上面，再覆盖上一层沙子、石子或玻璃珠即可。

3）洗脱

将选择好的洗脱剂放在分液漏斗中，打开活塞连续不断地慢慢滴加在吸附柱上。同时打开色谱柱下端活塞，等份收集洗脱液，也可用保持适当流速，利用自动收集器收集。

柱色谱洗脱过程中，应特别注意以下几点。

首先，采用的洗脱剂极性应由小到大按某一梯度逐步递增，称为“梯度洗脱”，使吸附在色谱柱上的各个成分逐个被洗脱。但极性跳跃不能太大，如果极性增大过快（梯度太大），就不能获得满意的分离。实践中多用混合溶剂，并通过巧妙调节比例以改变极性，达到分离的目的。一般来说，混合溶剂中强极性溶剂的影响比较突出，故不可随意将极性差别很大的两种溶剂组合在一起使用。

其次，吸附柱色谱的溶剂系统可通过薄层色谱进行筛选。但因薄层色谱用吸附剂的表面积一般为柱色谱用的2倍左右，故一般薄层色谱展开时使组分 R_f 值达到0.2～0.3的溶剂系统可选为柱色谱该相应组分的最佳溶剂系统。

再次，等量逐份收集洗脱液时，如各成分的结构相似，每份收集的量要小，反之要大些。每份洗脱液都应采用薄层色谱或纸色谱进行定性检查，并根据分析结果合并成分相同的洗脱液，回收溶剂，以获得某一单体成分。如仍为几个成分的混合物，可再用柱色谱或其他方法进一步分离。

最后，通常在分离酸性（或碱性）物质时，洗脱溶剂中分别加入适量乙酸（或氨、吡啶、二乙胺），常可收到防止拖尾、促进分离的效果。

三、吸附色谱法的应用

吸附色谱在生物化学和药学领域有比较广泛的应用，尤其是在天然药物的分离制备中占有很大的比例。生物小分子物质相对分子质量小，结构和性质比较稳定，操作条件要求不太苛刻，因此，适合利用吸附色谱法进行分离。如生物碱、萜类、苷类、色素等次生代谢小分子物质常采用吸附色谱或反相色谱法。

第三节　离子交换色谱法

离子交换色谱法是以离子交换树脂作为固定相，用水或混合溶液作为流动相的分离方法。其具有交换容量大、解离快速、设备简单、操作方便、生产连续化程度高，且吸附的选择性高、适应性强，得到的产品纯度高等优点。现已广泛应用于很多生化物质（如氨基酸、蛋白质等）的分析、制备与纯化，是常用的色谱法之一。

一、离子交换色谱法的分离原理

离子交换层析的介质是离子交换树脂，其是由基质、功能基团（—O—$CH_2CH_2N^+$—H）及反离子（Cl^-）构成的（图6-2）。

离子交换层析是利用离子交换树脂作为吸附剂，将溶液中的待分离组分，依据其电荷差异，依靠库仑力吸附在树脂上，然后利用合适的洗脱剂将吸附质从树脂上洗脱下来。这是一个动态平衡过程，经过多次的吸附、解吸过程，从而达到分离目标物的目的。图6-3显示了离子交换的基本过程。

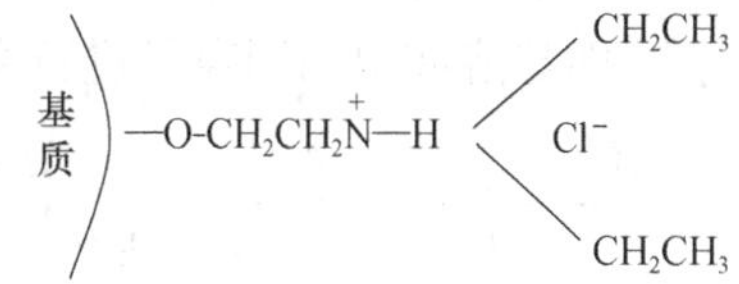

图6-2　离子交换树脂组成示意图

（一）初始稳定状态（图6-3a）

最初，反离子与功能基团以静电作用相结合形成一个相对稳定的初始状态，此时从柱顶端上样。

（二）离子交换过程（图6-3b）

此时引入带电荷的目的分子，则目的分子会与反离子进行交换结合到功能基团上。

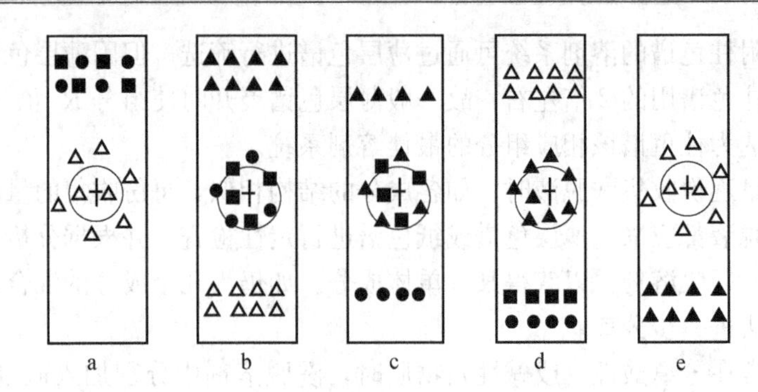

图 6-3　离子交换色谱的分离原理

结合的牢固程度与该分子所带净电荷量成正比。

（三）洗脱过程（图 5-3c、d）

此时再以一梯度离子强度或不同 pH 的缓冲液将结合的分子洗脱下来。

（四）介质的再生过程（图 5-3e）

最后以初始缓冲液平衡使反离子重新结合至功能基团上，恢复其重新交换的能力，过程称为介质的再生。

二、离子交换树脂的分类及常见种类

（一）分类

根据可交换离子的性质不同，离子交换树脂可分为阳离子交换树脂和阴离子交换树脂两大类。按其可交换基团的酸碱性强弱又可分为强酸性、弱酸性阳离子交换树脂和强碱性、弱碱性阴离子交换树脂等。

1. 阳离子交换剂

能与溶液中的阳离子进行交换的树脂为阳离子交换树脂。其中阳离子交换剂中的可解离基团有磺酸基（—SO_3H）、磷酸基（—PO_3H_2）、羧基（—COOH）和酚羟基（—OH）等酸性基团。

最常用的强酸性阳离子交换树脂是以由苯乙烯和二乙烯苯为原料聚合而成的苯乙稀聚合体为骨架，然后再在芳环上引入磺酸基（—SO_3H）的一类大分子化合物。这类树脂称为苯乙烯强酸性树脂，其结构如图 6-4 所示。

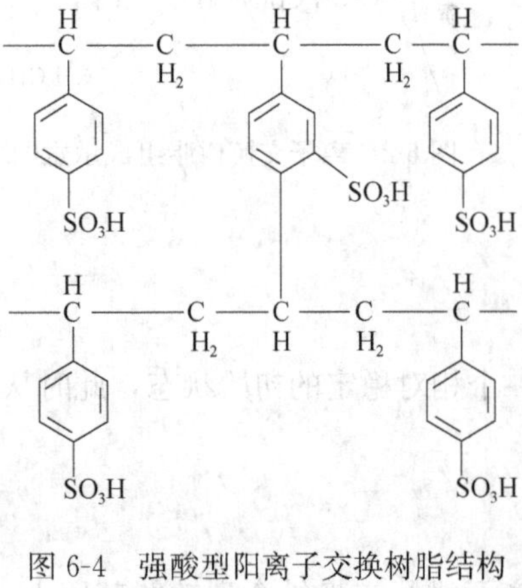

图 6-4　强酸型阳离子交换树脂结构

国产树脂中强酸 1×7（上海树脂厂 732＃）、强酸性 1 号(南开大学树脂厂）和国外产品 Amberlite IR-120、Dowex 50、Zerolit 225 等均属于这类树脂。

常用的弱酸性阳离子交换树脂的交换基团是羧基（—COOH），类似于乙酸，交换反应是同羧基中的 H^+ 进行交换。有芳香族和脂肪族两种。脂肪族中用甲基丙烯酸和二乙烯基苯聚合的较多，结构如图 6-5 所示。

国产树脂中弱酸 101×128（上海树脂厂 724＃）、弱酸性 101 号（南开大学树脂厂）和国外产品 Amberlite IRC-50、Wofatit C、Zerolit226 等都属于这类树脂。

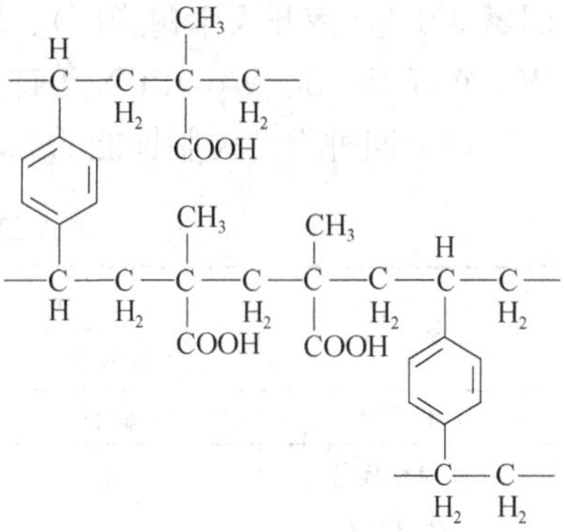

图 6-5 弱酸性阳离子交换树脂

2. 阴离子交换剂

能与溶液中的阴离子进行交换的树脂为阴离子交换树脂。阴离子交换树脂中含有季铵（$—NR_3OH$）、伯胺（$—NH_2$）、仲胺（—NHR）、叔胺（$—NR_2$）等碱性基团。

强碱性阴离子交换树脂的骨架与苯乙烯强酸型树脂相同，只是交换基团由磺酸基变为季铵基，结构如图 6-6 所示。

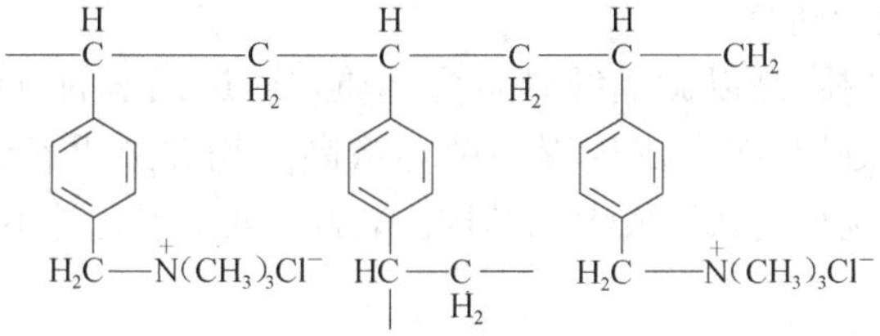

图 6-6 强碱性阴离子交换树脂

国产树脂中强碱性 201 号(南开大学树脂厂)、强碱性 201×7（上海树脂厂 717 号）和国外成品 Dowex 1、Dowex 2、Zerolit FF 等都属于这一类树脂强。

弱碱性阴离子交换树脂：弱碱性阴离子交换树脂的交换基团是伯胺基、仲胺基、叔胺基等，结构如图 6-7 所示。

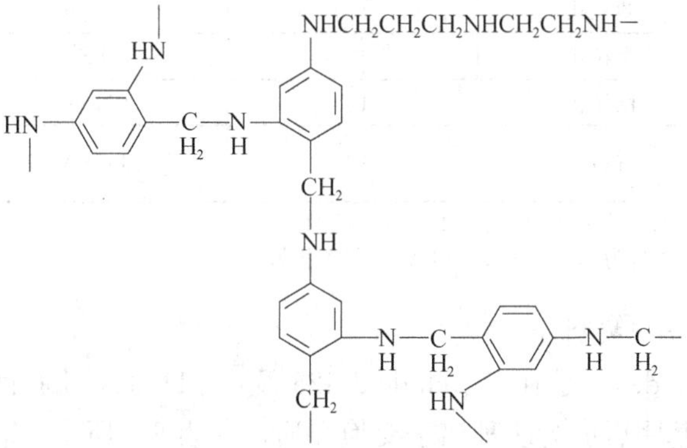

图 6-7 弱碱性阴离子交换树脂

国产树脂中，弱碱 330（上海树脂厂 701 号）、弱碱 311 × 2（上海树脂厂 704 号）、弱碱 301 号(南开大学树脂厂)、弱碱性 330 号(南开大学树脂厂）和国外产品 Permutit W、Wofatit M、Wofatit N 等都属于此类树脂。

以上四种类型树脂性能的比较见表 6-6。

表 6-6　四种树脂性能的比较

性　能	阳离子交换树脂		阴离子交换树脂	
	强酸性	弱酸性	强碱性	弱碱性
活性基团	磺酸	羧酸	季铵	伯铵、仲铵、叔铵
pH 对交换能力的影响	无	在酸性溶液中交换能力很小	无	在碱性溶液中交换能力很小
盐的稳定性	稳定	洗涤时水解	稳定	洗涤时水解
再生	用 3～5 倍再生剂	用 1.5～2 倍再生剂	用 3～5 倍再生剂	用 1.5～2 倍再生剂可用碳酸钠或氨水
交换速率	快	慢（除非离子化）	快	慢（除非离子化）

（二）常见种类

1. 纤维素离子交换树脂

纤维素离子交换树脂是以微晶纤维素为基质，通过化学的方法引入电荷基团形成的。如 DEAE-SepHacel 是在合成过程中破坏微晶结构并经重新组合而得到的珠状颗粒，再用氯代环氧丙烷行交联形成大孔结构。表 6-7 列举了几种主要的纤维素类离子交换树脂的情况。

表 6-7　纤维素类离子交换树脂

名　称	外　观	全交换容量/(μmol/mL)	有效容量/(mg/mL)	厂　家
DE23	纤维状	150	60BSA	Whatman
CM23	纤维状	80	85Lys	Whatman
DE52	微粒状	190	130BSA	Whatman
CM52	微粒状	190	210Lys	Whatman
DE53	微粒状	400	150BSA	Whatman
CM32	微粒状	180	200Lys	Whatman
DEAE-SepHacel	球状	170	160BSA	Amersham PHarmacia Biotech

注：1）表中缩写：BSA 为牛血清白蛋白，Lys 为溶菌酶。
　　2）有效容量测定条件为 0.01mol/L、pH8.0 的缓冲液。

2. 葡聚糖类离子交换树脂

商品名为 SepHadex，是在 SepHadex G25 及 SepHadex G50 两种凝胶过滤介质载体上引入离子功能基团后成为多种离子交换介质，如表 6-8 所示，名称中 A 表示阴离子交换介质，C 表示阳离子交换介质。由于两种凝胶载体的排阻极限不同，所以分子质量在 30kDa 以上者应采用 G50 载体介质为宜。

表 6-8 葡聚糖类离子交换树脂

名 称	功能基	全交换容量 /(μmol/mL)	有效容量 /(mg/mL)	厂 家
DEAE-SepHadex A-25	DEAE	500	70Hb	Amersham PHarmacia Biotech
QAE-SepHadex A-25	QAE	500	50Hb	Amersham PHarmacia Biotech
CM-SepHadex C-25	CM	560	50Hb	Amersham PHarmacia Biotech
SP-SepHadex C-25	SP	300	30Hb	Amersham PHarmacia Biotech
DEAE-SepHadex A-50	DEAE	175	250Hb	Amersham PHarmacia Biotech
QAE-SepHadex A-50	QAE	100	200Hb	Amersham PHarmacia Biotech
CM-SepHadex C-50	CM	170	350Hb	Amersham PHarmacia Biotech
SP-SepHadex C-50	SP	90	270Hb	Amersham PHarmacia Biotech

注：1）表中缩写 Hb 为血红蛋白。
2）有效容量测定条件为 0.01moI/L、pH8.0 的缓冲液。

3. 琼脂糖类离子交换树脂

琼脂糖类离子交换树脂是将 DESE-或 CM-基团附着在 SepHarose CL-6B 上形成，DEAE-SepHarose（阴离子）和 CM-SepHarose（阳离子），具有硬度大、性质稳定，凝胶后的流速好，分离能力强等优点。其束缚蛋白质的容量可参见表 6-9。

表 6-9 琼脂糖类离子交换树脂

名 称	功能基	全交换容量 /(μmol/mL)	有效容量 /(mg/mL)	厂 家
DEAE-SepHarose CL-6B	DEAE	150	100Hb	Amersham PHarmacia Biotech
CM-SepHarose CL-6B	CM	120	100Hb	Amersham PHarmacia Biotech
DEAE Bio-Gel A	DEAE	20	45Hb	Bio Rad
CM Bio-Gel A	CM	20	45Hb	Bio Rad
Q-SepHarose Fast Flow	Q	150	100Hb	Amersham PHarmacia Biotech
S-SepHarose Fast Flow	S	150	100Hb	Amersham PHarmacia Biotech

注：1）表中缩写 Hb 为血红蛋白。
2）有效容量测定条件 0.01moI/L、pH8.0 的缓冲液。

三、离子交换色谱法的操作过程

离子交换柱色谱的关键在于固定相（树脂）及流动相（洗脱用缓冲液）的选择。

（一）树脂的选择和预处理

在进行离子交换树脂柱色谱之前，首先要对不同规格的树脂的性能如交换量的大小、颗粒的大小、耐热性、酸碱度等有一个了解，然后再根据试验的具体要求选择合适规格的树脂，并进行预处理。

1. 树脂的选择

选择树脂时，应重点考虑被分离物质带电荷的类型、解离基的类型及电性强弱(pKa)。一般来说，选择树脂时应遵循如下规律：

1）根据被分离物质的带电情况

被分离的物质如果是生物碱或无机阳离子时，选用阳离子树脂；如果是有机酸或无机阴离子时，选用阴离子交换树脂。

2）根据被分离的离子吸附性强弱

被分离的离子吸附性强（交换能力强），选用弱酸或弱碱型离子交换树脂，如用强酸或强碱型树脂，则由于吸附力过强而使洗脱再生困难；吸附性弱的离子，选用强酸或强碱型离子交换树脂，如用弱酸弱碱型则不能很好地交换或交换不完全。

3）根据被分离物质分子质量大小

被分离物质分子质量大，选用低交联度树脂。一般来说，分离生物碱、大分子有机酸及肽类，采用1%～4%交联度的树脂为宜。分离氨基酸可用8%交联度的树脂。如制备无离子水或分离无机成分，可用16%交联度树脂。

4）离子交换树脂颗粒大小

作柱色谱用的离子交换树脂，要求颗粒细，一般用200～400目；作提取离子性成分用的树脂，粒度可粗，可用100目左右，制备无离子水的交换树脂可用16～60目。但无论什么用途，都应选用交换容量大的树脂。

2. 树脂的预处理

由于新出厂的树脂是干树脂，且含有一些杂质，因此，预处理时，首先应将其用水浸透使之充分吸水膨胀；然后再用水、酸、碱洗涤。其具体处理步骤如下：新出厂干树脂用水浸泡24h后减抽压去气泡，倾去水，再用大量无离子水洗至澄清，去水后加4倍量2mol/L HCl搅拌4h，除去酸液，水洗到中性，再加4倍量2mol/L NaOH搅拌4h，除碱液，水洗到中性备用，再用适当试剂处理，使成所要求的形式。

（二）洗脱剂的选择

离子交换树脂不仅可以与被分离的物质进行交换，而且还可以与洗脱剂中的离子进行交换。因此，离子交换树脂吸附被分离物质的量就与洗脱剂的pH和离子强度有密切关系。

要使目的分子带有电荷并以适当的强度结合到离子交换介质上，需要选择一合适的吸附pH。对于阴离子交换介质来说，吸附pH至少应高于目的分子等电点1个pH单位；而在阳离子交换介质，则应至少低于目的分子等电点1个pH单位，这样可保证目的分子与介质间吸附的完全性。

吸附pH选好后，还需选择洗脱剂的离子强度。吸附阶段应选择允许目的分子与介质结合达到最高离子强度，而洗脱时要选择可使目的分子与介质解吸的最低离子强度。这也就定出了洗脱液离子强度的梯度起止范围。在介质再生之前往往还需用第三种离子强度更高的缓冲液流洗柱床以彻底清除可能残留的牢固吸附杂质。在大部分情况下，吸附阶段溶液盐浓度至少应在10 mmol/L以上，以提供足够的缓冲容量，但浓度不可过高而影响载量。

（三）离子交换色谱的操作技术

1. 装柱及加样

离子交换色谱所用柱子为玻璃、塑料及不锈钢等多种材质，且必须耐酸碱。其柱直径与长度比一般为1∶10～1∶20，有时，为了提高分离效果，也可使用更长的色谱粒。离子交换色谱的装柱与吸附柱色谱法相同，此处不再多述。

加样时，可将适当浓度的样品溶于水或酸碱溶液中配成溶液，以适当的流速通过离子交换树脂柱即可。亦可将样品溶液反复通过离子交换色谱柱，直到被分离的成分全部被交换到树脂上为止（可用显色反应进行检查）。然后用蒸馏水洗涤，除去附在树脂柱上的杂质。

2. 洗脱与收集

不同成分所用洗脱剂不同，原则上是用一种比吸附物质更活泼的离子把吸附物质替换出来。对复杂的多组分可采用梯度洗脱法，析出液按体积分段收集，再利用薄层色谱检识，将斑点相同的流分合并，回收溶剂即可得单一化合物。

3. 树脂的再生

使用过的树脂恢复原状的过程称为再生。再生方法类似于预处理法。阳离子交换树脂按酸-碱-酸的步骤处理；阴离子交换树脂按碱-酸-碱的步骤处理。如还要交换同一种样品，只要经转型处理就行了。如阳离子交换树脂需转成钠型，则用4～5倍1～1.5mol/L氢氧化钠（或氯化钠）流经树脂，再用蒸馏水洗至中性即为钠型树脂；如需氢型，则用盐酸处理。阴离子交换树脂需用氯型时，用盐酸处理；需用OH^-型，则用氢氧化钠处理。

不用时应加水保存。一般来说，保存时，阳离子交换树脂均要转为钠型，阴离子交换树脂要转为氯型。若长期不用，可在其中加入0.02%叠氮化钠，以防树脂被污染。

四、离子交换色谱法的应用

自1933年开始合成至今，离子交换树脂的商品品种已达2000余种。该方法具有交换容量大、解离快速、设备简单、操作方便、生产连续化程度高，而且吸附的选择性高等优点。现已广泛应用于化工生产、食品工业、医药工业、环境保护等许多领域。特别适用于水溶性成分如氨基酸、生物碱、肽类、有机酸及酚类化合物的分离。下面举例介绍离子交换色谱法的几个方面的应用。

（一）水处理

纯水的制备可以用蒸馏的方法，但要消耗大量的能源，而且制备量小、速度慢，得到的水纯度也不高；而离子交换色谱法却是另一种简单而有效的去除水中的杂质及各种离子的方法。它只需将水依次通过H^+型强阳离子交换树脂，去除各种阳离子及与阳离子交换树脂吸附的杂质；再通过OH^-型强阴离子交换树脂，去除各种阴离子及与阴离子交换树脂吸附的杂质，即可得到纯水。再通过弱型阳离子和阴离子交换树脂进一步纯化，就可以得到纯度较高的纯水。此外，离子交换树脂使用一段时间后，只需通过再生处理，就可以重复使用。由上可见，用离子交换色谱法制备高纯水，不但可以减少能源的消耗，而且可以实现制备的规模化、快速化。目前，高纯水的制备、硬水软化以及污水处理等多使用离子交换树脂中的聚苯乙烯树脂。

（二）分离纯化小分子物质

目前，离子交换色谱法也广泛的应用于无机离子、有机酸、核苷酸、氨基酸、抗生素等小分子物质的分离纯化方面。例如对氨基酸的种类进行分析时，可选用强酸性阳离子聚苯乙烯树脂作为固定相，将氨基酸混合液（pH 2～3）上柱，这时氨基酸即可结合在树脂上。然后再逐步提高洗脱液的的离子强度和 pH，使各种氨基酸以不同的速度被洗脱下来，此时即可对其进行分离鉴定。

（三）分离纯化生物大分子物质

由于生物样品中蛋白质的复杂性，在生物物质的制备过程中，常常需要多种分离方法配合使用，方可达到所需纯度。离子交换色谱法是分离纯化蛋白质等生物大分子的重要手段之一。它是依据物质的带电性质的不同，通过选择合适的吸附条件及洗脱条件，以达到较高分辨效果的方法。

第四节　凝胶色谱法

凝胶色谱法是 20 世纪 60 年代发展起来的一种分离技术，它是利用凝胶的多孔隙三维网状结构，根据分子大小进行分离的一种方法。凝胶色谱具有许多优点：①介质为不带电的惰性物质，不与溶质分子作用，因此分离条件温和，蛋白质不易变性，收率高，重现性好；②工作范围广，分离分子质量的覆盖面大，可分离分子质量从几百到数百万的分子；③设备简单、易于操作，周期短，每次分离之后不需再生，故可连续使用，有的可连续应用几百次甚至达千次。这些优点使凝胶色谱成为一种通用的分离纯化方法，在生化产品的制备技术中已获广泛应用。

一、基本原理

凝胶色谱法的固定相中具有一定大小的孔隙，当含有尺寸大小不同分子的样品进入层析柱后，较大的分子不能通过凝胶的孔道进入凝胶内部，而与流动相一起流出层析柱；较小的分子可通过部分孔道；更小的分子可通过任意孔道扩散进入凝胶内部；这种颗粒内部扩散的结果，使小分子向柱下的移动最慢，中等分子次之，大分子最快。由此，样品就可根据分子大小的不同依次顺序从柱内流出，从而达到分离的目的（图 6-8）。由于凝胶像分子筛一样，可将大小不同的分子进行分离，因此又叫凝胶过滤、分子筛层析或称尺寸排阻色谱。

二、凝胶应具备的条件

作为凝胶色谱法的固定相，凝胶本身必须具备以下条件，方可在生物物质的制备中达到较好的分离纯化效果。

（1）介质本身为惰性物质，在应用过程中它不与溶质、溶剂分子发生任何作用。

（2）尽量减少介质内含的带电离子基团。

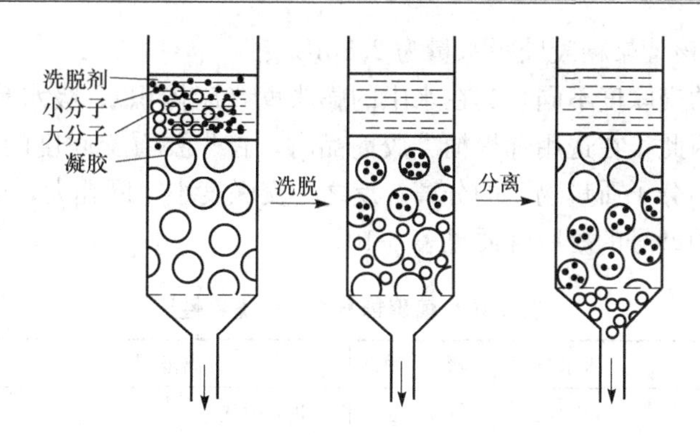

图 6-8　凝胶色谱分离原理示意图

应尽量减少介质内含的带电离子基团，以减少非特异性吸附作用，提高蛋白质的收率。但由于绝大部分的多糖类骨架中或多或少的都含有一些带电基团（如羧基），这些基团在低离子强度时能与带反电荷的溶质发生作用，并将其滞留，即产生非特异吸附作用。实践中，对大多数分子而言，可采用离子强度大于 0.02 mol/L 的缓冲液消除这种效应。

（3）介质内孔径大小要分布均匀，即孔径分布较窄，在分级分离中这点尤为重要。

（4）凝胶珠粒大小均匀，即粒径的均一性好，均一系数越接近 1 越好。为了提高柱效，可根据试验目的及条件选用适合的粒径。一般来说，细粒径分辨率高，但流速慢，压力降大，粗粒径则适用于高流速低压色谱及间歇操作。

（5）介质要具有优良的物理化学稳定性及较高的机械强度，易于消毒，以增加使用寿命。

三、凝胶的种类及性质

凝胶的种类很多，常用的凝胶主要有葡聚糖凝胶、琼脂糖凝胶、聚丙烯酰胺凝胶、羟丙基葡聚糖凝胶等。另外还有交联琼脂糖凝胶、多孔玻璃珠、多孔硅胶、聚苯乙烯凝胶等。本章着重介绍应用最多的葡聚糖凝胶、琼脂糖凝胶、聚丙烯酰胺凝胶。

（一）葡聚糖凝胶（SepHadex G）

葡聚糖凝胶是由一定平均分子质量的葡聚糖（α-1,6-糖苷键约占 95%，其余为分支的 α-1,3-糖苷键）和交联剂（环氧氯丙烷）以醚键的形式相互交联形成的、三维空间网状结构的大分子物质。外观为白色球状颗粒，在显微镜下放大 700 倍以上，可见其表面的网状皱纹。其分子内含大量羟基，亲水性极好，因此在水溶液或电解质溶液中能吸水膨胀成胶粒。

在制备凝胶时添加不同比例的交联剂，可得到交联度不同的凝胶。交联剂在原料总重量中所占的百分比叫做交联度。交联度越大，网状结构越紧密，吸水量越少，吸水后体积膨胀也越少；反之交联度越小，网状结构越疏松，吸水量越多，吸水后体积膨胀也越大。葡聚糖凝胶的商品型号即按交联度大小分类，并以吸水量多少表示，型号即为吸水量×10。以 SepHadex G-25 为例，英文字母 G 代表凝胶（Gel），后连数字一吸水量×

10，如 G-25 表示该葡聚糖凝胶吸水量为 2.5mL/g。

葡聚糖凝胶的交联度不同，其在水中的膨胀度（床体积）、吸水量、筛孔大小和分级范围也不同。因此，在选用葡聚糖凝胶商品时，首先要看交联度的大小。交联度大，网孔小，可用于小分子质量物质的分离；反之，交联度小，网孔大，可用于大分子质量物质的分离。各种型号的凝胶性质见表 6-10。

表 6-10　葡聚糖凝胶（G 类）性质

凝胶规格		吸水量	膨胀体积	分离范围		浸泡时间/h	
基号	干粒直径/μm	mL/(g干凝胶)	mL/(g干凝胶)	肽或球状蛋白质	多糖	20℃	100℃
G-10	40～120	1.0±0.1	2～3	～700	～700	3	1
G-15	40～120	1.5±0.2	2.5～3.5	～1500	～1500	3	1
G-25	粗粒 100～300	2.5±0.2	4～6	1000～5000	100～5000	3	1
	中粒 50～150	—	—	—	—	—	—
	细粒 20～80	—	—	—	—	—	—
	极细 10～40	—	—	—	—	—	—
G-50	粗粒 100～300	5.0±0.3	9～11	1500～30000	500～10000	3	1
	中粒 50～150	—	—	—	—	—	—
	细粒 20～80	—	—	—	—	—	—
	极细 10～40	—	—	—	—	—	—
G-75	40～120	7.5±0.5	12～15	3000～70000	1000～5000	24	3
	极细 10～40	—	—	—	—	—	—
G-100	40～120	10±1.0	15～20	4000～150000	1000～100000	72	5
	极细 10～40	—	—	—	—	—	—
G-150	40～120	15±1.5	20～30	5000～400000	1000～150000	72	5
	极细 10～40	—	18～20	—	—	—	—
G-200	40～120	20±2.0	30～40	5000～800000	1000～200000	72	5
	极细 10～40	—	20～25	—	—	—	—

葡聚糖凝胶是否稳定，与其分离效果具有密切的联系。一般来说，葡聚糖凝胶虽然具有亲水性，但不溶于水及盐溶液，在碱性或弱酸性溶液中也比较稳定，而在强酸性介质中特别是高温下糖苷键易水解；长时间受氧化剂作用，将会破坏凝胶骨架，产生游离的羧基基团。如干凝胶加热到 120℃会转变为焦糖，但在湿态及中性条件下，把 SepHadex G-25 加热到 110℃也不会改变其特性。因此，应避免在上述条件下使用葡聚糖凝胶。

（二）琼脂糖凝胶

琼脂糖凝胶是从琼脂中除去带电荷的琼脂胶后，剩下的不含磺酸基团、羧酸基团等带电荷基团的中性部分。因此，传统的琼脂糖凝胶非特异性吸附极低，分离范围很广（10000～40000000），适用于分子质量差距较大的分子间分离，但分辨率不是很高。

琼胶糖是由 β-*D*-吡喃半乳糖（1-4）连接 3,6-脱水 α-*L*-吡喃半乳糖构成的多糖链，其骨架上各线形分子间没有共价键的交联，仅靠糖链之间的次级链如氢键来维持网状结构。与葡聚糖不同，凝胶的网孔大小和凝胶的机械强度均取决于琼脂糖浓度。因此，琼脂糖凝胶可作为分子筛，常用于凝胶层析和电泳。值得注意的是：由于琼脂糖凝胶对硼酸盐有吸附作用，所以应避免在硼酸缓冲液中做分子筛层析操作。

一般情况下，琼脂糖凝胶的结构是稳定的，可以在许多条件下使用（如水，pH4～9 范围内的盐溶液）。但其不耐高温、高压，常在 40℃以上开始融化，因此，使用温度以 0～40℃为宜，且只能用化学灭菌法消毒。凝胶颗粒的强度也较低，如遇脱水、干燥、冷冻、有机溶剂处理或加热至 40℃以上即失去原有性能，因此，使用时应注意避免，以防影响凝胶的分离效果。

生产厂家不同，其琼脂糖凝胶的商品名亦不同。目前常用的琼脂糖凝胶有 SepHarose（瑞典）；Sagavac（英国）；Bio-Gel A（美国）；Gelarose（丹麦）；Super Ago-Gel（美国）等。表 6-11 列出 SepHarose 系型号及性能。

表 6-11　SepHarose 系型号及性能

型　号	分离范围/Da	粒径/μm	pH 稳定范围	耐压/MPa	建议流速/(cm/h)	备　注
SepHarose 2B	$70000\sim40\times10^6$	60～200	4～9	0'004	10	传统分离介质，适用于蛋白质、大分子复合物、多糖
SepHarose 4B	$60000\sim20\times10^6$	45～165	4～9	0.008	11.5	
SepHarose 6B	$10000\sim4\times10^6$	45～165	4～9	0.02	14	
SepHarose CL-2B	$70000\sim40\times10^6$	25～75	3～13	0.005	15	适合含有机溶剂的分离，适合蛋白质、多糖
SepHarose CL-4B	$60000\sim20\times10^6$	25～75	3～13	0.012	26	
SepHarose CL-6B	$10000\sim4\times10^6$	25～75	3～13	0.02	30	
Superose 6（制备级）	$5000\sim5\times10^6$	20～40	3～12	0.4	30	适用于蛋白质、多糖、核酸、病毒
Superose 12（制备级）	1000～300000	20～40	3～12	0.7	30	
SepHarose FF 6	$10000\sim4\times10^6$	平均 90	2～12	0.1	300	BioProcess 介质，适用于巨大分子分离
SepHarose FF 4	$60000\sim20\times10^6$	平均 90	2～12	0.1	250	

（三）聚丙烯酰胺凝胶

聚丙烯酰胺凝胶是一种人工合成凝胶，其商品名为生物凝胶- P（Bio-gel P)，是由丙烯酰胺与 N,N′-亚甲基双丙烯酰胺共聚而成的一类亲水性凝胶。主要型号有 Bio-Gel P-2～Bio-Gel P-300 等 10 种，后面的的编号大致上反映出它的分离界限，如 Bio-Gel P-100，将编号乘以 1000 为 100000，就是它的排阻限。

与前两种凝胶相比，聚丙烯酰胺凝胶非常亲水，基本不带电荷，所以无非特异性吸附效应现象，有较高的分辨率。此外，聚丙烯酰胺凝胶化学稳定性较好，在水溶液、一般的有机溶液、盐溶液及 pH 2～11 之间都比较稳定。但在较强的碱性条件下或较高的温度下，聚丙烯酰胺凝胶易发生分解。此外，聚丙烯酰胺凝胶不会像葡聚糖凝胶和琼脂糖凝胶那样易受微生物侵蚀，使用和保存都很方便。表 6-12 列举了常用聚丙烯酰胺凝胶的有关性质。

表 6-12 聚丙烯酰胺凝胶的性质

生物胶	吸水量 /[mL/(g 干凝胶)]	膨胀体积 /[mL/(g 干凝胶)]	分离范围 相对分子质量	溶胀量间/h	
				20℃	100℃
P-2	1.5	3.0	100～1800	4	2
P-4	2.4	4.8	800～4000	4	2
P-6	3.7	7.4	1000～6000	4	2
P-10	4.5	9.0	1500～20000	4	2
P-30	5.7	11.4	2500～40000	12	3
P-60	7.2	14.4	10000～60000	12	3
P-100	7.5	15.0	5000～100000	24	5
P-150	9.2	18.4	15000～150000	24	5
P-200	14.7	29.4	30000～200000	48	5
P-300	18.0	36.0	60000～400000	48	5

四、凝胶色谱法的操作技术

（一）凝胶的选择

通过前面的介绍可以看出：凝胶的种类、型号很多，不同类型的凝胶在性质以及分离范围上都有较大的差别。因此，在进行凝胶色谱法时，应首先根据样品的性质以及分离的要求选择合适型号的凝胶。

凝胶大体上可分为两种分离类型：分组分离和分级分离，分组分离是指将样品混合物按相对分子质量大小分成两组，一组相对分子质量较大，另一组分子质量较小。而分级分离是对一种彼此相当类似的物质组成的比较复杂的混合物的分离。这种混合物以不同密度扩散到凝胶中，并按照它们的分配常数的不同而从凝胶中被洗脱出来。

对于分组分离来说，凝胶类型的选择应遵循以下规律：高分子物质组中，只要分子质量最低的物质能以凝胶的滞留体积洗脱，并很好地从真正的低分子物质（如盐类、尿素等）中被分离出来即可。

具体见下：

(1) 根据样品的情况确定一个合适的分离范围，再根据分离范围来选择合适的凝胶。

选择凝胶首先要根据样品的情况确定一个合适的分离范围，再根据分离范围来选择合适的凝胶。如：对于蛋白质，核酸等高分子化合物的分离，应选择 Sephadex G50 及 Bio-Gel P6、Bio-Gel P10 凝胶。而从低分子物质中分离肽和其他低分子聚合物（相对分子质量 1000～5000）时，最好使用凝胶 SepHadex G-10、G-15 及 Bio-Gel P-2、P-4。

对于分离分子质量比较接近、洗脱曲线之间易引起重叠的样品，不但要选择合适的凝胶类型，而且还要对商品凝胶做适当的处理。一般可选用 75μm 的粒子（相当于 200 目）。

(2) 考虑凝胶颗粒的大小。选择凝胶还应考虑凝胶颗粒的大小。颗粒小，分辨率高，但相对流速慢，实验时间长，有时会造成扩散现象严重；颗粒大，流速快，分辨率较低但条件得当也可以得到满意的结果。

(3) 凝胶的处理。商品凝胶是干燥的颗粒，使用前可加 5～10 倍无离子水或蒸馏水浸泡溶胀 48h，去掉悬浮的细微颗粒，再用 0.5mol/L NaOH-0.5mol/L NaCl 溶液在室温下浸泡 0.5 h，以抽滤法除去碱液，再用蒸馏水洗到中性备用。装柱前，应将凝胶液放进抽滤瓶中，进行抽真空处理，直到凝胶液中没有气泡出现为止。以防凝胶颗粒中的空气存在，影响层析效果。

有时，为了加速膨胀，可用加热法，即在沸水浴中将湿凝胶逐渐升温至近沸，这样可大大加速膨胀，通常在 1～2h 内即可完成溶胀。特别是在使用软胶时，自然膨胀需 24h 至数天，而用加热法在几小时内就可完成。这种方法不但节约时间，而且还可消毒，除去凝胶中污染的细菌和排除胶内的空气。

（二）凝胶柱的制备

1. 柱的选择

层析柱是凝胶层析技术中的主体，因此，对层析柱选择的合理与否，将直接影响分离效果。层析柱的分离度取决于柱高，与柱高的平方根相关，一般来说，理想的凝胶层析柱的直径与柱长之比为 1∶25～1∶100。此外，层析柱滤板下的死体积应尽可能的小，如果滤板下的死体积大，被分离组分之间重新混合的可能性就大，其结果是影响洗脱峰形，出现拖尾出象，降低分辨力。在精确分离时，死体积不能超过总床体积的 1/1000。

2. 装柱

装柱的具体操作与吸附柱色谱法相同，此处不再多述。

3. 加样

样品溶液如有沉淀应过滤或离心除去，然后加水（或其他溶剂）配成浓度适当的样品溶液（太浓的溶液黏度大，不易分离），加样方法与一般柱色谱相同。

上柱样品液的体积根据凝胶床体积的分离要求确定。分级分离样品体积要小，一般为凝胶床的 1%～4%（一般为 0.5～2mL），这样可使样品层尽可能窄，洗脱出的峰形较好；进行分组分离时样品液为凝胶床的 10%，而进行蛋白质溶液除盐时，样品则可达凝胶床的 20%～30%。

4. 洗脱与收集

洗脱过程中，应注意以下几个因素：

首先，为了防止柱床体积的变化，造成流速降低及重复性下降，装柱前应充分考虑凝胶颗粒的选择。一般来说，柱流速大小受凝胶粒度及交联度影响。粒度细可稍快，交联度大可稍快。此外，整个洗脱过程中还应始终保持一定的操作压力，并不超限，方可保证稳定的流速。

其次，为了防止因凝胶颗粒的胀缩，导致柱床体积变化或流速改变，洗脱液成分也不应改变。一般都以单一缓冲液（如磷酸缓冲液）或盐溶液作为洗脱液，以防非特异性吸附，或避免一些蛋白质在纯水中难以溶解。个别情况下，对一些吸附较强的物质也可采用水和有机溶剂的混合物进行洗脱。

加样后，经洗脱、收集的每管洗脱液，可选用适当的方法进行定性、定量测定。

5. 凝胶的再生

凝胶色谱的载体不会与被分离物发生任何作用，因此，通常使用过的凝胶不需经过任何特殊处理，只需在色谱柱用完后，用缓冲液稍加平衡即可进行下一次柱色谱。但是，当凝胶柱经多次使用后，其中的凝胶色泽发生改变，流速减低，或者有污染物沉积在柱床表面时，则需要对其进行再生。对凝胶进行再生时，常先用 50℃左右的 0.5mol/L NaOH 和 0.5mol/L NaCl 混合液浸泡凝胶颗粒，再用水洗净即可。如需进行干燥，可将再生后的凝胶用大量水洗涤，然后再用逐步提高乙醇浓度的方法使之脱水皱缩（不要皱缩太快，以免引起结块），最后再在 60～80℃干燥或用乙醚洗涤干燥即可。

经常使用的凝胶一般都以湿态保存，如要防止微生物的生长，可在其内加入 0.02%的叠氮钠（NaN_3），可保存 1 年不致发霉。

五、凝胶色谱法的应用

凝胶色谱法的应用范围较广，可广泛用于分离氨基酸、蛋白质、多肽、多糖、酶等生物药物和生物制品的分离纯化方面。

（一）脱盐

由于凝胶色谱法是利用凝胶的多孔隙网状结构，根据分子大小进行分离的一种方法。因此，高分子（如蛋白质核酸、多糖等）溶液中的盐类杂质可以借助凝胶色谱法将其除去，凝胶色谱法脱盐速度快而完全，而且蛋白质、酶类等成分在分离过程不易变性，因此是高分子化合物脱盐的常用技术之一。如葡聚糖凝胶 SepHadex G-25 因流动阻力小交联度适宜，常用于蛋白质溶液的脱盐。

（二）浓缩

利用凝胶颗粒的吸水性，可以对大分子样品溶液进行浓缩。例如将干燥的 SepHadex（粗颗粒）加入溶液中，SepHadex 可以吸收大量的水，溶液中的小分子物质也会渗透进入凝胶孔穴内部，而大分子物质则被排阻在外。通过离心或过滤去除凝胶颗粒，即可得到浓缩的样品溶液。这种浓缩方法基本不改变溶液的离子强度和 pH，特别适用于不稳定的生物高分子溶液的浓缩。

（三）去除热原

热原是指某些能够致热的微生物菌体及其代谢产物，主要是细菌的一种内毒素，是一类分子质量很大的物质，所以可以利用凝胶色谱的排阻效应将这些大分子热源物质与其他相对分子质量较小的物质分开。例如对于去除水、氨基酸、一些注射液中的热源物质，凝胶色谱是一种简单而有效的方法。

（四）相对分子质量的测定

凝胶色谱法分离物质主要是根据多孔凝胶对不同半径的蛋白质分子（近于球形）具

有不同的排阻效应实现的。任何一种被分离的化合物在凝胶层析柱中被排阻的程度可以用有效分配系数 K_{av}（分离化合物在内水和外水体积中的比例关系）表示，K_{av}值的大小和凝胶柱床的总体积（V_t）、外水体积（V_0）以及分离物本身的洗脱体积（V_e）有关：

$$K_{av}=(V_e-V_0)/(V_t-V_0) \tag{6.1}$$

一般来说，在相同的层析条件下，V_t 和 V_0 都是恒定值，而 V_e 则随着分离物分子质量的变化而改变。因此，我们可以先将已知分子质量的标准物质，在凝胶柱上以某种条件进行层析，测出 V_t、V_0 及 V_e 的值，从而计算出 K_{av}的大小。

对于某一特定型号的凝胶，在一定的相对分子质量范围内，K_{av}与 $\lg M_w$（M_w 表示物质的相对分子质量）呈线性关系，其中 b，C 为常数：

$$K_{av}=-b\lg M_w+C \tag{6.2}$$

由上式可以得到

$$V_e=-b'\lg M_w+C' \tag{6.3}$$

其中 b'，C'为常数。即 V_e 与 $\lg M_w$ 也呈线性关系。

由上可知，在实际试验中，我们可以通过在一凝胶柱上分离多种已知分子质量的蛋白质后，并根据上述的线性关系绘出标准曲线，然后再将未知分子质量的样品液在同一凝胶柱上以相同条件进行层析，由未知分子质量物质的洗脱体积可以求出 K_{av}，以此值在标准曲线即可求出其分子质量。

用凝胶色谱法测定生物大分子的相对分子质量，只要是在凝胶的分离范围内，便可粗略地测定相对分子质量的范围。操作简便，仪器简单，消耗样品也少，而且可以回收。因此，常用于蛋白质、酶、多肽、激素、多糖、多核苷酸等大分子物质的相对分子质量测定。

（五）生物物质的分离纯化

凝胶色谱法是依据相对分子质量的不同来进行分离的，由于它的这一分离特性，以及它具有简单、方便、不改变样品生物学活性等优点，使得凝胶色谱法成为分离纯化生物大分子的一种重要手段，尤其是对于一些大小不同，但理化性质相似的分子，用其他方法较难分开，而凝胶色谱法无疑是一种合适的方法。目前，该法已广泛应用于酶、蛋白质、氨基酸、核酸、核苷酸、多糖、激素、抗菌素、生物碱等物质的分离纯化，尤其在和其他技术配合应用后效果更为显著。

第五节　亲和色谱法

亲和色谱技术是分离纯化蛋白质、酶等生物大分子物质最为特异而有效的色谱技术。一般用于纯化蛋白质和核酸等大分子物质的方法的依据是：各种大分子物质之间理化性质的差异性。由于这种差异性较小，因此，常常需要使用各种烦琐的操作，并经历很长时间方可获得纯度较高的目的物质。随着生化技术的发展，人们发现蛋白质、酶等生物大分子物质能和某些相对应的分子进行专一性的结合，并可借此简化部分分离程序。但由于技术上的限制，人们没有找到合适的固定配基的方法，直到20世纪60年代末，溴化氰活化多糖凝胶并偶联蛋白质技术的出现，解决了配基固定化的问题，才使亲和色谱技术迅速成为分离纯化蛋白质、酶等生物大分子最为特异而有效的色谱技术。该方法分离过程简单、快速，具有很高的选择性、分辨率和优良的载量，不但在生物分离中具有广泛的应用，而且还可用于某些生物大分子结构和功能的研究。

一、分离原理

生物分子间存在很多特异性的相互作用，使其能够专一而可逆的结合，这种结合力就称为亲和力，如酶与底物、抗原与抗体、激素与受体、核酸中的互补链、多糖与蛋白复合体等。亲和色谱就是通过将具有亲和力的两个分子中一个固定在不溶性基质上，利用分子间亲和力的特异性和可逆性，对另一个分子进行分离纯化。其中，被固定在基质上的分子称为配体，配体和基质是共价结合的，构成亲和色谱的固定相，称为亲和吸附剂。

亲和层析时，首先选择与待分离的生物大分子有亲和力物质作为配体，并将配体共价结合在适当的不溶性基质上。将制备的亲和吸附剂装柱平衡，当样品溶液通过亲和层析柱的时候，待分离的生物分子就与配体发生特异性的结合，从而留在固定相上；而其他杂质不能与配体结合，仍在流动相中，并随洗脱液流出。这样，层析柱中就只有待分离的生物分子。通过适当的洗脱液，就可将其从配体上洗脱下来以获得纯化的待分离物质。图6-9展示了亲和色谱的基本原理。

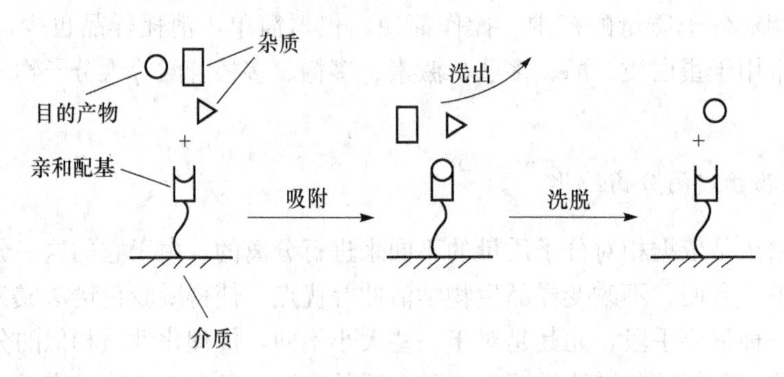

图6-9　亲和色谱的基本原理示意图

亲和色谱的关键在于配基的选择上。只有找到合适的配基，才可进行亲和色谱。表6-13列举了一些常见的亲和色谱配基及其结合物。

表6-13　常见亲和色谱配基及其结合物

配　基	结合物	配　基	结合物
抗体	抗原，病毒，细胞	激素	受体
酶	底物类似物，抑制物，辅酶	金属	螯合物
植物血凝素	多糖，糖蛋白，膜受体，膜蛋白	金色葡萄球菌A蛋白	IgG
核酸	DNA结合蛋白	生物素	亲和素

二、亲和色谱法的操作

（一）亲和吸附剂的制备

选择并制备合适的亲和吸附剂是亲和色谱的关键步骤之一。它包括介质的选择、配基的选择、介质的活化与偶联等。

1. 介质的选择

对成功的亲和色谱来说，一个重要的因素就是选择合适的、用于制备不溶性亲和剂的固相介质。理想介质应当具备以下性质：

1）介质必须尽可能少地同被分离物质相互作用

介质必须尽可能少地同被分离物质相互作用，以避免非特异性吸附。因此，优先选用的是中性聚合物，例如，琼脂糖或聚丙烯酰胺凝胶。

2）介质必须具有良好的流过性

介质必须具有良好的流过性，即使是将亲和剂键合在它的表面，也必须仍然保持这种特性。也就是说，介质必须对水具有亲和性而又不溶于水。

3）介质必须具有较好的机械性能和化学稳定性

介质必须具有较好的机械性能和化学稳定性，在改变 pH、离子强度、温度以及变性试剂存在等条件下也应当是稳定的，并能抗微生物的侵蚀和酶的降解。

4）介质上必须有足够数量的化学基团

连接亲和剂的先决条件是要有足够数量的化学基团存在，这些基团应在不影响介质的结构、也不影响连接的亲和剂的条件下，可以被活化或衍生化。

5）介质必须有充分大的、多孔性疏松网状结构，允许大分子自由出入

这是大分子物质分离的重要条件。此外，固体介质的高度多孔性，对于与它键合的，只有弱亲和力（离解常数$\geqslant 10^{-5}$）的物质之分离也是不可少的。因此，在介质上键合的亲和剂的浓度一定要很高，而且能够自由地接近被分离的物质，这样才能使相互作用具有足够强度，以使它不随洗脱液通过柱体而流出。

6）介质必须具有较高的硬度和合适的颗粒度，同时，介质颗粒还应当是均匀的、球形的和刚性的

一般来说，纤维素、交联葡聚糖、琼脂糖、聚丙烯酰胺、多孔玻璃珠等用于凝胶排阻色谱的凝胶都可以作为亲和色谱的介质，其中纤维素价格低，可利用的活性基团较多，但它对蛋白质等生物分子可能有明显的非特异性吸附作用，且稳定性和均一性也较差；交联葡聚糖和聚丙烯酰胺的物理化学稳定性较好，但它们的孔径相对比较小，而且孔径的稳定性不好，可能会在与配基偶联时有较大的降低，不利待分离物与配基充分结合，只有大孔径型号凝胶才可以用于亲和色谱；多孔玻璃珠的特点是机械强度好，化学稳定性好，但它可利用的活性基团较少，对蛋白质等生物分子也有较强的吸附作用；而琼脂糖凝胶具有非特异性吸附低、稳定性好、孔径均匀适当、宜于活化等优点，基本可以较好的满足上述几个条件，因此，在亲和色谱法中应用最为广泛。

2. 配基的选择

亲和色谱是利用配基和待分离物质的亲和力而进行分离纯化的，所以选择合适的配

基对于亲和色谱的分离效果是非常重要的。选择合适的配基应考虑以下几个特性。

1）特异性

一个理想的配基应当仅仅识别和结合被纯化的目的物，而不与其他杂质存在交叉结合反应。因此，在选择配基时，应首先根据被纯化目的物的生物学特性去寻找。如果没有这样的理想配基，则可选择具有组特异性的配基，即可结合包括目的分子在内的一组同类物质。目前，在蛋白质的分离纯化中，利用组特异性配基用来纯化一群相关的蛋白质或蛋白质家族相当普遍。

2）可逆性

配基与相应目的物之间的结合应具有可逆性。这样，既可以在色谱的初始阶段抵抗吸附缓冲液的流洗而不脱落，又不至于在随后的洗脱中因为结合得过于牢固而无法解吸，以至必须使用可能导致变性的强洗脱条件。

3）稳定性

个别情况下，某些配基的键合反应条件可能比较强烈，如需使用有机试剂等，这种情况下，要求所选的配基必须足够稳定，既能够耐受反应条件，也能够耐受清洗和再生等条件。

4）分子大小

在进行亲和层析时，配基与目的分子之间的结合具有空间位阻效应，如果配基分子不够大，结合到介质骨架上之后，目的分子的结合点由于空间构象的原因，无法或不能有效地与配基完全契合，会导致色谱时吸附效率不佳。

3. 介质的活化与偶联

由于介质相对的惰性，往往不能直接与配基连接，偶联前一般需要先对其进行活化。经过活化后的介质表面可产生活性基团，其具有通用性和高效性，可以在简单的化学条件下与配基上的氨基、羧基、羟基或醛基等功能基团发生共价结合反应，这一过程称为配基的键合。例如，溴化氰可以活化琼脂糖或其他多糖介质骨架上的羟基，然后同配基上氨基反应，生成氰酯基团和环碳酸亚胺。

（二）操作条件的选择

亲和色谱法分离过程简单、快速，具有很高的的选择性和分辨率，是蛋白质等大分子物质分离纯化常用的技术手段。要保证其良好的选择性及分辨率，需要综合考虑以下几个方面的影响：

1. 吸附条件的选择

1）吸附反应条件

一般来说，自然状态下配基与目的分子之间的反应条件即为吸附反应的最佳条件，其包括缓冲液中盐的种类、浓度及 pH 等。如果对配基和配基之间的结合情况不太了解，就必须对盐种类、浓度和缓冲液的 pH 进行条件摸索。如果对配基和蛋白的结合情况比较了解，可以人为设定反应条件，促进吸附。例如，金黄葡萄球菌蛋白 A 和免疫球蛋白 IgG 之间的结合主要是疏水作用，可以通过增大盐浓度、调节 pH 来增强吸附。

2）流速的控制

流速也是影响吸附的一个因素。一般来说，样品液的流速不能太快；否则，影响吸附程度。

3）吸附时间的控制

延长吸附时间也可促进吸附，可以在进料后不洗脱，静置一段时间后再进行后续色谱操作步骤。

4）进样量的大小

为了增大吸附量，可以采用减小进样量，将体积较大的原料分次进料等方法，以提高吸附效果。

2. 吸附后流洗条件的选择

配基与蛋白质之间属于特异性结合，其亲和力很强，能够耐受使非特异性吸附蛋白脱落的流洗条件。洗脱缓冲液的强度应介于目的分子吸附条件与目的分子流洗条件之间。例如，一个蛋白质在 0.1mol/L 的磷酸盐缓冲液中吸附，洗脱条件是 0.6mol/L 的 NaCl 溶液，则可考虑使用 0.3 mol/L 的 NaCl 溶液进行杂质的流洗。

3. 洗脱条件的选择

洗脱是使目的蛋白质与配基解吸进入流动相，并随流动相流出柱床的过程。洗脱条件可以是特异性的，也可以是非特异性的。蛋白质与配基之间的作用力主要包括静电作用、疏水作用和氢键。任何导致此类作用力减弱的情况都可用来作为非特异性的洗脱条件。选择洗脱条件时应考虑蛋白质的耐受性，过强的洗脱条件可能会导致蛋白质变性。虽然很难取舍，还是应在洗脱强度和蛋白质的耐受程度之间做好平衡，尤其是在配基与目的物之间的解离常数很小的情况下更是如此。

特异性洗脱条件是指在洗脱液中引入配基或目的分子的竞争性结合物（即与配基也具有亲和性的目的分子类似物），其可以作为目的分子的竞争者与配基结合，从而将目的分子从配基上置换下来，达到使目的分子与配基解吸得目的。特异性洗脱在组特异性吸附的亲和色谱中用得最多，其通常都在低浓度、中性 pH 下进行，所以其条件很温和，不至发生蛋白质变性。

（三）操作技术

在进行亲和色谱时，先通过上述几步，将活化的介质与待分离物质的亲和分子偶联制成固定相，装入色谱柱中用适当的缓冲液平衡，再将待分离物质的混合液作为流动相，使溶液以慢速过滤方式通过柱子。此时，混合液中只有与配基构成亲和生物对的物质才被固定相中的配基吸附结合，并保留在柱中，在柱子洗涤之后，可以用适当解吸液选择性地将该组分洗脱出来。其他物质不被吸附，而直接流出色谱柱，从而就把混合液中的亲和物与其他物质分离开。

有时，在适当条件下，样品中几种组分都可选择性的与固定相相互作用而被吸附，这时应变换流经亲和柱的溶液，改为洗脱液进行洗脱，使配基与待分离的亲和物解吸，在慢速过滤的过程中，非吸附组分先流出，吸附的组分被分离成一些区带，在非吸附组分之后依次流出柱子，将流出的不同组分分别收集，从而得到分离。

三、亲和色谱法的应用

亲和色谱的应用主要集中在生物大分子的分离、纯化方面。下面简单介绍一些亲和色谱的应用实例。

（一）抗原和抗体

利用抗原、抗体之间高特异的亲和力而进行分离的方法又称为免疫亲和色谱。例如将抗原结合于亲和色谱介质上，就可以从血清中分离其对应的抗体；也可以将所需蛋白质作为抗原，经动物免疫后制备抗体，再将抗体与适当介质偶联形成亲和吸附剂，就可以对发酵液中的所需蛋白质进行分离纯化。

用该方法制备抗原、抗体时，由于抗原、抗体间亲和力一般比较强，洗脱比较困难，因此需要较强烈的洗脱条件或者采取适当的方法降低二者的亲和力，以便于洗脱。实际生产中，常采用改变抗原、抗体种类或使用类似物等方法达到降低二者的亲和力的目的。

（二）生物素和亲和素

生物素和亲和素之间具有强而特异的亲和力，因此，可以利用生物素和亲和素间的高亲和力，将二者之一作为配基固定在介质上，制成亲和色谱中的固定相，即可用亲和层析技术分离目的蛋白。例如将生物素酰化的胰岛素与以亲和素为配基的琼脂糖作用，通过生物素与亲和素的亲和力，胰岛素就被固定在琼脂糖上，这样，就可以用亲和色谱分离与胰岛素有亲和力的生物大分子物质。与抗原和抗体制成的免疫亲和色谱不同，由于生物素和亲和素的亲和力很强，因此，洗脱时常需要强烈的变性条件。

（三）维生素、激素和结合转运蛋白

通常，机体中结合蛋白含量很低，用一般的色谱技术难于分离。但维生素或激素可与其结合蛋白形成强而特异的亲和力，利用维生素或激素的这一特性，通过亲和色谱即可获得较好的分离效果。由于维生素或激素与其结合蛋白的亲和力较强，所以，洗脱时可能需要较强烈的条件，个别情况下，甚至可以另外加入适量的配基进行特异性洗脱。

（四）激素和受体蛋白

激素的受体蛋白属于膜蛋白，利用去污剂溶解后的膜蛋白往往具有相似的物理性质，难于用通常的色谱技术分离，但去污剂通常不影响受体蛋白与其对应激素的结合。因此，可利用激素和受体蛋白间的高亲和力制成亲和色谱分离受体蛋白。目前，该方法已经成为分离受体蛋白的重要方法，并已成功纯化出大量的受体蛋白，如乙酰胆碱、肾上腺素、生长激素、吗啡、胰岛素等多种激素的受体。

（五）辅酶

核苷酸及其许多衍生物、各种维生素等是多种酶的辅酶或辅助因子，利用它们与对

应酶的亲和力可以对多种酶类进行分离纯化。例如固定的各种腺嘌呤核苷酸辅酶，包括AMP、cAMP、ADP、ATP、CoA、NAD^+、$NADP^+$等应用很广泛，可以用于分离各种激酶和脱氢酶。

（六）氨基酸

固定化氨基酸是多用途的介质，通过氨基酸与其互补蛋白间的亲和力，或者通过氨基酸的疏水性等性质，可以用于多种蛋白质、酶的分离纯化。例如*L*-精氨酸可以用于分离羧肽酶，*L*-赖氨酸则广泛的应用于分离各种rRNA。

（七）分离病毒、细胞

利用配基与病毒、细胞表面受体的相互作用，亲和色谱也可以用于病毒和细胞的分离。如利用凝集素、抗原、抗体等作为配基，可以分别用于分离红细胞及各种淋巴细胞。由于细胞体积大、非特异性吸附强，所以，利用亲和色谱分离细胞时，需注意选择合适的介质。

第六节　高效液相色谱法

一般来说，生物材料中成分复杂，目的物质含量较低，应用一般分离纯化很难获得纯度较高的生物产品，且产品的收率也很低。为此，1941年，Martin和Synge提出，如果将层析柱填料的颗粒直径减小，使用细粒介质，并给柱提供较大的压力，就有可能得到一根高效层析柱。这一设想为高效液相色谱（high pressure liquid chromatography，HPLC）的发展奠定了基础，但由于材料科学发展的限制，直到20世纪70年代，这一优秀技术才得以迅速发展和普遍应用。

HPLC又名高压液相色谱、高速液相色谱等，是色谱法的一个重要分支。它以液体为流动相，采用高压输液系统，将具有不同极性的单一溶剂或不同比例的混合溶剂、缓冲液等流动相泵入装有固定相的色谱柱，在柱内各成分被分离后，进入检测器进行检测，从而实现对样品液的分析、制备。该方法不仅适用于很多不易挥发、难热分解物质（如金属离子、蛋白质、多肽、氨基酸及其衍生物、核苷、核苷酸、单糖、寡糖和激素等）的定性和定量分析，而且也适合于上述物质的制备、分离。目前，采用HPLC进行分析、分离和纯化生物大分子物质是极为活跃的研究领域，也因此而成为生物化学、生物工程、制药等领域备受关注的技术之一。

一、HPLC特点

HPLC是在综合了普通液相层析和气相色谱的优点基础上发展起来的，既具有前者的功能（可在常温下分离制备水溶性物质），又兼有后者的特点（高温、高速、高分辨率及高灵敏度），其特点主要体现在以下几个方面。

（一）高压

液相色谱法以液体为流动相，液体流经色谱柱，受到阻力较大，为了迅速地通过色谱柱，必须对载液施加高压。一般是 100～300kg/cm^2，有时甚至可达到 500kg/cm^{2}以上。

（二）高速

流动相在柱内的流速较经典色谱快得多，一般可达 1～10mL/min。因此，高效液相色谱法所需的分析时间较之经典液相色谱法少得多，一般少于 1h 。

（三）高效

近来研究出许多新型固定相，使分离效率大大提高。每米柱子柱效可达 5000 塔板以上，有时一根柱子可以分离 100 个以上组分。

（四）高灵敏度

高效液相色谱已广泛采用高灵敏度的检测器，进一步提高了分析的灵敏度。如荧光检测器灵敏度可达 10～11g。另外，用样量小，一般几个微升。

（五）适应范围宽

通常在室温下工作，对于高沸点、热不稳定或加热后容易裂解、变质的物质、相对分子质量大（大于 400 以上）的有机物（这些物质几乎占有机物总数的 75%～80%）原则上都可应用高效液相色谱法来进行分离、分析。

二、HPLC 的分类及基本原理

HPLC 按其溶质在两相分离过程的物理化学原理可分为液-固吸附色谱、液-液分配色谱、离子交换色谱、体积排阻色谱、亲和色谱等类型。用不同类型的高效液相色谱分离或分析各种化合物的原理基本与相对应的普通液相层析的相似。其不同之处在于：首先，高效液相色谱灵敏、快速、分辨率高，需要在色谱仪中进行；其次，为了保证样品液、流动相溶液能快速通过色谱柱，需要在上柱前进行超滤处理。

三、高效液相色谱仪的基本部件

高效液相色谱仪可分为分析型和制备型两种，虽然它们的性能不同，应用范围也不同，但是其基本结构是相似的。高效液相色谱仪主要由进样系统、输液系统、分离系统、检测系统及数据处理系统组成。

（一）进样系统

在高压液相色谱中，一般进样方式可以采用注射进样器（10MPa 以下，1～10μL 微量注射器进样）、停留进样、六通阀（常用、体积可变，可固定）和自动进样（有利于重复操作，实现自动化）四种，其中注射进样器和六通阀进样最为常用。其功能是将待分析样品引入色谱系统。

（二）输液系统

该系统包括高压泵、流动相贮存器和梯度仪三部分。高压输液泵是高效液相色谱仪的重要部件，是驱动溶剂和样品通过色谱柱和检测系统的高压源，要求泵体材料能耐水、有机溶剂等的化学腐蚀，而且在高压（30～60MPa）下能连续工作6～24h；要求泵的输出流量范围宽，输出流量稳定，重复性高，并且应提供无脉冲流量。流动相储存器和梯度仪，可使流动相随固定相和样品的性质改变而改变，如改变洗脱液的极性、离子强度等，从而使各种物质都能获得有效分离。

（三）分离系统

该系统包括色谱柱、连接管和恒温器等。色谱柱是高效液相色谱仪的心脏，因为样品的分析、分离过程都是在这里进行的，直接关系到柱效和分离效果。色谱柱的每一次突破都使得高效液相色谱法得到重大发展。为适应不同有机化合物的分析分离要求，可用不同的柱型，内装不同性质的填料。最常使用的色谱柱为内径为2～5mm，长为10～30cm的内壁抛光的不锈钢管，内装有5～10μm的高效微粒固定相。填充高效柱的固定相需要特殊的设备和要求，国际和国内各个色谱仪和色谱柱产品厂家均提供预装柱。

恒温器则可以使温度从室温升至60℃，从而改变传质速度，缩短分析时间，增加色谱柱的效率。

（四）检测系统

检测器是高效液相色谱的三大关键部件（高压输液泵、色谱柱、检测器）之一。主要用于检测经色谱柱分离后样品各组分浓度的变化，并通过记录仪绘出谱图来进行定性和定量分析。检测器性能好坏直接关系到定性和定量分析结果的可靠性。目前，高效液相色谱仪常用的检测器为紫外吸收检测器、电导检测器、折光指数检测器和荧光检测器等四种。

1. 紫外光度检测器

紫外检测器是高效液相色谱中应用最广泛的检测器。它灵敏度较高、噪声低、线性范围宽，对流速和温度的波动不灵敏，适用于制备色谱。但它只能检测有紫外吸收的物质。而且流动相也有一定的限制，即流动相的截止波长应小于检测波长。

2. 差示折光检测器

差示折光检测器是除紫外检测器之外应用最多的检测器。它是通过测定流动相折射率的改变来检测其中所含有的溶质。众所周知，任何溶质溶于一种溶剂后，只要该溶质与溶剂的折光率不一样，就能使溶剂的折光率发生变化。这种折光率的改变与溶剂中该溶质的浓度成正比。因此通过测定洗脱液折射率的改变，就可以对洗脱液中的溶质进行测定。这种检测器几乎可使用于任何一种溶质，故称为万用检测器。

但由于其灵敏度低（检测下限为10^{-7}g/mL），流动相的变化会使折光率产生很大的变化，因此，其既不适用于样品的微量分析，也不适用于需梯度洗脱样品的检测。

3. 荧光检测器

荧光检测器是高效液相色谱中最灵敏的检测器之一，因此非常适合于微量分析。此外，荧光检测器的线性范围达 10^4，对温度和压力等变化不敏感。所以这些优点使得荧光检测器成为一种极其有用的检测器。其局限性在于其只适合于能产生荧光的物质的检测，但天然化合物中能产生强烈荧光的不多。为了扩大其使用范围，人们通过荧光衍生化使本来没有荧光的化合物转变成荧光衍生物，从而扩大了荧光检测器的应用范围。

（五）数据处理系统

数据处理设备是把检测器的信号显示出来的数据系统以信号的形式记录下来的仪器。一般来说，记录信号随时间的变化可获得色谱流出曲线或色谱图。现在已广泛使用微处理机和色谱数据工作站采集和处理色谱分析数据。色谱微处理机的广泛使用大大提高了高效液相色谱的分离速度和分析结果的准确性。

四、固定相

色谱中的固定相是高效液相色谱分离分析的最重要组成部分，它直接关系到柱效。HPLC 固定相在物理化学性质方面具有以下特殊性：

（1）较细的颗粒，一般为 5～10μm，细颗粒装填的层析柱可获得更高的分辨率。

（2）粒度均匀一致，颗粒大小越均匀，柱内压力分布也越均匀，不同柱之间的重现性也越好。

（3）机械强度好，具有良好的耐高压刚性。

（4）如果为多孔性颗粒，则孔径分布也要均匀，孔结构简单，利于大分子自由进出。

（5）化学和热稳定性好，耐酸碱，不容易产生不可逆吸附。选择 HPLC 固定相时，首先应根据分离模式的不同选用不同性质的固定相，如活性吸附剂、离子交换剂和具有一定孔径范围的多孔材料，从而分别用作液-固吸附色谱、流动相离子交换色谱、体积排阻色谱、亲和色谱等。其次，还应关注其进样量大小、传质速率等。一般来说，HPLC 固定相按孔隙深度可分为表面多孔型和全多孔微粒型两大类，表面多孔型是在实心玻璃外面覆盖一层多孔活性物质，如硅胶、氧化铝、离子交换剂和聚酰胺等，其厚度为 1～2μm，以形成无数向外开放的浅孔，相对死体积小，出峰快，柱效高。但因多孔层厚度小，最大允许进样量受限制。全多孔微粒型由直径为 10^{-3} μm 数量级的硅胶微粒凝聚而成，其颗粒细，孔浅，因此传质速率快，柱效高，需更高的操作压力。最大允许进样量比表面多孔型大 5 倍。因此，通常采用此类固定相。

五、流动相

高效液相色谱中，流动相对分离起着极其重要的作用，在固定相选定之后，流动相的选择是最关键的。不论采用哪一种色谱分离方式，对用作流动相的溶剂的要求是：

（一）纯度高

溶剂的纯度极大地影响色谱系统的正常操作和色谱分离效果。溶剂中若存在杂质会污染柱子，存在固体颗粒会损害高压泵或输液通道，使压力升高，基线漂移。

（二）黏度低

高效液相色谱中为获得一定流速必须使用高压，若溶剂黏度较高，操作压力也更大。高的压力会使色谱柱性能降低，而且泵也容易损坏。

（三）化学稳定性好

流动相不能与固定相或组分发生任何化学反应。

（四）溶剂要能完全浸润固定相

溶剂对所测定的组分要有合适的极性，最好选择样品的溶剂作流动相，否则发生溶剂与流动相不相混溶的情况，使分离变坏。

（五）溶剂要与检测器匹配

溶剂要适合于检测器，例如采用示差折光率检测器，必须选择折光率与样品有较大差别的溶剂作流动相；若采用紫外吸收检测器，所选择的溶剂在检测器的工作波长下不能有紫外吸收。

（六）样品容易回收

挥发性的溶剂是溶质回收的最好溶剂，一般采用键合相的填料比液-液分配色谱为好。主要是液-液分配色谱用的填料易于污染流动相。液-固色谱通常是在极性吸附剂上选用非极性（如己烷）以及极性（如醇）溶剂作为流动相运行，如果是非极性流动相和极性溶质，吸附剂表面上吸附溶质和吸附剂产生强的作用，由于这一作用使得保留时间增长产生峰形拖尾，柱效和线性容量降低。为了减少这一强作用，通常可在非极性溶剂中加入一定量的四氢呋喃等极性溶剂或水以控制吸附剂的活性，其中，水的添加量对非极性流动相非常重要。

一般来说，正相色谱多采用己烷、庚烷、异辛烷、苯和二甲苯等作为流动相。反相色谱则多使用甲醇、乙醇、乙腈、水-甲醇、水-乙腈作为流动相。

六、HPLC 的具体操作

（一）进样前准备工作

准备所需的流动相，用合适的 0.45μm 滤膜过滤，超声脱气至少 20min。根据待检样品的需要更换合适的洗脱柱（注意方向）。配制样品和标准溶液（也可在平衡系统时配制），用 0.45μm 滤膜过滤。检查仪器各部件的电源线、数据线和输液管道是否连接正常。

（二）开机

接通电源，按下系统控制器面板上的电源开关，画面上显示要输入 Login Pass-

ID-No 的对话框，输入 00000 后，按［OK］显示 Menu 画面，选择 Method 画面，在 Method 画面进行相关参数设定，然后打开电脑显示器、主机，最后打开色谱工作站。

（三）参数设定

在工作站软件界面上，将光标置于 UV-VIS 检测器波长设定的栏内，用数字键输入所需检测波长值，按［Enter］键确认。将光标置于流量设定的栏内，用数字键输入所需的流量（柱在线时流量一般不超过 1mL/min），按［Enter］键确认。将光标置于流动相混合比率设定的栏内，在 A～D 上，用数字键输入所需流动相的混合比率，按［Enter］键确认。将光标置于柱温箱温度设定栏，用数字键输入柱温箱所需的温度，按［Enter］键确认。

（四）更换流动相并排气泡

将管路的吸滤器放入装有准备好的流动相的储液瓶中；逆时针转动泵的排液阀 180°，打开排液阀；在 Method 画面上，按［Purge］键显示清洗设定的上托画面，Pump 键旁的绿指示灯亮，输液泵开始工作。依次按下使用的流动相通道和冲洗液通道的功能键，即流路 A、流路 B、流路 C、流路 D 及自动进样的冲洗液，泵大约以 8mL/min 的流速冲洗，清洗完成后自动停止。将排液阀顺时针旋转到底，关闭排液阀。如管路中仍有气泡，则重复以上操作直至气泡排尽。如按以上方法不能排尽气泡，从柱入口处拆下连接管，放入废液瓶中，设流速为 5mL/min，按［Pump］键，冲洗 3min 后再按［Pump］键停泵，重新接上柱并将流速重设为规定值。

（五）平衡系统

打开工作站软件，输入实验信息并设定各项方法参数后，等待系统平衡。采用等度洗脱时，按泵的［Pump］键，泵启动，Pump 指示灯亮。用检验方法规定的流动相冲洗系统，一般最少需 6 倍柱体积（约 30min）的流动相。查各管路连接处是否漏液，如漏液应予以排除。观察泵控制屏幕上的压力值，压力波动应不超过 1MPa。如超过则可初步判断为柱前管路仍有气泡，同上操作。观察基线变化。如果冲洗至基线漂移<0.01mV/min，噪声为<0.001mV 时，可认为系统已达到平衡状态，可以进样。若用梯度洗脱方式，应以检验方法规定的梯度初始条件，按前述方法平衡系统。在进样前运行 1～2 次空白梯度。具体操作详见第四步。

（六）进样

进样前按检测器［Zero］键调零，按软件中［零点校正］按钮校正基线零点。按下系统控制器面板上的 Run 键，系统自动进样。

（七）清洗柱及进样系统和关机

数据采集完毕后，关闭检测器，继续以工作流动相冲洗 20min 后，（如流动相含缓冲盐，换为不含缓冲盐的同比例流动相再冲洗 20min），再换用纯水冲洗系统及色谱柱至少 60min，最后用甲醇或乙腈冲洗至少 30min。冲洗完色谱柱后，用同样的方式清洗整个流路及进样系统。清洗完成后，先将流量降到 0，关闭电源开关。每次实验完毕，均需更换循环瓶中的水。

七、HPLC 的应用

HPLC 对分离样品的类型具有非常广泛的适应性，样品还可以回收。由于 HPLC 对挥发性小或无挥发性、热稳定性差、极性强，特别是那些具有某种生物活性的物质提供了非常合适的分离分析环境，因而广泛应用于生物化学、药物、临床等。目前它已成为人们在分子水平上研究生命科学的有力工具。适合的种类从无机化合物、有机化合物到具有生理活性的生物大分子物质，极性和非极性的都适用。HPLC 技术在生化制药方面的应用主要体现在以下几个方面。

（一）用于生化药物的分析

HPLC 在分离过程中不破坏样品的特点，使之特别适合于对高沸点、大分子、强极性和热稳定性差的生化药物的分析，尤其在对具有生物活性物质的分析上，具有特殊的能力。此外，对于某些极性化合物药物如有机酸、有机碱等，使用液相色谱分析也较为方便。在生物化学和药学领域，HPLC 广泛应用于氨基酸及其衍生物、有机酸、甾体化合物、生物碱、抗生素、糖类、卟啉、核酸及其降解产物、蛋白质、酶和多肽以及脂类等产物的分析。

（二）用于生化药物的分离提纯

HPLC 的使用，引发了生化医药方面的一场革命。这一方面表现在分子生物领域中对基因重组而得到的新基因的分离和纯化，单克隆抗体的纯化等方面；另一方面在将基因工程产品工业化生产时，使用 HPLC 能有效地将产品从发酵液中提取出来，从而得到纯度足够高的、对人体无害的蛋白药物和疫苗产品。目前，除聚合物外，大约 80％的药物都能用 HPLC 分离纯化，其中尤其以生化药品为多。如：对于一般手段较难分离的异构体药物及亲脂性很强的药物，采用硅胶柱即可达到分离的目的。与此同时，HPLC 在对这类药物的质量控制上，也具有重要意义。

（三）用于临床的快速检测

临床分析要求“短平快”，特别是抢救过程中，样品的检测要求在最短时间内完成以尽可能挽救生命。对此，HPLC 具有不可替代的优势。例如，在对氨基酸样品的分析上，20 世纪 50 年代要经过离子交换等分离步骤，时间较长。现采用全自动氨基酸分析仪，但分析一个样品仍需要 2～6 h，这个时间对临床来说仍然过长。HPLC 进行这样的分析，所需时间大大缩短，如采用带梯度的 HPLC-ODS 柱分析氨基酸，不到 1 h 即可完成一次分析。

小　结

在近几十年中，色谱分离技术的发展非常迅速，已成为生物下游加工过程最重要的纯化技术之一。本章在对色谱分离技术的概念，分类简介的基础上，重点介绍了吸附色谱法、离子交换色谱法、凝胶色谱法、亲和色谱法和 HPLC。

通过本章的学习，学生应在概述中掌握色谱法的分类；理解色谱法的基本概念；吸附色谱法中掌握分离原理、薄层色谱法和柱色谱法的操作；理解薄层色谱法吸附剂和展开剂选择原则，吸附柱色谱法中色谱柱的选择和吸附剂的选择；了解吸附薄层色谱法和吸附柱色谱法的基本原理、特点及应用。离子交换色谱法中掌握分离原理和操作技术；理解离子交换树脂的分类及常见种类；了解离子交换色谱法的应用。凝胶色谱法中掌握分离原理和操作技术；理解凝胶种类及性质；了解凝胶应具备的条件和凝胶色谱法的应用。亲和色谱法中掌握分离原理、操作条件的选择和操作技术；理解亲和吸附剂的选择；了解亲和色谱法的应用。HPLC 中掌握特点，固定相和流动相的选择；理解 HPLC 仪的基本部件；了解 HPLC 的分类及应用。

习题

1. 叙述色谱法的基本特点及分类。
2. 在薄层色谱法中怎样选择吸附剂和展开剂?
3. 薄层色谱法的操作要点有哪些?
4. 吸附柱色谱法的操作要点有哪些?
5. 离子交换色谱法的分离原理是什么? 与其他色谱分离原理的区别。
6. 试叙述离子交换树脂的分类及特征。
7. 离子交换色谱法的操作是什么?
8. 离子交换色谱法的主要应用有哪些?
9. 试述凝胶的种类及其性质。
10. 凝胶色谱法的操作要点有哪些?
11. 试说明凝胶色谱法的应用及在色谱分析中的地位。
12. 亲和色谱法中介质的选择有哪些要求?
13. 亲和色谱法中配基有哪些基本特性?
14. 亲和色谱法中吸附条件的选择应从哪几个方面考虑?
15. HPLC 特点有哪些?
16. 试叙述 HPLC 固定相的选择。
17. 试叙述 HPLC 流动相的选择。

第七章 浓缩与干燥技术

浓缩与干燥均是除去物料中溶剂（一般为水分）的操作，是食品、生物制品分离提纯常用的方法。一般而言，浓缩是除去溶液中的水分，干燥主要是除去固体中的水分，浓缩常作为结晶或干燥的预备处理。例如食品类原料中的牛奶、果汁、甘蔗汁，发酵液中的代谢产物蛋白质、有机酸，生物原料中的血液、疫苗等，都需要进行浓缩或干燥以得到符合质量要求的产品。

第一节 浓 缩 技 术

浓缩是指是从溶液中除去部分水分（或其他溶剂），使溶质浓度提高的过程。在食品生产加工中，常利用浓缩降低原料中自由水分的含量，以改善产品质量，延长保质期或减少制品的体积和重量，以便运输、包装。如番茄汁、果汁的浓缩；有时也利用浓缩达到提高提取液浓度的目的，以便为干燥、结晶等后续处理作准备。如蔗糖的生产、食盐的精制。

根据浓缩的原理的不同，浓缩可分为蒸发浓缩、冷冻浓缩和膜浓缩。蒸发浓缩是利用溶液中溶质与溶剂挥发度的不同，将溶液加热至沸腾使部分溶剂汽化，从而使溶液得到浓缩的过程。由于需要加热才能达到浓缩的目的，故蒸发浓缩适用于对热稳定的物料。对于挥发性的芳香物质、热敏性的食品或蛋白质，若采用常压或加压蒸发浓缩，易使物质有效成分受到破坏，故宜采用真空蒸发浓缩或冷冻浓缩。冷冻浓缩是通过降温使溶液中部分水分结晶析出，然后再将冰晶与浓缩液分离的操作。膜浓缩是利用半透膜等来分离溶质与溶剂的过程。相对于蒸发浓缩和冷冻浓缩，膜浓缩具有设备投资费用少、操作简单、能耗低等优点。

一、蒸发浓缩

（一）蒸发过程及其特点

1. 蒸发过程

蒸发是利用溶液中溶质与溶剂挥发度的不同，将溶液加热至沸腾使部分溶剂汽化并使溶液得到浓缩的过程。蒸发的本质是为了实现溶质与溶剂的部分分离。从蒸发的机理来看，溶剂与溶质的分离是靠供给溶剂汽化所需的热量，并将汽化产生的蒸汽及时排走。因此，蒸发过程得以进行的必要条件是热量的不断供给和汽化蒸汽的不断排除。热源一般采用饱和水蒸气，蒸汽与料液进行间壁式热交换而冷凝。溶剂吸收热量后，沸腾汽化产生的也是水蒸气，为了易于区别，前者称为加热蒸汽或生蒸汽，后者称为二次蒸汽。蒸发产生的二次蒸汽必须及时排除，否则聚集在沸腾液体上面的空间中，使压力升高，影响溶剂的继续蒸发，以致汽化不能继续进行，通常是采用冷凝的方法将二次蒸汽排走。

由上述可知，蒸发过程是既是溶质与溶剂分离的过程，也是一传热过程，溶剂的汽化速率取决于传热速率。

2. 蒸发过程的特点

与一般的传热过程相比，蒸发过程具有如下特点：

（1）蒸发的物料是溶有不挥发性溶质的溶液。根据拉乌尔定律，在相同压强下，溶液的沸点高于纯溶剂的沸点，且一般随浓度的增加而升高。故在相同温度条件下，溶液的蒸汽压比纯溶剂的蒸汽压要小。

（2）蒸发时要汽化大量溶剂，需要消耗大量的加热蒸汽，能耗大。如何充分利用能量和降低能耗，是蒸发操作一个十分重要的课题。

（3）蒸发浓缩过程中物料特性会发生一些变化，可能导致食品品质下降，增加后续工艺难度。蒸发浓缩导致的主要变化有：热敏性物质的分解；风味物质挥发和不良风味的形成；结晶性改变，造成料液流动状态的改变，大量结晶的沉积，妨碍加热面的热传递；黏度增加，降低物料的导热系数和总传热系数；起泡性增加，泡沫导致料液流失；传热面上结垢，影响传热，带来安全性问题等。

由于不同物料性质不同，浓缩过程中发生的变化程度是不同的，应针对不同的需要，选用不同的蒸发操作和设备，避免不利的变化。如采用低温真空蒸发减少热敏性物质的分解和风味物质挥发；对于结晶严重的物料，选择强制循环、外加热式及带有搅拌的蒸发设备。

（二）蒸发的分类

（1）根据溶液中溶剂汽化产生的二次蒸汽的利用情况不同，蒸发可分为单效蒸发和多效蒸发，前者是蒸发装置中只有一个蒸发器，蒸发产生的二次蒸汽直接进入冷凝器而不再次利用；后者是将几个蒸发器串联操作，使蒸汽的热能得到多次利用，通常是前一个蒸发器产生的二次蒸汽作为后一个蒸发器的加热蒸汽，后一个蒸发器的加热室作为前一个蒸发器的冷凝器，蒸发器串联的个数称为效数，最后一个蒸发器产生的二次蒸汽进入冷凝器中冷凝。工业生产中常见的多效蒸发是3～5效。

（2）根据蒸发时的操作压力不同，蒸发还可分为常压蒸发、真空蒸发和加压蒸发。常压蒸发是蒸发器加热室溶液侧的操作压力略高于大气压。真空蒸发是溶液侧的操作压力低于大气压，要依靠真空泵来维持系统的真空度。在食品工业中真空蒸发使用最普遍。因真空状态下，液体沸点低，可以用低压蒸汽和废蒸汽为热源，能耗低；在相同热源温度下，蒸汽与料液温差大，传热效率高；蒸发温度低，料液中热敏性物质损失小。但真空蒸发也有不利的方面，如溶液沸点降低会使其黏度增大，沸腾时传热系数将降低；而且对设备要求较高，需要真空装置，因而会增加一些额外的能耗和设备费用。当蒸发过程需要与前后生产过程的系统压力相匹配时，有时也采用加压蒸发，如丙烷萃取脱沥青需要在2.8～3.9MPa下进行。

（三）蒸发器的类型

常规蒸发器主要由加热室和汽-液分离室两部分组成。加热室的作用是利用水蒸气为热源来加热被浓缩的料液，分离室的作用是将二次蒸汽中央带的雾沫分离出来。

蒸发器一般根据加热室构造不同分为循环型蒸发器和膜式蒸发器。循环型蒸发器是使溶液在蒸发器中循环流动，以提高传热效率。常见的类型有中央循环管式蒸发器和外循环管式蒸发器。膜式蒸发器是溶液通过加热室时，在管壁上呈膜状流动。与循环型蒸发器不同，膜式蒸发器中溶液在加热室只通过一次，故又称为单程型蒸发器。膜式蒸发器根据蒸发器内物料的流动方向及成膜原因可分为升膜式蒸发器、降膜式蒸发器、升/降膜蒸发器、刮板式薄膜蒸发器、离心式薄膜蒸发器、板式蒸发器和膨胀流蒸发器。

蒸发器种类很多，生产中需要根据实际情况选择合适的蒸发器。一般选择蒸发器要考虑以下几个因素：符合工艺要求，溶液的浓缩比适当；传热系数高，有较高的热效率，能耗低；结构合理紧凑，操作、清洗方便，卫生、安全可靠；动力消耗低，设备便于检修，有足够的机械强度。

二、冷冻浓缩

（一）冷冻浓缩的原理

冷冻浓缩是利用冰与水溶液之间的固液相平衡原理，通过降温将稀溶液中的部分水形成冰晶，然后固液分离，使溶液增浓的一种浓缩方法。但它又与常规的结晶操作有所不同，结晶操作过程中结晶析出的是溶质，浓缩操作中结晶析出的则是溶剂。如图 7-1 所示，D 点是溶液的共晶点，当浓度达到共晶点浓度（ω_D）时，过饱和溶液冷却的结果表现为溶质转化成晶体析出，此即结晶操作的原理。但是当溶液中溶质浓度低于共晶点时，冷却的结果则表现为水分成冰晶析出，此即冷冻浓缩的原理。在双组分溶液中，曲线 AD 为溶液组成和凝固点关系的冻结曲线，冻结曲线上侧（即温度高于溶液凝固点）呈溶液状态，下侧（即温度低于溶液凝固点）呈冰和溶液的共存状态。如浓度为 ω_B 的溶液，温度降到 T_B 时开始有冰晶析出，继续降低温度到 T_C，得到冰和浓度为 ω_C 的溶液，同时凝固温度将为 T_C。理论上冷冻浓缩的极限浓度为 ω_D。

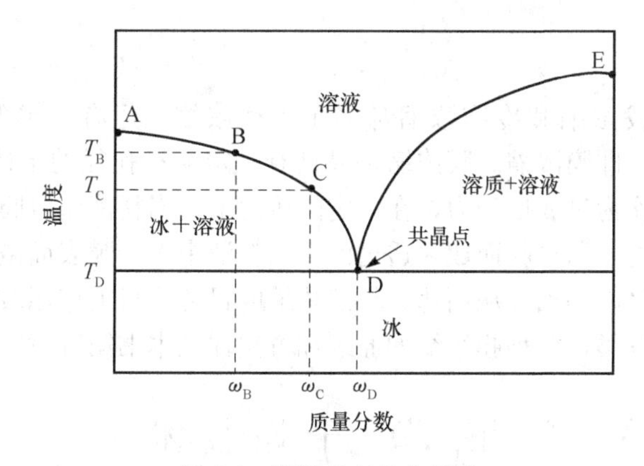

图 7-1　简单的双组分相图

为了更好地使操作时形成的冰晶不混有溶质，分离时又不致使冰晶中夹带溶质，以免造成过多的溶质损失，冷冻操作要尽量避免局部过冷，分离操作也要很好地加以控制。

由此可见，冷冻浓缩的操作包括两个步骤，首先是部分水分从水溶液中结晶析出，而后是冰晶与浓缩液加以分离。

(二) 冷冻浓缩的特点

(1) 冷冻浓缩操作温度低，特别适用于热敏性物料的浓缩。

(2) 由于溶液中水分的排除不是用加热蒸发的方法，而是靠从溶液到冰晶的相间传递，所以可避免芳香物质因加热而造成的挥发损失。

(3) 因在较低的温度下操作，可有效控制微生物繁殖，防止溶质变性。

(4) 对产品色泽的影响小。

由此可知，冷冻浓缩能够很好保持产品的色泽、风味、香气和营养成分，将这种方法应用于含挥发性芳香物质的食品浓缩，可以充分显示出它独特的优越性，其产品品质远优于蒸发法和渗透法。例如，果汁在浓缩全过程中，始终处于低温条件下（一般－7～－3℃），果汁中几乎不发生可能产生的化学变化和生物化学反应。因此无论从保证产品质量还是从节省能耗来看，冷冻浓缩无疑是食品及生物制品浓缩的最佳方法。但是到目前为止，冷冻浓缩法尚有许多技术问题未获圆满解决，致使这项新技术还不能成为广泛的应用。

(三) 冷冻浓缩存在的主要问题

(1) 浓缩液的浓度受到一定的限制，而且还取决于冷晶与浓缩液可能分离的程度。一般而言，溶液黏度越高，分离就越困难。

(2) 冷冻浓缩过程中，细菌和酶的活性得不到抑制，所以制品还必须再经热处理除菌或加以冷冻保藏。

(3) 过程中会造成不可避免的溶质损失。

(4) 产量低，成本高，不适合大规模生产。

三、其他浓缩

前面介绍的蒸发浓缩和冷冻浓缩都属于平衡浓缩，还有一类发展较晚的浓缩方式——非平衡浓缩，即膜浓缩。膜浓缩是以具有一定大小孔径的半透膜作为过滤介质，以膜两侧的压力差作为过滤推动力，在一定的压力下，当料液流过膜表面时，只允许料液中的水及小分子物质通过膜而成为透过液，而料液中大于膜表面微孔的物质则被截留在膜的进料侧而成为浓缩液，从而达到料液浓缩的目的。目前应用较多的膜浓缩有反渗透、超滤和电渗析三类。各种膜浓缩的原理和方法详见本书第五章。

第二节　干燥技术

一、概述

工业上通常把采用加热的方法除去固体湿物料中湿分（一般为水分）的操作称为干

燥。在食品生物领域，常用干燥除去制品中的水分，以便于储存、运输、使用或进一步加工。由于食品物料种类繁多，物理化学组成、性质、结构等复杂，故需根据不同材质选用不同的干燥方法，以防物料除去水分出现收缩、变脆、变色等问题。为此，研究干燥物料的特性，科学地选择干燥方法和设备，控制最佳干燥条件，是食品及生物制品干燥中最重要的问题。

（一）分类

物料的干燥方法有多种，根据传热方式不同，可分为对流干燥、传导干燥、辐射干燥。传导干燥又称间接加热干燥，是通过间壁（金属壁面）的导热将热量传给物料，热源可以是水蒸气、热水、热空气等，物料蒸发出来的水分由流动的空气带走或由真空泵抽走。对流干燥又称直接加热干燥，是将干燥介质（通常为热空气）与湿物料直接接触，以对流传热方式向湿物料供热，湿物料中水分汽化产生的水蒸气也由干燥介质带走。辐射干燥是热能以电磁波的形式传递给湿物料，蒸发的水分由空气带走或由真空泵抽走。此外，还有喷雾干燥、冷冻干燥和微波干燥等干燥方法。喷雾干燥主要用于悬浮液，是将液态物料直接干燥成速溶性较好的颗粒状产品的一种干燥方法，如奶粉、麦乳精、速溶茶等；冷冻干燥是先将含水物料温度降至冰点以下，使水分冻结成冰，然后在较高真空度下使冰直接升华而除去水分的干燥方法。微波干燥是利用高频电场的交变作用使物料分子发生频繁转动，物料从里到外都同时产生热效应，使其中的水分汽化。

此外，根据干燥过程操作的压力不同，干燥可分为常压干燥和真空干燥，热敏性物料通常采用真空干燥；根据干燥操作的方式不同，干燥还可分为连续干燥和间歇干燥，连续干燥产品质量均匀，热效率高，劳动强度低，适用于大规模生产。间歇干燥所用时间长，适用于多品种、小批量生产的物料。总之，这些干燥方法都各有特点，适用不同情况，其中对流干燥的应用最广。

（二）湿物料中水分的性质

干燥过程是将能量传递给物料，促使物料中的水分向表面转移并排放到物料周围的外部环境中，完成脱水干制的基本过程。因此，传热和传质是物料干燥的核心问题。传热过程遵循传热的基本原理，而传质过程则与物料中所含水分的性质有关，下面就湿物料中的水分表示及所含水分特性做分别介绍。

1. 湿物料中含水量的表示

1）湿基含水量与干基含水量

湿物料的状态与物料含水量（也称湿含量）和水分活度密切相关。在工程应用上，表示湿物料含水量的方法有两种。

一种是以湿物料为基准的水分含量——湿基含水量（$W_{湿}$）

$$W_{湿}=\frac{m_{干}}{m_{干}+m_{水}}=\frac{m_{水}}{m}$$

式中　$m_{水}$——湿料中水分质量，kg；

$m_{干}$——湿料中绝干物质质量，kg；

m——湿料的总质量，kg。

另一种是以干物质为基准的水分含量——干基含水量（$W_{干}$）

$$W_{干}=\frac{m_{水}}{m_{干}}$$

两种水分含量换算式为

$$W_{干}=\frac{W_{湿}}{1-W_{湿}}\text{ 或 }W_{湿}=\frac{W_{干}}{1+W_{干}}$$

通常所指的物料水分含量多指湿基含水量，而干基含水量常用于干燥过程物料衡算。

2）水分活度

为了研究物料稳定性与水分的关系，引入水分活度的概念。

水分活度（A_W）定义为物料中的水蒸气分压 p 与同温度下纯水的饱和蒸汽压 p_o 之比，可用下列公式表示：

$$A_W=\frac{p}{p_o}$$

式中 p——食品的蒸汽压；

p_o——纯水的蒸汽压。

水分活度的数值在 0～1 之间。纯水的 $A_W=1$，因溶液的蒸汽压降低于纯水蒸气压，所以溶液的 A_W 小于 1。物料中的水总有一部分是以结合水的形式存在的，而结合水的蒸汽压远比纯水的蒸汽压低的多，因此，食品中的水分活度小于 1。水分活度反映了食品中水分存在形式和被微生物利用的程度。

2. 湿物料中水分的特性及分类

大多数被加工的物料是含有一定量水的湿物料。湿物料中所含水分可能是水溶液，也可能是纯液体。根据物料中所含水分能否用干燥的方法加以除去，可分为平衡水分和自由水分；根据物料与水分的结合方式不同，又可分为结合水分和非结合水分。

1）平衡水分与自由水分

在一定的干燥条件下，通常将物料干燥到极限程度时的水分，称为平衡水分，物料中超过平衡水分的那部分水分，称为自由水分（可除去的水分）。

当物料与一定状态的空气相接触时，如果湿物料表面的水汽分压与空气中水汽的分压不等时，物料就会释放出水分或吸收水分。若物料表面的水汽蒸汽压大于空气中的水汽分压，则物料释放水分，称为解吸作用；若小于空气中的水汽分压，物料将从周围空气中吸收蒸汽而吸湿，称为吸附作用。当过程进行到两者分压相等时，水分将在气、固两相间达到平衡，物料中水分不再发生变化，此衡定的水分称为该物料在一定空气状态下的平衡水分，用 X^* 表示，单位为 kg 水/kg 干物料。故平衡水分是物料干燥到极限程度时的水分。

平衡水分的含量与空气的状态及物料的性质有关。空气中水汽分压越高，其相对湿度越大，平衡水分越高。不同物料的平衡水分相差也很大。例如，玻璃丝和瓷土等结构致密的固体，其平衡水分很小，而烟叶、羊毛、皮革等物质，则平衡水分较大。

物料中超过平衡水分的那部分水分，称为自由水分。即通过干燥方法可以除去的水分。

2）结合水分与非结合水分

根据水分与物料的结合方式不同，物料中的水分可分为结合水分和非结合水分。

（1）结合水分。借助于化学力或物理化学力与固体相接合的那部分水分，称为结合水分。如物料内毛细管中的水分、细胞壁内的水分及以结晶水的形态存在的水分等。结合水分与固体物料间的结合力较强，较难除去。

（2）非结合水分。是指机械地附着于固体物料上的水分。如固体表面和内部较大空隙中的水分。非结合水分与固体的相互结合力较弱，是较易除去的水分。

结合水分与非结合水分的区别还在于各自的平衡蒸汽压不同。结合水由于化学和物理化学力的存在，使其蒸汽压低于同温下水的饱和蒸汽压；而非结合水分的性质与纯水的相同，其平衡蒸汽压就是同温下水的饱和蒸汽压。

平衡水分与自由水分、结合水分与非结合水分是物料中所含水分的两种不同分类。平衡水分与自由水分的区分既取决于物料的性质，还取决于空气的状态；而结合水分与非结合水分的区分仅取决于物料的性质，与空气的状态无关。四种水分的关系见图 7-2。

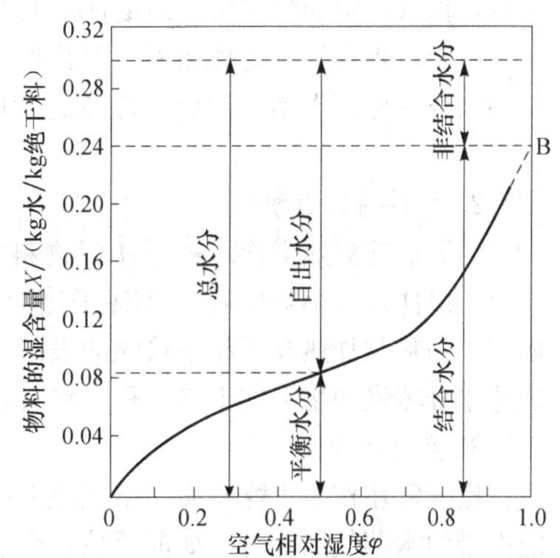

图 7-2　物料中所含水分的性质

（三）影响湿热传递的主要因素

不管采用何种干燥方法，都涉及两个过程，即将热（能）量传递给物料以及从物料中排走水。加速热与湿（水分）的传递速率，即提高干燥速率是干燥的主要目标。影响物料干燥速率的主要因素有物料的组成与结构、物料的表面积以及干燥剂（空气）的状态（湿度、温度、压力、速率等）。

1. 物料的组成与结构

由于构成物料的成分尤其是食品物料成分的复杂性及其在干燥过程中变化的复杂性，都会极大地影响干燥过程热与水分的传递，最终影响干燥速率及产品质量。如食品成分在物料中的位置，物料所含水分的性质及组织结构特征等。

1）食品成分在物料中的位置

从分子组成角度，真正具有均一组成结构的食品物料并不多。例如，一块肉有肥有瘦，许多纤维性食物都具有方向性，因此正在干燥的一片肉，肥瘦组成不同部位将有不同的干燥速率，特别是水分的迁移需通过脂肪层时，对速率影响更大。因此，肉类干燥时，将肉层与热源相对平行，避免水分透过脂肪层，就可获得较快的干燥速率。同样原理也可用到肌肉纤维层。食品成分在物料中的位置对干燥速率的影响也发生于乳状食品中，油包水型乳浊液的脱水速率慢于水包油型乳浊液。

2）结合水的状态

一般而言，与物料结合力较低的呈游离状态的非结合水首先蒸发，最易去除，靠物理化学结合力吸附在食品物料固形物中的结合水分相对较难去除。如进入胶质内部（淀粉胶、果胶和其他胶体）的水分去除较缓慢。最难去除的是有化学键形成水化物形式的水分，如葡萄糖单水化合物或者无机盐水合物。

3）细胞结构

天然动、植物组织是具有细胞结构的活性组织，在其细胞内及细胞间维持着一定的水分，具有一定的膨胀压（turgor），以保持其组织的饱满与新鲜状态。当动植物死亡，其细胞膜对水分的可透性加强。尤其受热（如漂淌或烹调）时，细胞蛋白质发生变性，失去水分的保护作用。因此，经热处理的果蔬与肉、鱼类的干燥速率比其新鲜状态快得多。

2. 物料的表面积

为了加速湿热交换，被干燥湿物料常被分割成薄片或小条（粒状），再进行干燥。物料切成薄片或小颗粒后，缩短了热量向物料中心传递和水分从物料中心外移的距离，增加了物料与加热介质相互接触的表面积，为物料内水分外逸提供了更多途径及表面，加速水分蒸发和物料的干燥过程。物料表面积越大，干燥效率越高。

3. 空气的湿度

空气常用作于干燥介质，空气湿度反映出空气的干燥程度，即空气在干燥过程中所能携带的水蒸气的能力。如前所述，空气相对湿度越大，则空气中水蒸气的分压越高，物料的平衡水分就越高。物料的湿度始终与其周围空气的湿度处于平衡状态。

干燥过程中，物料水分由内部向表面转移，再从表面外逸，都靠物料的水蒸气分压与空气中水蒸气分压差为推动力。当物料表面水蒸气分压大于空气水蒸气分压，表面水分蒸发，内部水分则不断向表面转移，完成整个干燥过程。反之，当物料表面水蒸气分压小于空气水蒸气分压，则物料吸湿。物料的湿度与空气的湿度达到平衡时，物料既不吸湿也不解湿（脱水）。

4. 空气温度

传热介质和物料内的温差越大，热量向食品传递的速率也越大，物料水分外逸速率因而增加。温度与空气湿度密切相关，空气温度越高，其在饱和前所能容纳的蒸汽量越多，携湿能力就越强，有利于干燥进行。

5. 空气流速

加速干燥表面空气流速，不仅有利于发挥热空气的高携带湿能力，还能及时将积累在物料表面附近的饱和湿空气带走，以免阻止物料内水分的进一步蒸发。同时与物料表面接触的热空气增加，有利于进一步传热，加速物料内部水分的蒸发，因此，空气流速越快，物料干燥也越迅速。

由于物料脱水干燥过程有恒速与降速阶段，为了保证干燥品的品质，空气流速与空气温度在干燥过程要相互调节控制，才能发挥更大的作用。

6. 大气压力或真空度

当大气压力达 101.3kPa 时，水的沸点为 100℃，当大气压力达 19.9kPa 时，水的沸点为 60℃。可见压力不同，沸点不同，在相同的热源温度条件下，压力降低，沸腾越加剧烈。在真空室内加热、干燥，就是在较低的温度条件下进行，如仍采用大气压力为 101.3kPa 时的热源温度，则可使沸腾加剧，加速物料内部水分的蒸发，使干制品具有疏松的结构。麦乳精就是在真空室内，用较高加热温度干燥成质地疏松的成品的。对于热敏性食品物料的脱水干燥，低温加热与缩短干燥时间对制品的品质极为重要。

7. 物料干燥温度

水分从物料表面蒸发，会使表面变冷，即温度下降。这是水分由液态转化成蒸汽时吸收相变热所引起的。物料的进一步干燥需提供热量，热量来自热空气或加热面，也可来自热的物料。如用热空气加热，不管干燥空气或加热表面上方空气的温度多高，只要有水分蒸发，块、片状或悬滴状物料的温度实际上不会高于空气湿球温度。例如在喷雾干燥室中，进口热空气可能达到 204℃，干燥塔内空气温度也可达到 121℃，但物料颗粒干燥时的温度一般不会超过 121℃。随着物料颗粒水分降低，蒸发速率减慢时，颗粒温度随之升高。当物料中的自由水分全蒸发后，上述喷雾干燥塔内，物料颗粒的温度会升高至 204℃（与进口空气一样），如果干燥塔内没有其他热损失时，出口处的空气温度在接近 204℃。对于热敏性食品物料，通常在物料尚未达到这么高温度之前，就要将它们及时从高温干燥塔内取出，尽可能使物料在极短的时间内接触高温。

除非预先对物料进行预热杀菌，从干燥室出来的干燥制品并非无菌。虽然物料中大部分微生物在某些干燥操作（高温）中可以被杀死，但多数细菌孢子并未被杀灭。对于食品及生物制品，在选择食品干燥方法时，应考虑采用较温和的干燥方法，以保证具有高品质和优良食品风味。例如冷冻干燥方法，相对来说被杀死的微生物较少，而且深度冷冻就是一种保持微生物活力的方法。物料干燥过程不能完全达到灭菌的目的也适于某些天然酶类，这些酶类在干燥过程可能依然具有活力（决定于干燥条件）。因此干燥品的卫生指标也要引起重视，并在工艺过程加以控制。

在热干燥中，对热敏性物料，常要求最大可能提高干燥速率又要保持制品的高品质，因此，两者必须合理加以统一。多数干燥采用高温短时的方法，比低温长时间干燥方法对制品的破坏性要小。

二、对流干燥

（一）对流干燥过程的传热和传质

在对流干燥过程中，热空气作为热载体，将热能以对流方式传到物料表面，再由物料表面传到物料内部（传热过程）；同时，水分由物料内部扩散到物料表面，而后气化并扩散到热空气中，其再作为载湿体，将气化的水分带走（传质过程）。故对流干燥过程是传热与传质同时进行但方向相反的过程，两过程相互影响，相互制约。干燥进行的条件是水分在物料表面的蒸汽压必须大于热空气中的水蒸气分压。为此，热空气必须将气化水分及时带走，使物料内部的水分不断向表面迁移。

（二）对流干燥速率和干燥时间

在对流干燥过程中，干燥速率和干燥时间主要与物料及其水分的性质、干燥介质热空气的性质（温度、湿度）及其与物料的接触方式等有关。尤其是干燥介质与物料的接触方式对其影响尤为突出。例如，物料颗粒悬浮于气流中，干燥速度很快；气流垂直穿过物料层，干燥速度次之；气流平行通过物料则干燥速度较慢。

另一方面，物料中水分的内部扩散和表面汽化是同时进行的，但在干燥的不同阶段其速率不同，从而控制干燥速率的方法也不同。当物料中水分的表面汽化速率小于内部扩散速率时，称为表面汽化控制阶段，提高此阶段的对流干燥速率应从提高空气温度、降低相对湿度、改善空气与物料的接触和流动方式入手；反之，物料中水分表面汽化速率大于内部扩散速率时，称为内部扩散控制阶段，提高此阶段的对流干燥速率必须从改善内部扩散入手，如减少物料厚度、使物料堆积疏松，搅拌或翻动物料等。

（三）食品生物工业常用的对流干燥

1. 气流干燥

气流干燥就是将粉末或颗粒物料悬浮在热气流中进行干燥的方法。由于热空气与湿物料直接接触，且接触面积大，强化了传热与传质过程。气流干燥也属于流态化干燥技术之一，具有如下特点：

（1）干燥时间短。颗粒在气流中高度分散，使气固相间的传热、传质的表面积增加，再加上有比较高的气流速度，气体与物料的给热系数也非常高，因此干燥时间比较短。

（2）物料温度低。气-固相间的并流操作，可使用高温干燥介质，使高温低湿空气与湿含量大的物料接触。由于物料表面积大，汽化迅速，物料温度为空气的湿球温度，而在干燥进入降速阶段，虽然温度会回升，但干燥介质的温度已下降很多，物料在出口时的温度也不高，因此，整个干燥过程物料温度较低。

（3）设备结构简单。设备结构简单占地面积小，处理量大。

（4）适应性广。适应性广，对散粒状物料，最大粒径可达 10mm；对块状、膏状及泥状物料，可选用粉碎机与干燥器串流的流程，使湿物料同时进行干燥和粉碎，表面不断更新，有利于干燥进行。

（5）适用于物料进行表面蒸发的恒速过程。气流干燥一般仅能适用于物料进行表面蒸发的恒速过程，物料所含水分应以润湿水、孔隙水或较粗管径的毛细管水为主，由这种水分结合的湿物料，可获得最终水分 0.3%～0.5%的干物料。对于吸附性或细胞质物料，则很难干燥到水分在 2%以下。对于需要除去较多结合水分的湿物料，则不适用于气流干燥。

（6）不适宜易黏附于干燥管的物料或粒度过细的物料。气流干燥中高速气流使颗粒与颗粒、颗粒与管壁间的碰撞和磨损机会增多，难以保持完好的结晶形状和结晶光泽。

容易黏附于干燥管的物料或粒度过细的物料不适宜采用此干燥方法。

气流干燥设备的类型很多，按气流管类型分类有：直管脉冲、倒锥形、套管式、环形气流干燥器、带粉碎机的气流干燥器、旋风气流干燥器、涡旋流气流干燥器等。图 7-3 是二级气流干燥设备流程图。该设备生产量可达 0.5～20t/h（干料），蒸发量 0.1～2t/h。

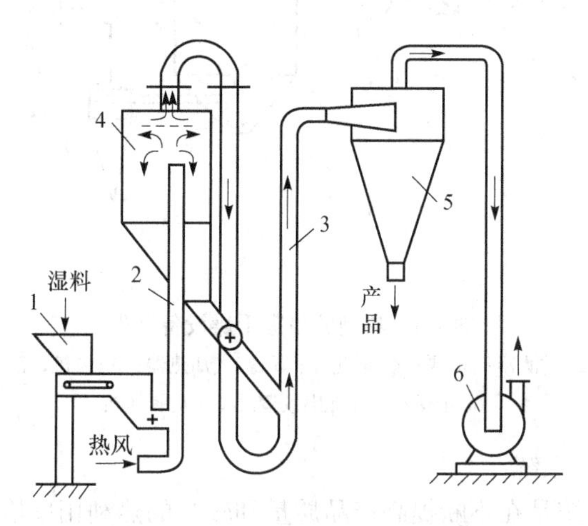

图 7-3　二级气流干燥设备流程图

1. 加料器；2. 一级气流管；3. 二级气流管；4. 粉体沉降室；5. 旋风分离器；6. 风机

2. 喷雾干燥

喷雾干燥是采用雾化器将料液分散为雾滴，并用热空气干燥雾滴而完成脱水干燥的过程。料液可以是溶液、乳浊液或悬浮液，也可以是熔融液或膏糊液。干燥产品可根据生产要求制成粉状、颗粒状、空心球或团粒状。该方法常用于各种乳粉、大豆蛋白粉、蛋粉等粉体食品的生产，是粉体食品生产最重要的方法。

图 7-4 是一个典型的喷雾干燥设备流程图。料液送到喷雾干燥塔，空气经过滤和加热后作为干燥介质进入喷雾干燥室内。在喷雾干燥塔内，热空气与雾滴接触，迅速将雾滴中的水分带走，物料变成小颗粒下降到干燥塔的底部，并从底部排出塔外。热空气则变成湿空气，用鼓风机或风扇从塔内排出。整个干燥过程是联系进行的。

喷雾干燥过程主要包括：料液雾化为雾滴，雾滴与空气接触（混合和流动），雾滴干燥（水分蒸发），干燥产品与空气分离。

1）典型的喷雾干燥系统

如图 7-4 所示，这是食品生物工业应用最广泛的一种喷雾干燥系统，其特点是用热空气作为干燥介质，只经过干燥室，一次即携带水汽排放至大气中。该系统根据空气与干燥产品分离方法不同有三种方式：有旋风分离器和湿式洗涤塔，可将物料量损失控制在 $25mg/m^3$ 以下。使用袋滤器，可将较细的粉料回收，漏入大气中的粉尘极少，一般小于 $10\ mg/m^3$。使用静片除尘器，适于通过气体量大，要求压力降低的场合，其分离率也较高。

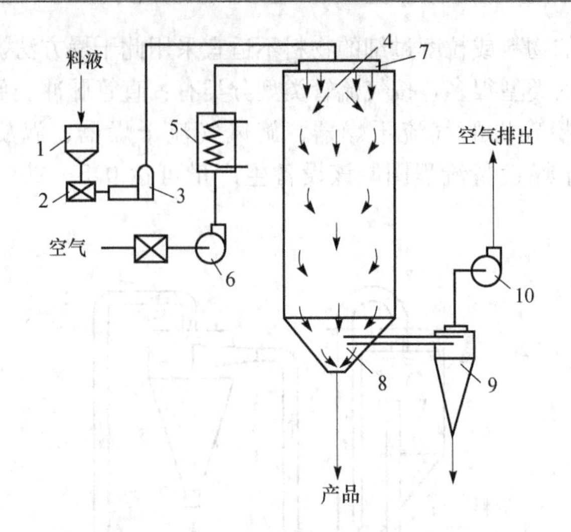

图 7-4 典型的喷雾干燥设备流程

1. 料液槽；2. 过滤器；3. 泵；4. 雾化器；5. 空气加热器；6. 风机；7. 空气分布器；8. 干燥室；9. 旋风分离器；10. 排风机

2）二级喷雾干燥系统

二级喷雾干燥系统是在不断提高产品质量和较高的热利用率情况下发展起来的，是喷雾干燥和流化床干燥相结合的系统，该系统能量消耗较一级干燥系统低，产品具有"速溶"性能，常用于速溶乳粉的生产。二级干燥生产的乳粉颗粒平均直径可达到300～400μm，一般喷雾干燥平均颗粒直径仅60μm。

3）流化床喷雾造粒干燥

流化床喷雾造粒干燥设备是20世纪50年代瑞士埃罗马梯克解研制的流化干燥设备基础上发展起来的，它集造粒、干燥、包衣功能于同一设备中，是一种新型的干燥设备。

三、微波干燥

（一）原理

微波是一种波长极短的电磁波，它和无线电波、红外线、可见光一样，都属于电磁波，微波的频率范围从300MHz到300kMHz，即波长从1mm到1m的范围，是介于无线电波和光波之间的超高频电磁波。

微波加热干燥的原理是利用微波在快速变化的高频电磁场中与物质分子相互作用，微波能被物料吸收后发生分子共振而产生热效应，即微波能转换为热能，使物料温度升高，水分蒸发，蒸发的水分由流动空气带走。由于微波直接作用于物料内部，使物料里外同时加热，加快了物料中的水分由内向外的扩散和汽化。但不同的物质吸收微波的能力不同，其加热效果也各不相同。水是吸收微波很强烈的物质，所以一般含水物质都能用微波来进行加热，且快速均匀，可达到很好的干燥效果。

（二）特点

（1）干燥速度快，时间短。常规方法如蒸汽干燥、电热干燥、热风干燥等，物料的受热方向是由外向内，传热的方向与水分扩散的方向相反，干燥时间长；而微波干燥是电磁能直接作用于物质内部，使传热的方向与水分汽化的方向一致，故干燥时间短。通常情况下，物料由10%含水量脱至1%以下，需十几个小时，采用微波干燥仅需十几分钟。例如，用微波干燥将蔬菜干燥成湿含量低于20%的"干菜"，与传统方法相比，效率可提高十多倍。这种方法也同样适用于海藻类食品的干燥。实验表明，经过微波干燥处理过的蔬菜，其组织与新鲜蔬菜的接近程度仅次于冷冻干燥的产品，但其干燥时间比冷冻干燥短。微波也可对油炸类产品进行最终干燥，不仅节省油，还可得到含油率低的清淡味美的食品。

（2）干燥均匀，产品质量好。由于微波是使物料内部先发热，即使被加热物料形状复杂，加热也是均匀的，不会造成物料外焦内生而引起表面结壳或裂变现象。例如，热空气干燥面团要5～8h，面团极易结壳或开裂，微波干燥只要1～2h，能很好地保证产品的品质。

（3）流水线作业，操作环境好。与常规方法相比，微波干燥不需要锅炉、煤场以及复杂的管道系统和运输车辆等，只需要具备水、电基本条件即可。微波干燥可以很好地与前后工序设备配套，组成一条流水生产线，这样大大提高了劳动生产力，整套微波设备的操作只需2～3人。设备噪声小，车间里也没有粉尘飞扬，改善了劳动条件和生产环境，符合国家GMP生产标准。

（4）微波在真空状态下，可处理温度高于40℃（有时甚至在15℃）时就会变质或降解的物料。普通真空干燥箱只能通过热传导加热物料，通常没有对流加热，干燥时间很长。而微波真空干燥时间短，温度低，其干燥产品主要有水果浓汁、茶粉、酶、蔬菜（蘑菇、蒜、大豆等），操作费用介于喷雾和冷冻干燥之间。在这些系统中，物料通常为膏糊状物料，铺放在传送带上，沿特殊制造的隧道（真空度为133.3～2666Pa）穿过，形成泡状物，复水性能好。

此外，微波干燥还可以减少细菌污染，热效率高。如热空气和微波组合干燥大蒜，热空气将水分从80%干燥到10%（湿基），然后用微波干燥至5%，细菌总数下降90%，节能30%。

微波干燥的主要缺点是设备费用高，电能消耗大。

四、冷冻干燥

冷冻干燥是使含水物质温度降至冰点以下，使水分冻结成冰，然后在较高真空度下使冰直接升华而除去水分的干燥方法。故冷冻干燥又称为真空冷冻干燥、冷冻升华干燥等。

（一）冷冻干燥的理论基础

冷冻干燥过程如水的相平衡。所谓相，是指物系中物理、化学性质均匀的部分。不同的相之间存在相的界面，可以用机械方法将它们分开。物质的固、液、气三相态由一定的温度和压强条件所决定。物质的相态转变过程可用相图表示。图7-5为水的三相图。图中AB为升华曲线，表示冰和水蒸气两相共存时其压力和温度之间的关系；AC为熔解曲线，表示冰和水两相共存时其压力和温度之间的关系，AD为汽化曲线，表示

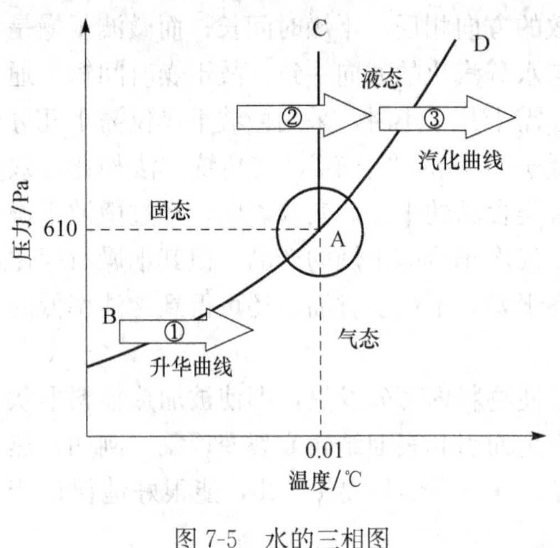

图 7-5 水的三相图

水和水蒸气两相共存时其压力和温度之间的关系。三条曲线将图分为三个区：固相区、液相区和气相区。箭头 1、2、3 分别表示冰升华成水蒸气、冰融化成水、水汽化成水蒸气的过程。三曲线交于 A 点，为固、液、气三相共存时的状态点，称为三相点，其对应的温度、压力如图所示。由图可知，压力高于三相点压力时，固态只能转变成液态，不能直接转变成气态。只有在压力低于三相点压力，物料中的冰才可直接升华成气态。由于冰的温度不同，对应的饱和蒸汽压不同，只有在环境压力低于对应的冰的蒸汽压时，才有可能发生从固相到气相的转变。另外，物质相态转变都需要吸收或放出相变潜热。升华相变的过程一般为吸热过程，这种相变热称为升华热。据此，要完成冷冻干燥过程需用真空泵维持真空，并提供升华所需的热量，就可使冰从冻结的物料中直接升华为蒸汽除去。

（二）冷冻干燥的特点

相对于其他干燥方法，冷冻干燥的优越性明显，具体如下：

1. 避免热敏性物质受热变性

由于冷冻干燥在低温下进行，可避免热敏性物质受热变性，且在升华过程中物料被固定为一定的的形状，物质中的挥发成分和营养成分损失小，能很好地保留食品的色、香、味，芳香物损失可减少到最低；维生素 C 能保存 90%以上。

2. 易吸水复原

冻干燥过程中，水汽不携带可溶性盐等从物料内部移向物料表面并沉积成硬质薄皮，物料也不易收缩变形，而这在箱式等干燥过程中易发生，故冷冻干燥制品易吸水复原。

3. 不易氧化，不易变质

真空条件下氧极少，易氧化的油脂等得到保护；能排除 95%～99%以上的水分，制品储藏期长，不易变质。

该方法的缺陷是需要高真空与低温设备，投资及操作费较高。其多用于肉类、水产、蔬菜类、蛋类、速溶咖啡、速溶茶、水果粉等高值产品的干燥；在军需、远洋、登山、宇航、旅游和婴儿食品生产中等应用前景良好。

（三）冷冻干燥设备

冷冻干燥设备有间歇式和连续式两种。目前食品生物工业采用的冷冻干燥设备多为箱式或圆桶型。根据物料种类可采用冻结与干燥分开或联合在一设备中完成。

连续式冷冻干燥常见的干燥器有以下几种类型：旋转平板式干燥器、振动式干燥器、带式冷冻干燥器。旋转式平板干燥器的加热板绕轴旋动，转轴上有刮板将物料从板的一边刮到下一板的另一边，逐渐下降，完成干燥。振动式冷冻干燥器内物料的运动是靠板的来回振动（水平面上稍倾斜）。此外还有沸腾床干燥器和喷雾冻结干燥器，干燥过程物料颗粒被空气、氮等气体悬浮，且需在真空条件下干燥，其工业应用的设备成本仍比较高。

冷冻干燥制品应采用隔绝性能良好的包装材料或容器，并采用真空包装或抽真空充气包装，以便较好的保持制品的品质。

小　结

本章主要讲述了浓缩与干燥技术的基本方法及其操作过程。浓缩技术包含了蒸发浓缩、冷冻浓缩以及膜浓缩等等。干燥技术包含了对流干燥、微波干燥以及冷冻干燥。蒸发是食品工业上应用最广泛的浓缩方法。冷冻浓缩适用于热敏性食品物料的浓缩，可避免芳香物质因加热造成的挥发损失。干燥就是指在自然或者人工控制条件下使食品中的水分蒸发的过程。对流干燥是常见的食品干燥方法，可以对固体，膏状物以及液体进行干燥。微波干燥的速度快，并且能保持物料的原色。冷冻干燥又称为升华干燥。在冷冻干燥时，被干燥物料首先要进行预冻，然后再在高真空状态下进行升华。

思考题

1. 什么是浓缩？物料在分离过程中进行浓缩的目的是什么？
2. 常用的浓缩方法有哪些？各有什么特点？
3. 什么是蒸发浓缩？蒸发浓缩有何特点？
4. 试说明冷冻浓缩过程及其特点。
5. 什么是干燥？干燥的目的是什么？常用的热干燥方法有哪些？
6. 什么是湿基水分含量与干基水分含量、平衡水分与自由水分、结合水分与非结合水分？
7. 干燥过程中影响湿热传递的因素主要有哪些？
8. 简要说明对流干燥的传质传热过程。
9. 喷雾干燥基本原理是什么？有何特点？
10. 简述微波干燥、冷冻干燥的基本原理及特点。

第八章 结晶技术

结晶是生物、制药、化工等工业生产中常用的制备纯物质的精制技术，是指溶质以晶态从溶液中析出的过程。因结晶过程具有高度的选择性，结晶操作所用设备简单，操作方便，成本低，且结晶产品的包装、储存、运输和使用都很方便，故许多产品如蔗糖、食盐、氨基酸、有机酸、抗生素、维生素等的精制均采用结晶法。

第一节 结晶基本理论

一、基本概念

（一）晶体的基本知识

一般而言，固体物质有晶体和无定形两种形态。晶体是指构成物质的基本单位（分子、原子或离子）在空间呈有序排列的固体，即组成晶体的质点是有规则地排列在空间呈格子状的晶格结点上，若为无规则排列，则表现为无定形。如蔗糖、食盐、氨基酸等都是结晶形态，而淀粉、蛋白质、酶制剂等则是无定形状态。故晶体具有整齐的、有规则的几何外形，具有均匀性、各向异性、对称性，还具有一定的熔点。由于晶体的有序排列需要一定的时间，故当条件变化缓慢时，有利于晶体的形成；若条件变化剧烈，溶质来不及有序排列就从溶液中析出，易形成无定形沉淀。

（二）饱和溶液与饱和曲线

在一定的温度条件下，溶质在溶剂中的溶解能力是有限度的，将一种溶质加入某种溶剂中，由于分子无规则的热运动，将会同时发生两种可逆的过程：一是溶质分子向溶剂中的扩散过程，称为溶解；另一是溶解的溶质分子扩散到固体溶质表面的过程，称为沉积或结晶。刚开始时，溶解的速度大于沉积的速度，随着溶质的浓度不断增大，沉积的速度逐渐增大，当过程进行到两者速度相等时，溶液达到了动态平衡状态，溶质的浓度不再变化，此时的溶液称为溶质在该温度下的饱和溶液，对应的溶质浓度为该温度下的溶解度。溶解度通常以100g溶剂中所含溶质的克数来表示。当压力一定时，溶解度随温度的变化关系，用温度-浓度图来表示，就是一条饱和曲线，如图8-1所示的AB曲线。由图可知，物质的溶解度随温度的升高而增大，但也有少数物质例外，如红霉素、螺旋霉素等，其溶解度随温度升高反而降低。此外，溶解度的大小还与溶质的分散度有关，微小晶体的溶解度要比普通晶体的溶解度大。

（三）过饱和溶液与过饱和曲线

当溶质浓度超过溶解度时，原有的平衡状态被破坏，溶解的速度小于沉积的速度，

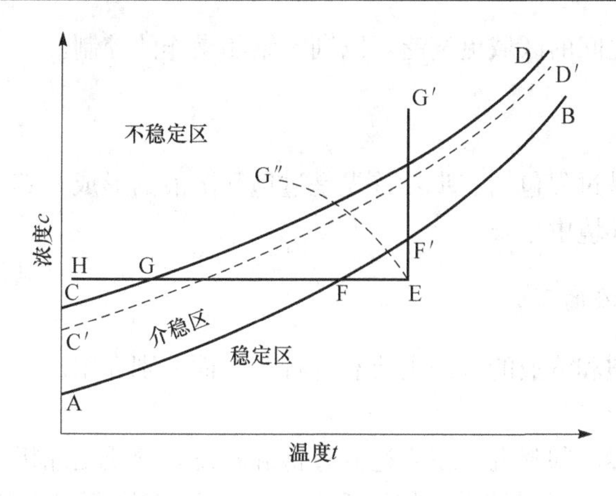

图 8-1　饱和曲线与过饱和曲线

此时的溶液称为过饱和溶液。过饱和溶液是不稳定的，一旦受到外界的刺激（诸如震动、摩擦、搅拌、加入微粒等），都可能使溶质结晶析出，直到溶液回到饱和状态。所以，要使溶质从溶液中结晶析出，必须使溶液处于过饱和状态，且必须产生一定的过饱和度作为结晶的推动力。溶液的过饱和程度可用下式表示：

$$s=\frac{c}{c'}\times 100\%$$

式中　c——过饱和溶液的浓度；

　　　c'——饱和溶液浓度。

如果没有外界影响，过饱和溶液只有达到一定的过饱和浓度，才会自发结晶析出。最先析出的微小颗粒是以后结晶的中心，称为晶核。有结晶自发析出的过饱和浓度随温度变化的关系曲线称为过饱和曲线，如图 8-1 所示的 CD 曲线。

曲线 AB、CD 将浓度-温度图划分为稳定区、介稳区和不稳区三个区域，对应的溶液也处于三种状态。在稳定区，即 AB 曲线以下的区域，溶液尚未饱和，没有结晶的可能。在介稳区，即 AB 曲线与 CD 曲线之间的区域，溶质不会自发结晶析出，但会使已有的晶核吸收溶质长大。如果没有外界刺激，溶液可以长时间保持稳定；若受到外界刺激，则会有结晶析出。该区域通过图 8-1 中的 C′D′ 曲线又可细分为两个区域，靠近 CD 曲线的区域称为刺激起晶区，溶质极易受刺激而结晶析出即产生新晶核；而靠近 AB 曲线的区域为养晶区，不会产生新晶核，但加入晶核，溶质会在晶核上长大，直至浓度回落到饱和线上。在不稳区，即 CD 曲线以上的区域，溶质极不稳定，瞬间自发产生大量晶核，晶核生成的速度很快，往往来不及长大，溶质浓度即降至饱和线上，所以该区域内形成的晶体数量大、粒度小，这在工业结晶中是不利于后续工序的处理的。为了得到颗粒较大而又均匀的晶体，往往把溶液控制在养晶区，通过加入晶种，让晶体缓慢长大，因为该区域内自发产生晶核的可能性很小。

需要说明的是，过饱和曲线与溶解度曲线不同，对一定的溶液而言，其溶解度曲线是恒定的，而过饱和曲线受很多因素的影响而变动，诸如产生过饱和度的速率、有无搅拌、搅拌的强度、有无晶种、晶种的大小与多少等。若产生过饱和的速率越快、搅拌越强、晶种越小，则过饱和曲线越向溶解度曲线靠近。在实际生产中，应尽量控制好各种条件，使两条曲线之间的区域更宽泛，以利于结晶操作的控制。

二、结晶过程分析

如前所述，结晶过程包括三步：首先是过饱和溶液的形成，其次是晶核的产生，然后是晶核在良好的环境中生长。

（一）过饱和溶液的形成

工业上制备过饱和溶液的方法主要有 4 种，下面分别介绍。

1. 饱和溶液冷却

将饱和溶液直接冷却降温，使之达到过饱和状态，溶质结晶析出。该操作过程基本不除去溶剂，又称为等溶剂结晶。如图 8-1 中 EFGH 直线所代表的过程。冷却法适用于溶解度随温度降低而显著减小的场合。如 *L*-脯氨酸、维生素 C、非那西丁、葡萄糖等。如将 *L*-脯氨酸浓缩液降温至 4℃左右并放置 4h，*L*-脯氨酸就会大量结晶析出。根据冷却的方式不同，冷却法可分为自然冷却、强制冷却和直接接触冷却。目前生产中广泛采用的是强制冷却，即采用冷却剂冷却溶液，且两者用固体壁面隔开，其冷却过程易于控制，冷却速率较自然冷却快。

若溶液溶解度随温度升高而显著降低，则宜采用加温结晶。

2. 部分溶剂蒸发

将溶液加热至沸腾使部分溶剂汽化而达到过饱和的方法，又称为等温结晶法。如图 7-1 中 EF′G′直线所示的过程。此法适用于溶解度随温度降低而变化不大的物料（即随温度变化较小，甚至是逆溶解度的物质的结晶），如灰黄霉素、赤霉素、氢化可的松、吗啡等。例如，将灰黄霉素的丙酮萃取液真空浓缩，除去部分丙酮后，灰黄霉素即结晶析出。

因蒸发操作过程热能消耗大，为降低能耗，生产中多采用多效蒸发，以节省加热蒸汽的消耗量。蒸发操作可以在加压、常压或减压下进行，视物料的特性而定。对于热敏性物质的结晶过程，宜采用真空蒸发结晶。如制霉菌素在乙醇中的结晶等。

3. 化学反应结晶法

此法是通过加入反应剂或调节 pH，使体系发生化学反应，生成一种新的溶解度更低的物质，当其浓度达到过饱和时，便有结晶析出。如在头孢菌素 C 的浓缩液中加入醋酸钾即析出头孢菌素 C 钾盐，在红霉素乙酸丁酯提取液中加入硫氰酸盐，便有红霉素硫氰酸盐结晶析出。此外，四环素、氨基酸等水溶液，当其 pH 调至等电点附近时也可析出结晶。

4. 解析法或盐析法

此法是向溶液中加入某种物质，使溶质的溶解度降低，形成过饱和溶液而结晶析出。这些物质统称为抗溶剂或沉淀剂，它们可以是固体、液体或气体，其最大的特点是极易溶于原溶液的溶剂中。最常用的抗溶剂是固体氯化钠，故许多同类书中又将此法称为盐析法。如普鲁卡因青霉素结晶时，加入一定量的氯化钠，结晶更易析出。液体抗溶剂主要是一些亲水性的有机溶剂如甲醇、乙醇、丙酮等。例如，利用氨基酸易溶于水不溶于乙醇的性质，在氨基酸水溶液中加入适量乙醇后氨基酸即可析出，这种方法又称为有机溶剂结晶法；一些易溶于有机溶剂的物质，向其溶液中加入适量水即可析出晶体，此法又称为水析结晶法。另外，还可将氨气直接通入无机盐水溶液中，降低其溶解度使无机盐析出。

当然，在工业生产中，除了单独使用上述各方法外，还常将几种方法合并使用，以强化过饱和程度。例如，制备制霉菌素晶体，就是将制霉菌素的乙醇提取液真空浓缩后再冷却降温，即可结晶析出；味精和柠檬酸结晶也常采用蒸发与冷却两种方法结合使用。

（二）晶核的产生

1. 成核机理

晶核是过饱和溶液中最先析出的微小颗粒，是以后结晶的中心，在结晶过程中起着举足轻重的作用。根据成核的机理不同，晶核的产生分为初级成核和二次成核。

1）初级成核

初级成核是过饱和溶液中自发的成核现象，即溶液中在没有晶体存在的条件下自发产生晶核的过程。晶核是由溶质的分子、原子或离子形成，因这些粒子在溶液中做快速运动，便统称为运动单元，结合在一起的运动单元称为结合体，当结合体逐渐增大到某种极限时，便称为晶坯，晶坯再长大成为晶核，故晶核的产生经历了如下步骤：

运动单元→结合体→晶坯→晶核

根据饱和溶液中有无外来微粒的诱导，初级成核又分为初级均相成核和初级非均相成核。

初级均相成核是指溶液在没有外来微粒诱导时自发产生晶核的现象，在图 8-1 所示的不稳定区内发生，在过饱和度较小的介稳区内不会发生初级均相成核。初级均相成核产生的是大量微小晶体，这是工业生产中不希望出现的情况，因粒度细小不均，产品质量难以控制，也会给结晶后续操作诸如过滤、离心分离等带来困难。故在工业结晶中极少采用初级均相成核。初级非均相成核是指由于大气中的灰尘、发酵液中的菌体、溶液中其他不溶性固体微粒的诱导而生成晶核的现象。

在实际生产中，一般不以初级成核作为晶核的来源，因初级成核难以通过控制溶液的过饱和度来使晶核的产生速率恰好适应结晶过程的需要。

2）二次成核

晶核的形成源于溶液中已经存在的大晶体产生的碎粒称二次成核。二次成核的机理尚不十分清楚，一般认为有剪应力成核和接触成核两种，其中又以接触成核占主导地位。

剪应力成核是指当过饱和溶液以较大的流速流过正在生长中的晶体表面时，在流体边界层上的剪应力会将附着于晶体表面的粒子扫落，大的作为晶核生长，小的则溶解。因只有粒度大于临界粒度（成为稳定晶核的最小粒度，与细菌相当或再大些）的晶粒才能生长，故这种成核的数量很有限。

接触成核是指已有的晶体颗粒在结晶器中与其他固体物接触碰撞时产生的较大的晶体碎粒作为新的晶核。在结晶器中，一般接触成核的概率大于剪应力成核。接触成核一般有三种方式：晶体与搅拌器螺旋浆之间的碰撞；晶体与晶体之间的碰撞；晶体与结晶器壁间的碰撞。其中又以第一种方式为主。

2. 成核速度

研究晶核形成机理及成核速度的目的之一就是为了避免过量细小晶核的生成。成核速度是指单位时间内在单位体积溶液中生成新晶核的数目。成核速度是决定晶体产品粒度及粒度分布的首要因素。工业结晶过程要求有适宜的成核速度，如果成核速度超过要求，必将导致大量细小晶体生成，最终影响产品质量。

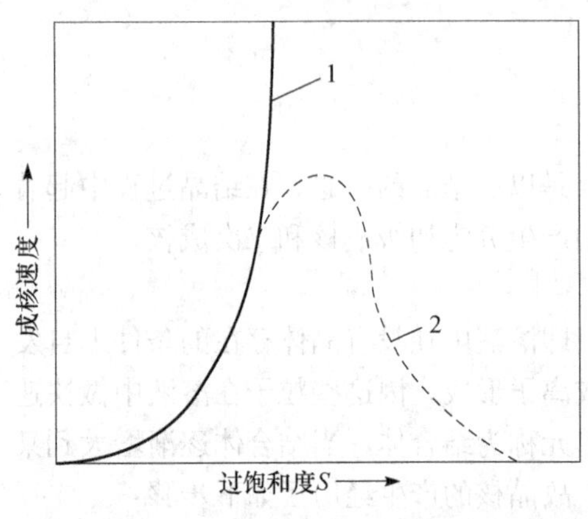

图 8-2　过饱和度与成核速度的关系

影响成核速度的因素主要有以下几个方面：

1）溶液的过饱和度

过饱和度对成核速度的影响如图 8-2 所示，在温度一定的条件下成核速度随过饱和的增加而加快，这就意味着晶核生成量增大，但当过饱和度增大到一定值时再继续增大，成核速度反而下降，这是因为过饱和度太高时，溶液的黏度显著增大，分子运动减慢的结果。由此可见，过饱和度的控制应适应成核的需要。

2）溶液的温度

一般来说，温度对成核速度具有以下影响：在过饱和度一定的情况下，温度升高，成核速度增大，当增大到某一最大值后，温度再升高成核速度反而下降，这是因为温度升高过饱和度下降的结果。

3）溶质的种类

对无机盐类，一般阳离子或阴离子的化合价越大，越不易成核；在相同化合价下，含结晶水越多，越不易成核。对于有机物质，一般结构越复杂，相对分子质量越大，成核速度就越慢。例如过饱和度很高的蔗糖溶液可保持长时间不结晶析出。

当然，影响成核速度的因素除了以上几个方面外，对接触成核而言，还与结晶器中螺旋桨的转速与材质、碰撞的能量、晶体的粒度等有关。尤其是螺旋桨的转速，为了避免过量晶核的产生，螺旋桨一般维持在较低的转速下运行，如发酵产品结晶器的转速一般在 20～50r/min，有的甚至在 10r/min 以下；材质软的桨叶也可使成核量减少。晶体的粒度对成核速度的影响分几种情况，并非所有粒度的晶粒都有机会与桨叶碰撞，一般粒度大的碰撞能量大、概率大，单个晶体的成核速度大，但当晶粒大于某一粒度界限时，晶粒不再参与循环而沉于结晶器的底部。而粒度过小的接触碰撞的频率也小，当小于某一最小值时，其接触成核速度接近于零。

总之，在工业结晶过程中，为有效控制成核速度，应维持稳定的过饱和度，缓慢冷却，尽可能降低晶体的机械碰撞能量及概率，并通过加热、稀释等消除溶液中过量的可能成为新晶核的微粒，调节溶液的 pH 或加入某些具有选择性的添加剂，以改变成核速度。

3. 工业起晶方法

基于成核的机理，工业结晶中有三种不同的起晶方法：

1）自然起晶法

这是最古老的一种起晶方法，是在一定的温度下使溶液蒸发浓缩至不稳区形成晶核，当生成晶核的数量符合要求时，再加稀溶液使溶液浓度降至介稳区，使之不生成新的晶核，溶质即在已有的晶核表面长大。这种方法属于初级成核，要求的过饱和度高，浓缩时间长，溶液色泽深，不易控制，产生的晶体数量和质量都难以保证，现很少采用。

2）刺激起晶法

将溶液先浓缩到介稳区后加入极少量晶核刺激或冷却至不稳区，即产生一定量的新晶核，由于晶核析出使溶液溶解度降低，然后再将溶液浓度控制在介稳区的养晶区内使晶体长大。

刺激起晶法比自然起晶法有了进一步的提高，起晶时间大大缩短，若过饱和度控制准确，可以达到一次析出晶体，但操作需要凭一定的经验才能控制得好。

3）晶种起晶法

是目前普遍采用的起晶方法，具体又分为两种情形：

一是将溶液浓缩或冷却到介稳区的较低浓度区即养晶区，投入一定大小和数量的晶种，使溶液中的过饱和溶质在晶种表面析出长大，同时防止新晶核产生，最后得到预期数量和大小的晶体。晶种直径通常小于0.1mm，可用湿式球磨机置于惰性介质如乙醇、汽油中制得。加入的晶种不一定是同一种物质，溶质的同系物、衍生物、同分异构体均可作为晶种加入，但对纯度要求较高的产品必须使用同种物质起晶。

另一种是二次起晶，如前所述，晶核源于溶液中已有的宏观晶体因两种情形（流体的切应力或接触碰撞）产生的细小微粒。二次起晶溶液过饱和度一般控制在介稳区的刺激起晶区，分离出来的新晶核便继续成长而不溶解。但要实现二次起晶，原来存在的晶体必须具有适宜的粒度才能诱发二次起晶。工业上，采用二次起晶后，还有两种操作方法：一是继续保持溶液的过饱和度，使已形成的晶核继续长大，同时新晶核又不断产生；另一是将过饱和度降低至养晶区，抑制新晶核产生，而专注于已存在晶核的成长。具体采用哪种方法，应根据所要求结晶制品大小及晶核形成和生长的相对速度而定。

晶种起晶法的优点是：操作稳定，易于控制，并可在低过饱和度下进行。起晶后晶体成长速度适宜，粒度均匀，制品质量好。

（三）晶体的生长

当过饱和溶液中已有晶核形成或加入晶种后，溶质质点将以过饱和度为推动力，在晶核表面有序排列而长大，这种现象称为晶体的生长，又称为养晶。晶体的生长主要经历了两步：第一步是以浓度差为推动力的扩散传质过程，即溶液中的溶质由于分子运动的扩散作用，穿过晶体周围的液膜（该液膜称为滞流边界层）到达晶体表面；第二步是表面化学反应过程，即到达晶体表面的溶质在适当的晶格位置长入晶面，使晶体长大，同时放出结晶热。大多数物质结晶热不大，可忽略。

在工业上，通常希望得到颗粒粗大而均匀的晶体，而在结晶过程中，晶核的形成与晶体的生长往往是同时进行的，没有明显的先后界限，故晶体的大小很大程度上取决于晶体生长速度与晶核形成速度之间的对比关系。若晶核形成速度大大超过其生长速度，则过饱和度主要用来生成新的晶核，因而得到的晶体细小，甚至是无定形沉淀；反之，若晶体生长速度大于成核速度，则可得到粗大均匀的晶体。因此，控制好两者的相对速度，是结晶操作的关键。在晶体的生长阶段，为了保证晶体的生长，应尽可能减少或避免晶种以外的晶核（又称伪晶）产生。

影响晶体生长的因素主要有溶液的过饱和度、温度、搅拌速度和溶液中的杂质等。

1）过饱和度

过饱和度是结晶过程的推动力，适当地增大过饱和度，可提高结晶速度，但过大，就会带来负面影响。若大到使成核速度过快，最终得到的晶体细小；若使晶体生长速度过快，容易在晶体表面产生液泡，也易形成针状、片状结晶，影响结晶质量。因此，在晶体的生长阶段，最好将溶液的过饱和度控制在养晶区内，使新晶核形成受抑制，而专注于已形成晶核的长大，即保证晶体的生长速度大于成核速度。

2）温度

经验表明，温度对晶体生长速度的影响要比成核速度显著，故适当升高温度，有利于提高晶体生长速度，但也不宜过高，否则会使溶解度增大，结晶速度反而会下降；但对生物大分子物质的结晶，应在低温条件下进行，以保证生物物质的活性。但温度过低，也会带来溶液黏度大、结晶速度变慢的问题。

值得注意的是，不仅温度的高低会影响结晶，温度的变化速率也会对结晶过程带来影响，尤其是对冷却法结晶，要控制好降温速率。如果降温速率过快，溶液很快达到过饱和，得到的结晶产品细小；若降温速率缓慢，则结晶产品粒度大。

3）搅拌

适当的搅拌可提高成核速度，同时也利于溶质扩散而提高晶体生长速度；但搅拌速度过快会增加晶体的剪切破碎使成核速度过大，经验表明，搅拌越快，晶体越细。工业生产中，一般应根据物料的特性，通过大量实验，确定适宜的搅拌速度，获得最佳的晶体粒度。

4）杂质

杂质对晶体生长速度的影响有多种情况。有的杂质能抑制晶体的生长；有的则能促进晶体生长；有的还能对同一晶体的不同晶面产生选择性的影响，从而改变晶体外形；有的在极低的浓度下就会对结晶产生影响；有的却需要在极高的浓度下才能起作用。

杂质对晶体生长影响的方式也各不相同，有的是通过改变晶体表面的滞流边界层的特性，而影响溶质穿过边界层长入晶面；有的是杂质附着在晶体表面，使晶体生长受阻；有的是杂质和晶体的晶格有相似之处，杂质有可能长入晶体内而产生影响。

综上所述，就晶体的生长而言，要想获得比较粗大而均匀的晶体，一般过饱和度不宜太高，温度不宜太低，搅拌不宜太快，确保晶核的产生速度大大小于晶体的生长速度，而使原有的晶核不断成长为晶体。

第二节 结晶操作类型

结晶操作的类型一般可根据两种情形来分，一是根据溶液产生过饱和的方式不同，可分为蒸发结晶、冷却结晶、解析（盐析）结晶和反应结晶；二是根据结晶操作的方式不同，可分为分批结晶和连续结晶。第一种情形前面已介绍，本节主要介绍分批结晶和连续结晶。

一、分批结晶

分批结晶操作是分周期进行的，即把待结晶的料液批量投入合适的结晶设备，结晶过程完成后全部放出，然后再投入新的料液，开始新一轮的结晶操作。一般情况下，分批结晶操作主要经历如下过程：

结晶器的清洗→物料一次性加入结晶器→用适当的方法产生过饱和→起晶→晶体的生长→晶体排除结晶器

在上述过程中，第 3、4、5 步是操作控制的关键。为了获得粒度均匀的产品，必须把过饱和度控制在适宜的区域内，工业结晶操作通常采用晶种起晶，过饱和度通常控制在养晶区内。但是，随着结晶的进行，溶质不断析出，溶质浓度有下降的趋势，必须采用冷却降温或蒸发浓缩的方法，以维持一定的过饱和度（将其控制在养晶区内），并防止不需要的晶核形成。这就要求冷却速度或蒸发速度要与结晶的生长速度相适应。下面以加入晶种进行分批冷却结晶为例加以说明。

图 8-3 为加晶种时两种不同的降温速度对结晶过程的影响。图 8-3a 为迅速冷却时的情形。因迅速降温，溶液很快达到过饱和，在晶种长大的同时，又产生大量新晶核，因大量溶质的瞬间析出，使溶液很快降至饱和状态，结晶过程停止，于是得到大量细小晶体。

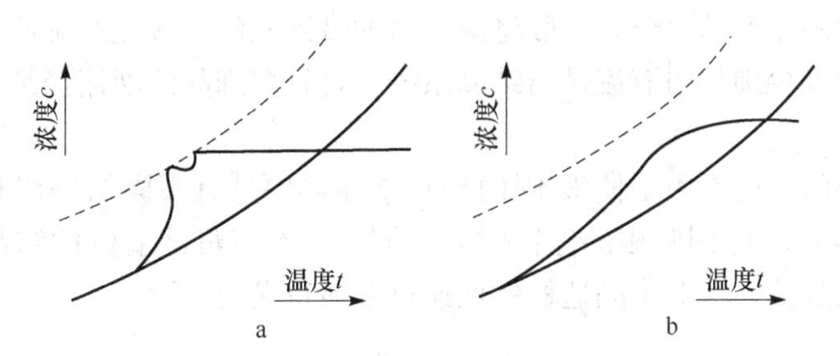

图 8-3 加晶种时降温速度对结晶的影响

a. 迅速冷却；b. 缓慢冷却

图 8-3b 为加晶种慢速冷却。因缓慢冷却，避免了过饱和度的大起大落，降温速度得以控制，使其与晶体的生长速度相适应，避免了新晶核的产生，操作过程中过饱和度维持稳定，从而可以得到预期粒度的均匀晶体。

目前，我国发酵产品的结晶过程仍以分批操作为主。分批结晶操作的主要优点是设备简单，操控容易，能生产出指定纯度、粒度及粒度分布的合格产品。缺点是相对于连续结晶操作成本高，操作和产品质量的稳定性差。

二、连续结晶

当结晶的生产规模达到一定水平后，为了降低成本，缩短生产周期，通常采用连续结晶。在连续结晶过程中，料液不断地被送入结晶器内，通过适当的方法形成过饱和溶液，然后在结晶器内同时发生晶核的形成和晶体的生长过程，在这个过程中，为了得到符合质量要求的产品粒度及粒度分布，稳定操作，提高收率，往往还要同时进行“细晶消除”、“清母液溢流”、“分级排料”等几个重要的操作，以便得到符合质量要求的晶粒。

（一）细晶消除

即消除不必要的细小晶粒。在连续结晶过程中，晶核的形成速度较难控制，使晶体数量过多，粒度过小，粒度分布过宽，而且还会使结晶收率降低。为此，“细晶消除”就成为连续结晶操作中，提高晶体平均粒度、缩小粒度分布、提高结晶收率必不可少的操作。

常用的细晶消除办法是在结晶器内部或下部设一个澄清区，在此区域内，晶浆以很低的速度上流，细小的晶粒则随着流体从澄清区溢流而出，进入细晶消除系统，用加热或稀释的办法使之溶解，然后经循环泵送回到结晶器中；而较大的晶粒因有很大的沉降速度，当沉降速度大于晶浆上流速度时，晶粒沉降下来，回到结晶器的主体部分，重新参与器内晶浆循环而继续长大，最后排除结晶器进入分级排料器。

（二）清母液溢流

清母液溢流是调节结晶器内晶浆密度的重要手段。增加清母液溢流可有效提高器内晶浆密度。从澄清区溢流出来的母液中，总是含有一些小于某一粒度的细小晶粒，为了避免流失过多的固相产品组分，一般将溢流出的带细晶的母液先经旋液分离器或湿筛分离，然后再将含极少细晶的液流排出结晶系统，含较多细晶的液流经细晶消除后回到结晶器中。

清母液溢流的主要作用是使液-固两相在结晶器中具有不同的停留时间。在无清母液溢流的结晶器中，液-固两相的停留时间相同；在有清母液溢流的结晶器中，固相的停留时间可延长数倍，这对结晶这样的低速过程显得尤为重要。

（三）分级排料

为了实现对晶体粒度分布的调节，在混合悬浮型连续结晶器中常采用这种方法。它是将含有晶体的混合液从结晶器流出之前，先使其流过一个分级排料器，然后排出系统。分级排料器可以是淘析腿、旋液分离器或湿筛，它可将大小不同的晶粒分级，其中小于产品分级粒度的晶体被送回结晶器继续长大，达到产品分级粒度晶体作为产品排出系统。分级排料装置是控制颗粒大小及粒度分布的重要措施。

与分批结晶相比，连续结晶具有以下优点：

(1) 生产周期短，节省劳动力费用。

(2) 对于冷却法和蒸发法采用连续结晶操作费用低，经济性好。

(3) 相同生产能力则投资少，占地面积小。

(4) 产品粒度大小和分布可控，容易保证产品质量，收率高。

(5) 连续结晶操作参数相对稳定，易于实现自动化控制。

但是连续操作也有缺点，主要有：

(1) 换热面和器壁上容易产生晶垢，并不断积累，使运行后期的操作条件和产品质量逐渐恶化，而清理机会少于分批结晶。

(2) 设备结构复杂，操作控制要求更严格。

(3) 和操作良好的分批结晶相比，产品平均粒度较小。

三、影响晶体质量的因素及其控制

结晶产品的质量主要体现在晶体的大小、形状和纯度上。工业上通常希望得到粗大均匀的高纯度晶体。在结晶过程中，影响产品质量的因素很多，现就主要的方面进行分析。

（一）影响晶体大小的因素及其控制

如前所述，晶体的大小在很大程度上取决于晶核形成速度与晶体生长速度之间的对比关系。在结晶过程分析中，曾分别讨论了影响成核速度和晶体生长速度的因素，主要有溶液的过饱和度、温度、搅拌速度和杂质等，但实际上晶体的成核与生长往往是同时进行的，须同时考虑这些因素对两者的影响。

适当地增加过饱和度能使成核速度和晶体生长速度都增加，但过饱和度增加过高过快，对成核速度的影响更大，将导致大量不必要新晶核的产生，最终导致产品粒度不均、颗粒细小。因此，应根据结晶过程的不同阶段，控制适宜而稳定的过饱和度。

适当地升高温度也能使成核速度和晶体生长速度加快，但对后者影响更显著，一般而言，低温条件下操作，得到的晶体较细小。利用冷却法结晶时，还要控制好降温速度。若降温过快，溶液很快达到较高的过饱和，则结晶产品细小；若缓慢降温，则结晶产品粒度大。在具体操作中，应根据产品的质量要求，选择适宜的温度和较小的温变范围。

搅拌也能促进成核和加速度晶体生长，但搅拌速度过快这种效果不仅不明显，还会造成大量晶体破碎，经验表明，搅拌越快，晶体越细。一般制备晶种时可快一些。例如普鲁卡因青霉素结晶时的搅拌速度为 1000r/min，而制备晶种时则为 3000 r/min。针对不同的结晶产品，应通过实验来确定适宜的搅拌速度。

此外，晶种的质量也能影响晶体的大小和均匀度，为此要求晶种要有一定的形状、大小，并且比较均匀。

（二）影响晶体形状的因素及其控制

晶体的外部形态也是体现晶体质量好坏的一个方面。一般而言，结晶呈颗粒状质量比较好；若呈片状、针状，因其比表面积大，易包含杂质和母液，质量差。同种物质的晶体，采用不同的结晶方法，得到的晶体形状可以完全不同。晶体外形的变化往往是因为晶体在生长的过程中，某一个方向生长受阻或在另一个方向生长加速所致。结晶过程中，晶体的生长速度、过饱和度、结晶温度、pH、选择不同的溶剂都可以改变晶体的外形，如普鲁卡因青霉素在水溶液中结晶为方形晶体，而从醋酸丁酯中结晶则呈长棒形晶体；又如 NaCl 从纯水中结晶为立方体，若水中含有少量尿素，则为八面体晶形；另外，杂质的存在也会影响晶体的外形，杂质可以附着在晶体表面上，使其生长速度受阻；此外，结晶过程中，晶体生长速度过快，结晶易呈针状、片状。故应控制好相关条件，保证晶体朝着目标晶形生长。

（三）影响晶体纯度的因素及其控制

结晶过程中，母液及其杂质黏附于晶体表面或内部是影响产品纯度的主要因素。母液在晶体中的存在有两种形式：

1. 母液在晶体表面的吸藏

吸藏是指母液及其杂质吸附在晶体表面，如果晶体生长过快，杂质甚至会机械地陷入晶体。因晶体表面具有一定的物理吸附能力，晶体越细小，比表面积越大，表面自由能越高，吸附杂质越多。若不进行处理，必将影响产品纯度。

母液在晶体表面的吸藏可通过洗涤的方式除去，洗涤的关键是洗涤剂的确定和洗涤方法的选择。如果晶体在原溶剂中的溶解度很高，可采用对晶体不易溶解的液体作为洗涤剂，此液体能与原溶剂互溶。例如，从甲醇中结晶出来的物质可用水来洗涤，从水中结晶出来的物质可用甲醇来洗涤。通常采用的洗涤方法是喷淋洗涤法和挖洗法。喷淋洗涤法，操作简单，直接将洗涤液喷洒在过滤分离器中的晶体层（滤饼）上。为保证洗涤效果，应注意几点：

（1）洗涤液要喷洒均匀，防止沟流形成。

（2）滤饼层不能堆积得太厚，否则洗涤液未完全穿过滤饼前，就变成饱和溶液，以致不能有效地除掉母液或其中的杂质。

（3）洗涤时间不能太久，否则会影响结晶收率。

当采用喷淋洗涤不能满足产品纯度要求时，常采用挖洗法，以提高洗涤效果。此法是将晶体从过滤分离器中挖出，放入大量洗涤剂中搅拌，使其充分分散洗涤，然后再进行过滤分离。挖洗法的洗涤效果好，但晶体的溶解量相对较大。

2. 形成晶簇，包藏母液

当结晶速度过大（如过饱和度过高，冷却速度过快），常发生若干晶体聚结在一起，形成晶簇，而晶簇中常机械地包含母液，这种情况也称为包藏。

对于陷入晶体内的杂质及晶簇中包含的母液，用洗涤的方法不能将母液等杂质除去，只能通过重结晶的方法来解决。重结晶是利用杂质和结晶物质在不同溶剂和不同温度下的溶解度不同，将晶体用合适的溶剂溶解后再次结晶，从而使其纯度提高。最简单的重结晶方法是把晶体溶解于少量的热溶剂中，然后冷却使其再结晶，分离后经洗涤，便可获得较高纯度的晶体。若要求产品的纯度很高，可重复结晶多次。

此外，晶体的外形、粒度及粒度分布也会影响到产品的纯度。若晶体呈针状、片状，或大小不均易形成晶簇，包裹母液和杂质而使结晶质量大幅下降。

（四）晶体结块及其控制

晶体结块既影响产品质量又给使用带来不便。引起晶体结块的因素主要有晶体粒度、大气湿度、温度、压力及储存时间等。均匀整齐的晶体结块倾向较小，即使发生结块，因结块结构疏松，单位体积的接触点少，结块易碎。颗粒不均的晶粒结块倾向大，因大晶粒间的空隙易填充细小晶粒，单位体积中接触点增多，结块后不易弄碎。此外，空气湿度大，温度高，受压大，储存时间长都会使结块现象趋于严重。为避免结块，在结晶过程中应控制好晶体的粒度及粒度分布，并储存在干燥、低温、密闭的容器中。

第三节　结 晶 设 备

一、结晶设备的类型

结晶设备的类型可按制备过饱和溶液的方法不同来分类，也可按操作的方式不同分类。

（一）按制备过饱和溶液的方法不同分类

按制备过饱和溶液的方法不同，结晶设备可分蒸发结晶设备、冷却结晶设备、等电点结晶设备、盐析结晶设备和反应结晶设备等。

蒸发结晶设备是通过蒸发溶液中的部分溶剂，使溶液达到过饱和起晶，并不断蒸发以维持溶液在一定的过饱和度下进行养晶。结晶过程与蒸发过程同时进行，故又称为煮晶设备。冷却结晶设备是采用降温来使溶液进入过饱和区结晶，并不断降温以维持一定的过饱和度进行养晶，常用于溶解度随温度下降而显著降低的物质的结晶。

等电点结晶、盐析结晶和反应结晶等设备的形式与冷却结晶设备较相似，在此不一一介绍。

（二）按结晶过程运行的情况不同分类

按结晶过程运行的情况不同，结晶设备又可分为分批式结晶设备和连续式结晶设备。分批式结晶设备结构简单，操作控制容易，结晶质量较好，收率高，但设备利用率低，产品质量不够稳定，操作的劳动强度大。连续式结晶设备生产能力大，产品质量均匀，劳动强度低，但设备结构比较复杂，结晶颗粒较细小，操作控制比较困难，动力消耗大。

二、典型结晶设备介绍

（一）立式搅拌结晶箱

立式搅拌结晶箱是一种最简单的分批式冷却结晶器。如图 8-4 所示，该结晶器为筒形锅，锅内装有慢速搅拌器，其冷却装置为蛇管，蛇管内通入冷却水或冷却盐水。操作

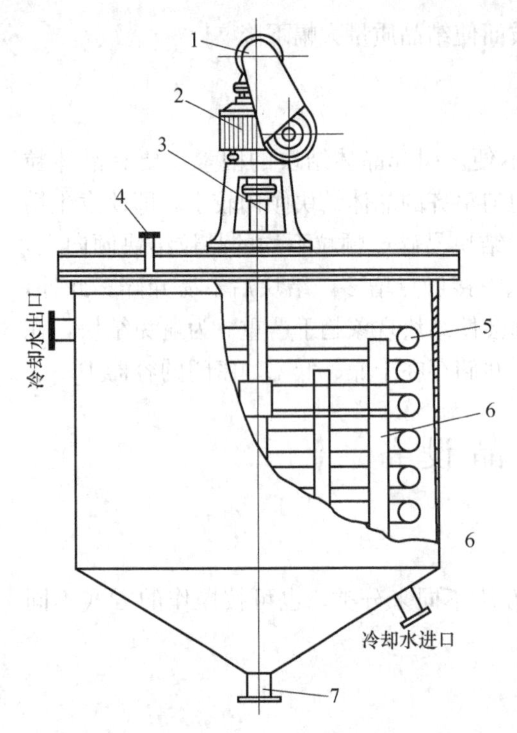

图 8-4　立式搅拌结晶箱

1. 电动机；2. 减速器；3. 搅拌轴；4. 进料口；5. 冷却蛇管；6. 框式搅拌器；7. 出料口

时先将热溶液尽快冷却到过饱和状态，然后放慢冷却速度，以防止进入不稳区，同时加入晶种。一旦结晶开始，溶液温度由于结晶热的放出而有上升的趋势，此时应调整冷却速度，使温度依一定速度缓慢降低，待大部分溶质在晶种表面析出以后，可增加冷却速度以达到最终温度。

立式搅拌结晶箱密封性好，适用于易氧化、产量小、结晶周期较短的产品的结晶，如柠檬酸结晶。对于产量较大，周期较长的结晶，多采用卧式结晶槽。

（二）卧式搅拌结晶槽

如图 8-5 所示，卧式搅拌结晶槽为一敞式或闭式的卧放长槽，底为半圆形。槽外具有冷却水夹套，槽内装用有两组分别左右旋转的螺条形搅拌桨叶，搅拌速度很慢，一般在 0.45～1.6r/min。操作时，热的溶液从槽的一端连续加入，冷却水在夹套内与溶液呈逆流流动，为了控制晶体的粒度，有时需要在某些段间通入额外的冷却水，若操作调节得当，在距加料口不远处就会有晶核产生，这些晶核随着溶液在结晶器中缓慢移动而均匀成长。螺条形搅拌桨叶除了起搅拌及输送晶体的作用外，其重要的功能是防止晶粒聚集在冷却面上，且容积大，转速慢，晶体不易破碎，故可获得粒度很均匀的晶体，也不易形成晶簇，因而产品杂质含量少。为避免螺条形搅拌桨叶与槽底发生刮片作用而使晶粒磨损，产生大量不需要的细晶，螺条形搅拌桨叶与槽底间的间隙应控制在 13～15mm 内。

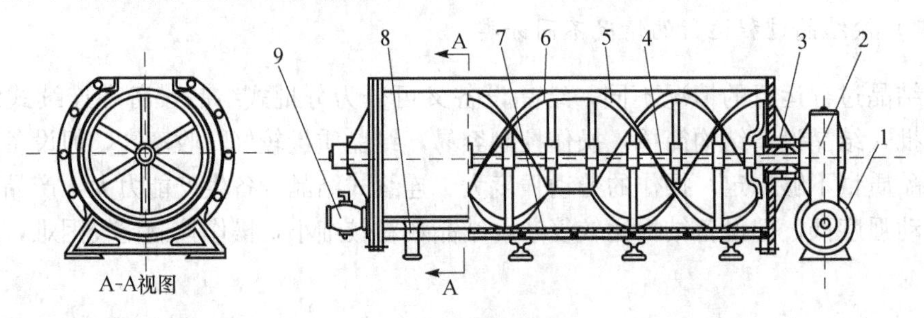

图 8-5　卧式搅拌结晶槽

1. 电动机；2. 涡杆涡轮减速箱；3. 轴封；4. 轴；5. 左旋搅拌桨叶；6. 右旋搅拌桨叶；7. 夹套；8. 支脚；9. 排料阀

卧式搅拌结晶箱占地面积小，可连续地进料和出料，生产能力大，劳动强度低，适用于葡萄糖、谷氨酸钠等卫生条件要求高、产量大、生产周期比较长的物质的结晶或助晶。

（三）真空结晶器

真空结晶器又称为真空煮晶锅。其结构如图 8-6 所示，是一个带搅拌的夹套加热蒸发器。整个设备主要由加热蒸发室、加热夹套、气-液分离器、搅拌器等组成。加热室的内表面（与料液接触部分）采用不锈钢材料，以保证产品品质。

加热蒸发室为一圆筒形壳体，下部为加热室，上部为汽液分离室；加热室四周焊有加热夹套，夹套宽度为 30～60mm，夹套高度按蒸发所需传热面积而定，夹套上安装有进加热蒸汽管、压力表、不凝气体排放阀和冷凝水排除阀；煮晶锅顶部装有气液分离器，以分离二次蒸汽所夹带的雾沫；器内的搅拌装置多采用锚式搅拌器，其与锅底的间距为 20～50mm，转速一般在 6～15r/min。器身上下都装有视镜，以观察器内溶液的沸腾情况，溶液的浓度，溶液中晶粒的大小和粒度分布以及雾沫夹带的高度等。锅体上还开有方便清洗和检修的人孔。此种结晶器特别适用于结晶速度快、容易自然起晶、晶体粒度要求较大的产品的结晶。目前，我国味精厂的味精（带一个结晶水的谷氨酸钠盐）生产多采用这种形式的结晶设备。

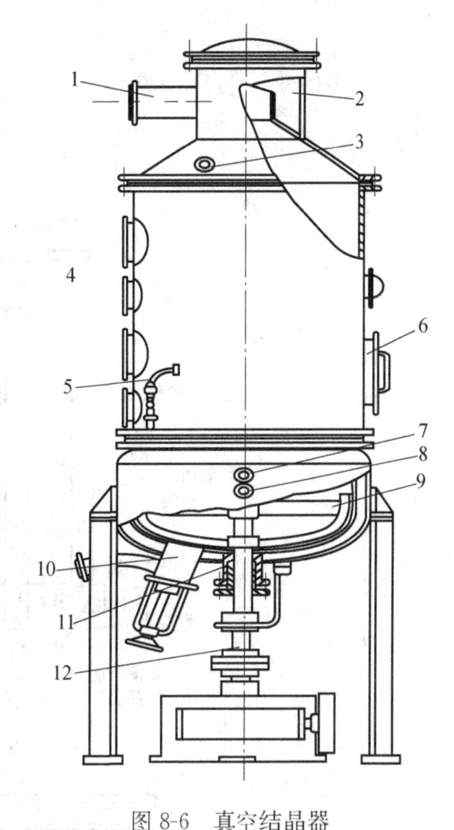

图 8-6 真空结晶器

1. 二次蒸汽排出管；2. 气液分离器；3. 清洗孔；4. 视镜；5. 吸液孔；6. 人孔；7. 压力表孔；8. 蒸汽进口管；9. 锚式搅拌器；10. 排料阀；11. 轴封填料箱；12. 搅拌轴

此外，还有一种真空结晶器，又称真空闪蒸结晶器，其主体结构非常简单，器内无换热面。其操作原理是把溶液送入密封且绝热的容器中，在器内维持较高的真空度，使溶剂在高真空下闪急自蒸发，从而达到溶液冷却浓缩的结晶方法。溶剂蒸发所消耗的汽化潜热由溶液降温放出的显热及溶质结晶析出放出的结晶热来平衡。故这类结晶器既有蒸发浓缩的作用，又有冷却降温的作用，溶液正是通过这两种作用来达到过饱和的。在这类结晶器里，因无换热面，避免了器内产生晶垢的缺点。此类结晶器特别适用于热敏性物质的结晶。

上述介绍的几种结晶器在发酵工业上使用比较广泛。

（四）DTB 型结晶器（导流筒-挡板型连续结晶器）

DTB 型结晶器是一种高效能的通用连续结晶器，其结构如图 8-7 所示。

结晶器上部是汽液分离室，以防止雾沫夹带而造成溶质损失。下部设置了导流筒，在导流筒周围设置有环型挡板，环型挡板将结晶器分隔为晶体生长区和澄清区，挡板与器壁间构成的环隙通道为澄清区，挡板与导流筒之间构成了晶体生长的循环通道。在导流筒内设有螺旋桨搅拌器，在缓慢旋转的螺旋桨的推动下，晶浆在筒内自下而上流出筒

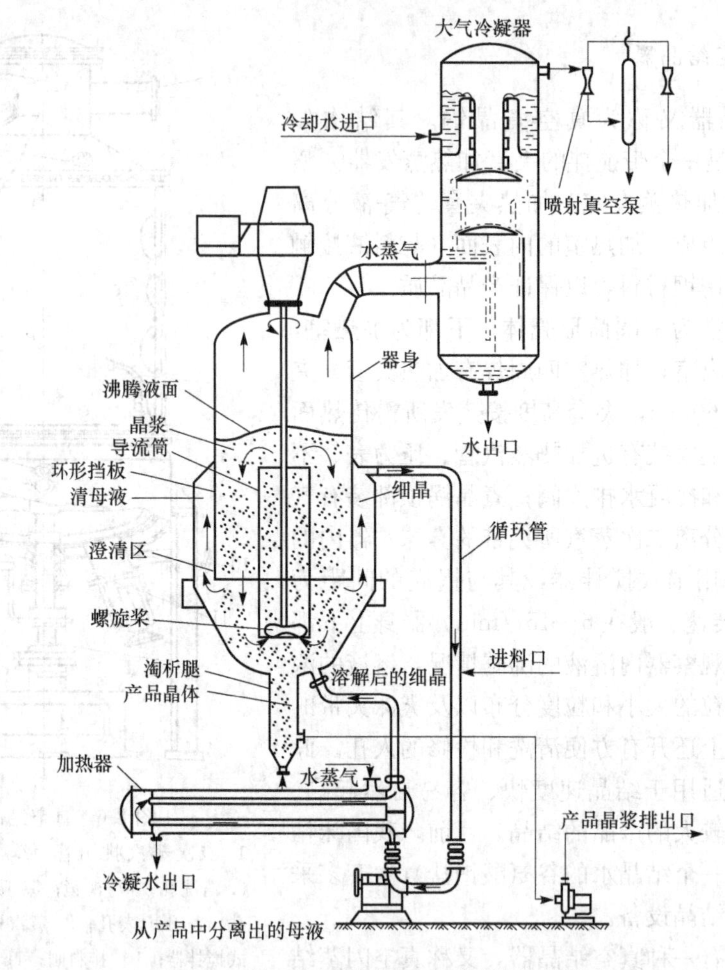

图 8-7 具有淘析腿的 DTB 型连续结晶器

外，再折而向下流动，在筒内外形成了良好的对流循环，只要很低的压头（1～2kPa），器内晶浆就能实现良好的循环混合，并使晶浆密度高达 30%～40%。在澄清区中，因无搅拌的影响，使晶体得以从母液中沉降分离，只有细小的微粒随母液从澄清区的顶部排除，进入母液外循环通道，溢流出的微晶，通过此循环通道进入加热器或细晶溶解器，消除细晶后再送回结晶器中，从而实现对微晶量的控制。

对于真空冷却法和蒸发法结晶，沸腾液体表面层是产生过饱和趋势最强的区域，在此区域存在着进入不稳区而产生大量晶核的危险。由于导流筒直接把高密度的晶浆送到此处，从而有效地消耗不断产生的过饱和度，使过饱和度始终维持在较低的水平。

在该类结晶器中，旋转叶轮对晶体的碰撞成核是二次成核的主要来源。该类结晶器循环流动所需的压头低，螺旋桨可在很低的转速下工作，从而有效控制了二次成核的速度，这是 DTB 型结晶器能够产生粒度较大晶体的原因之一。

结晶器单位体积的晶体产量取决于过饱和度、晶体的生长速度及晶体的表面积，而晶体表面积又与晶浆密度及晶体粒度等有关。在 DTB 型结晶器中，晶浆的流动循环好，保证了较高的生长速度，同时，高密度的晶浆也为结晶提供了较大的生长表面，又因器内良好的循环，各处的过饱和度及晶浆密度都较均匀，使其过饱和度控制较一般结晶器高，从而具有较高的生产强度。

此外，DTB结晶器能有效防止晶垢的形成。对于蒸发法和真空冷却法结晶，最易产生晶垢的部位是沸腾液面处和结晶器的低部。而DTB型结晶器良好的内循环使底部不易积垢。至于沸腾液面处，因导流筒把高密度的晶浆直接送到此处，使过饱和度较低，同时还把液面处的沸腾范围约束在导流筒的周围，使得器壁处的结晶倾向大为减小。在通常情况下，这种结晶器可连续运行3个月到1年，而不需清理晶垢。

实践证明，DTB型结晶器性能良好，能生产出粒度较大的晶粒（粒度可达0.6～1.2 mm)，生产强度高，器内不易结晶垢。它已成为连续结晶器的主要形式之一，可用于真空冷却法、蒸发法、直接接触冷冻及反应法结晶操作，在化工、食品、制药等行业得到广泛应用。

小 结

本章以结晶过程为主线，对结晶基本理论进行了详细阐述；在此基础上介绍了结晶操作类型，分析了影响结晶的因素及其操作控制；介绍了常用的结晶操作设备。通过本章学习，应重点掌握结晶基本原理及结晶各过程的控制要点，熟悉结晶操作类型，了解典型结晶设备的性能和特点。

思考题

1. 什么是结晶？晶体有哪些特性？
2. 结晶与无定形沉淀有何异同？
3. 什么是溶解度与溶解度曲线、过饱和度与过饱和曲线？
4. 工业上制备过饱和溶液的方法有哪些？指出每种方法的适用范围。
5. 什么是晶核、初级均相成核和初级非均相成核？
6. 什么是二次成核？二次成核的机理是什么？
7. 影响成核速度和晶体生长速度的因素主要有哪些？应如何控制？
8. 工业上常用的晶种起晶法，分为哪两种情形？
9. 影响晶体质量的因素有哪些？如何保证产品质量？
10. 常用的结晶设备有哪些？各自的性能、特点如何？

第九章　基础实验篇

实验一　酵母细胞的破碎及破碎率的测定

（一）实验目的

（1）掌握超声波破碎细胞的原理和操作。

（2）掌握超声波破碎仪的使用。

（3）学习细胞破碎率的评价方法。

（二）实验原理

频率超过15～20kHz的超声波，在较高的输入功率下（100～250W）可破碎细胞。其工作原理是：超声波细胞粉碎机由超声波发生器和换能器两个部分组成。超声波发生器是将220V、50Hz的单相电通过变频器件变为20～25Hz、约600V的交变电能，并以适当的阻抗与功率匹配来推动换能器工作，做纵向机械振动，振动波通过浸入在样品中钛合金超声嘴对破碎的各类细胞产生空化效应，从而达到破碎细胞的目的。

（三）实验器材

超声波振荡器，显微镜，酒精灯，载玻片，血细胞计数板，接种针。

（四）试剂和材料

（1）酵母细胞悬浮液。0.2g/mL的啤酒酵母悬浮于50mmol/L乙酸钠-乙酸缓冲溶液（pH为4.7）。

（2）土豆培养基。土豆去皮切块200g，琼脂20g，蔗糖20g，蒸馏水1000mL。选优质土豆去皮切块，加水煮沸30min，然后用纱布过滤，再加糖及琼脂，溶化后补充加水至1000mL，115℃灭菌20min。

（五）操作步骤

1. 啤酒酵母的培养

1）菌种活化

将酵母菌种转接至斜面培养基上，28～30℃，培养1～2d，培养成熟后，用接种环取一环酵母菌至8mL液体培养基中，28～30℃，培养24h。

2）扩大培养

将培养成熟的8mL液体培养基中的酵母菌全部转接至80mL液体培养基的锥形瓶

中，28～30℃，培养15～20h。

2. 破碎前计数

取1mL酵母细胞悬浮液经适当稀释后，用血细胞计数板在显微镜下计数。

3. 细胞超声波破碎

1）细胞超声波破碎

将80mL酵母细胞悬浮液放入100mL容器中，液体浸没超声嘴1cm，打开开关，将频率钮设置至中挡，超声破碎1min，间歇1min，破碎20次。

2）细胞计数

取1mL破碎后的细胞悬浮液经适当稀释后，滴一滴在血细胞计数板上，盖上盖玻片，用电子显微镜进行观察，计数。计算细胞破碎率。

3）上清液蛋白质含量测定

破碎后的细胞悬浮液，于12000r/min、4℃离心30min，去除细胞碎片。用Lowry法检测上清液蛋白质含量。

（六）结果与讨论

（1）用显微镜观察细胞破碎前后的形态变化。

（2）用两种方法对细胞破碎率进行评价。

一种是直接计数法，对破碎后的样品进行适当的稀释后，通过在血球计数板上用显微镜观察来实现细胞的计数，从而计算出破碎率；另一种是间接计数法，将破碎后的细胞悬浮液离心分离掉固体（完整细胞和碎片），然后用Lowry法测量上清液中的蛋白质含量，也可以评估细胞的破碎程度。

实验二　牛奶中酪蛋白粗品的制备

（一）实验目的

掌握等电点沉淀法的原理和基本操作。

（二）实验原理

一般来说，不同的蛋白质其性质也有所不同。为此，如果需要从蛋白质混合液中分离出某种特定蛋白质，只需利用目标蛋白质与其他蛋白质理化性质的差异，即可达到目的。目前，常用的蛋白质粗级分离方法有等电点沉淀法、有机试剂沉淀法、盐析法等。

牛奶中的主要蛋白质——酪蛋白的pI为4.8，利用等电点时溶解度最低的原理，将pH降至4.8，即可使酪蛋白沉淀出来；酪蛋白不溶于乙醇，又可利用酪蛋白这个性质从酪蛋白粗制剂中除去脂类杂质，以获得纯度较高的酪蛋白。

（三）实验器材

烧杯（50mL），恒温水浴锅，温度计，磁力搅拌器，pH计，离心机，离心管（50mL），抽滤装置，表面皿。

（四）试剂和材料

脱脂奶或低脂奶粉，pH 试纸，0.2mol/L 的乙酸-乙酸钠缓冲溶液（pH 为 4.6），95%乙醇，无水乙醚，乙醇-无水乙醚混合液（1∶1，体积分数）。

（五）操作步骤

1. 酪蛋白粗制品的制备

将 20mL 牛奶（或 2g 脱脂奶粉及 20mL40℃，pH4.6 的醋酸-醋酸钠缓冲溶液）倒入 50mL 烧杯中，在搅拌下缓慢加入 20mL40℃左右的乙酸-乙酸钠缓冲溶液，直到 pH 达到 4.7 左右，可以用酸度计调节。将上述悬浮液冷却至室温，然后 3000r/min 离心 15min，弃上清，收集沉淀，即为酪蛋白粗制品。

2. 洗涤沉淀

将沉淀用少量水（约 6mL）洗涤 3 次，3000r/min 离心 15min，弃上清，留沉淀。

3. 除脂

在沉淀中加乙醇 10mL，搅拌 5min，将悬浊液转移至布氏漏斗中抽滤，用乙醇-乙醚混合液洗涤沉淀 2 次，最后再用乙醚洗涤沉淀 2 次，抽干。

4. 获得酪蛋白纯品

将沉淀摊开在表面皿中，风干后得酪蛋白纯品。准确称量后，计算含量及实际得率。

（六）结果与讨论

(1) 计算实际得率。计算出每 100mL 牛奶所制备出的酪蛋白数量，并与理论产量(3.5%) 相比较。求出实际得率。

(2) 讨论影响得率的因素。

实验三　青霉素的萃取与萃取率的计算

（一）实验目的

(1) 掌握有机溶剂萃取抗生素的原理和技术。

(2) 掌握利用碘量法测定青霉素的含量，并计算出青霉素的萃取率。

(3) 熟练掌握萃取设备的使用。

（二）实验原理

萃取过程是利用混合物质在两个不相混溶的液相中各种组分的溶解度的不同，从而达到分离的目的。pH 为 2.3 时，青霉素在乙酸乙酯中比在水中溶解度大，因而可以将乙酸乙酯加到青霉素混合液中，并使其充分接触，从而使青霉素被萃取浓集到乙酸乙酯中，达到分离提纯的目的。

青霉素分子本身不消耗碘，但在 pH 4.5，温度在 20～25℃时，其经碱水解生成的青霉噻唑酸消耗碘，因此，可根据消耗的碘量计算青霉素含量。

（三）实验器材

分液漏斗，小烧杯，电子天平，酸式滴定管，移液管，容量瓶，量筒，玻璃棒，pH 试纸。

（四）试剂和材料

（1）$Na_2S_2O_3$（0.1mol/L）。取 $Na_2S_2O_3$ 约 2.6g 与无水 Na_2CO_3 0.02g，加新煮沸过的冷蒸馏水适量溶解，定容到 100mL。

（2）碘溶液（0.1mol/L）。取碘 1.3g，加 KI 3.6g 与水 5mL 使之溶解，再加 HCl 1～2 滴，定容到 100mL。

（3）HAc-NaAc（pH4.5）缓冲液。取 83g 无水 NaAc 溶于水，加入 60mL 冰醋酸，定容到 1L。

（4）NaOH 液（1mol/L）、HCl 液（1mol/L）、淀粉指示剂、乙酸乙酯、稀 H_2SO_4、蒸馏水。

（5）Dowex50 的处理。Dowex50 用蒸馏水充分浸泡后，用 6mol/LHCl 浸泡煮沸 1h，然后用蒸馏水洗去 HCl 至树脂呈中性，换 15%NaOH 浸泡 1h，用蒸馏水洗去 NaOH 至树脂呈中性，最后用 pH 4.2 柠檬酸钠缓冲液浸泡备用。

（五）操作步骤

1. $Na_2S_2O_3$ 的标定

取 $K_2Cr_2O_7$ 0.15g 于碘量瓶中，加入 50mL 水，使之溶解，再加 KI2g，溶解后加入稀 H_2SO_4 40mL，摇匀，密闭，在暗处放置 10min，取出后再加水 250mL 稀释，用 $Na_2S_2O_3$ 滴定临近终点时，加淀粉指示剂 3mL，继续滴定至蓝色消失，记录 $Na_2S_2O_3$ 消耗的体积。

2. 青霉素的萃取

（1）用电子天平称取 0.12g 青霉素钠，溶解后定容到 100mL。

（2）取 15mL 乙酸乙酯液，用稀 H_2SO_4 调节 pH 在 2.3～2.4，准确移取 10mL 青霉素钠溶液与乙酸乙酯溶液融合，置于分液漏斗中，摇匀，静置 30min。

（3）溶液分层后，将下层萃余相置于烧杯中备用，将上层萃取液回收。

3. 萃取率的计算

（1）取 5mL 定容好的青霉素钠溶液于碘量瓶中，加 NaOH 溶液 1mL，放置 20min，再加 1mLHCl 溶液与 5mLHAc-NaAc 缓冲液，精密加入碘滴定液 5mL，摇匀，密闭，在 20～25℃暗处放置 20min，用 $Na_2S_2O_3$ 滴定液滴定，临近终点时加淀粉指示剂 3mL，继续滴定至蓝色消失，记录 $Na_2S_2O_3$ 消耗的体积（$V_{前}$）。

（2）另取 5mL 定容好的青霉素钠溶液于碘量瓶中，加入 5mLHAc-NaAc 缓冲液，再精密加入碘滴定液 5mL，用滴定液滴定至蓝色消失，记录 $Na_2S_2O_3$ 消耗的体积（$V_{空白}$）。

（3）取萃余相 5mL 于碘量瓶中，按步骤（1）的方法进行测定，记录 $Na_2S_2O_3$ 消耗的体积（$V_{后}$）。

（六）结果与讨论

（1）数据处理。

① 根据 $Na_2S_2O_3$-I_2 2∶1，分别计算操作步骤（3）中各步滴定的碘的量 m_{I_1}、m_{I_2}、m_{I_3}。

② 萃取前与青霉素反应的碘：总 $m'_{I_2}=m_{I_2}-m_{I_1}$；

萃取后与青霉素反应的碘：余 $m''_{I_2}=m_{I_2}-m_{I_3}$。

③ 根据青霉素-I_2 1∶8 计算：萃取前后青霉素的含量。

④ 计算。萃取率=(萃取前青霉素含量－萃取后青霉素含量)/萃取前青霉素含量。

（2）讨论。pH 的调节在提高青霉素萃取效率方面的重要性。

实验四　纸层析法分离氨基酸

（一）实验目的

通过对氨基酸的分离和鉴定，学习掌握纸层析的基本原理及操作方法。

（二）实验原理

层析法又称色谱分析法，是生化技术最常用的分离方法之一。这种方法是由一种流动相带试样流经固定相，从而达到分离试样中各种组分的目的。层析法按其分离原理，可分为吸附层析、分配层析、离子交换层析和排阻层析（分子筛层析）。

纸层析是一种分配层析，其以层析滤纸为惰性支持物，滤纸纤维与水有较强的亲和力，能从移动的溶剂前沿中优先吸收水分子。通常以含水的有机溶剂作为展层剂，结合于滤纸纤维上的水为固定相，有机溶剂为流动相，根据各物质在这两相中溶解度不同将其分离。在一定温度下分配达到平衡时，溶质在这两种溶剂中的浓度比是一个常数，称为分配系数。

层析时，滤纸一端浸入展层剂，有机溶剂连续通过点有样品的原点处，溶质中的各种物质依据本身的分配系数在两相间进行分配。分配过程：一部分溶质随着有机相移动离开原点进入无溶质区，并进行重新分配，不断向前移动。随着有机相不断向前移动，溶质不断地在两相间进行可逆的分配。由于各种物质的分配系数不同，随展层剂移动的速率也不同，从而达到分离的目的。移动速率可用比移 R_f 表示。

$$R_f = \frac{\text{原点到层析点中心的距离}(b)}{\text{原点到溶剂前沿的距离}(a)}$$

各种化合物在恒定的条件下，经层析后都有自己一定的 R_f 值，借此可以达到分离、鉴定的目的。R_f的大小与物质的极性、滤纸的质地、溶剂的纯度及 pH、层析的温度和时间等因素有关。

层析一般多采用单向层析，即只沿滤纸的一个方向进行层析，若样品中溶质种类较多，且某些溶质在某一溶剂系统中的 R_f 十分接近时，单向层析分离效果不佳，则可采用双向层析。这时，将样品点在一方形滤纸的角上，先用一种溶剂系统展层，滤纸取出干燥后，再将滤纸转 90°角，用另一溶剂系统展层，所得图谱分别与在这两种溶剂系统中作的标准物质层析图谱对比，即可对混合物样品中各组分进行鉴定。

（三）实验器材

层析缸，电吹风机，毛细管，喷雾器，培养皿（9～10cm）。

（四）试剂和材料

1. 材料

层析滤纸（新华一号），针线。

2. 试剂

（1）扩展剂。由 4 份水饱和的正丁醇和 1 份醋酸的混合物作为扩展剂。将 20mL 正丁醇和 5mL 冰醋酸放入分液漏斗中，与 15mL 水混合，充分振荡，静置后分层，放出下层水层。取漏斗内的扩展剂约 5mL 置于小烧杯中作平衡溶剂，其余的倒入培养皿中备用。

（2）氨基酸溶液。0.5%的赖氨酸、甘氨酸、脯氨酸、缬氨酸、亮氨酸溶液及它们的混合液。

（3）显色剂。0.1%水合茚三酮正丁醇溶液。

（五）操作步骤

（1）将盛有平衡溶剂的小烧杯置于密闭的层析缸中。

（2）制作滤纸条。取层析滤纸一张（裁剪成 22cm×14cm），在纸的一端距边缘 2～3cm 处用铅笔轻轻地划一条直线，在此直线上每间隔约 2cm 处做一记号。

（3）点样。用毛细管将各氨基酸样品分别点在这几个位置上；干后再点一次。每次点在纸上扩散的直径最大不超过 3mm。

（4）扩展。将点样后的滤纸两侧对齐，用线将滤纸缝成桶状，纸的两边不能接触。避免由于毛细现象溶剂沿边缘快速移动而造成溶剂前沿不齐，影响 R_f。将盛有约 20mL 扩展剂的培养皿迅速置于密闭的层析缸中，将滤纸直立于培养皿中（点样的一端在下，

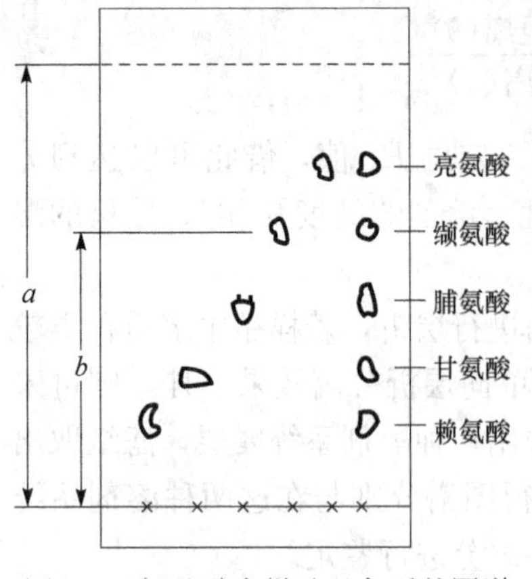

图 9-1　氨基酸点样及显色后的图谱

扩展剂的液面需低于点样线 1cm）。待溶剂上升 15～20cm 时即取出滤纸，用铅笔描出溶剂前沿界线，自然干燥或用吹风机热风吹干。

（5）显色。用喷雾器均匀喷上 0.1%茚三酮正丁醇溶液，用热风吹干即可显得各层析斑点（图 9-1）。

（6）计算各种氨基酸的 R_f

$$R_f = \frac{b}{a}$$

（六）结果与讨论

在缝滤纸筒时为什么要避免纸的两端完全接触?

实验五　离子交换色谱分离氨基酸

（一）实验目的

（1）通过实验掌握装柱、洗脱、收集等离子交换柱层析技术。

（2）掌握离子交换柱层析法分离氨基酸的原理及方法。

（二）实验原理

树脂（惰性支持物）上结合了阳离子或阴离子后，可与样品中阴离子或阳离子化合物结合，当改变溶液的离子强度时，这种结合物又可以解离。

氨基酸是两性电解质，有一定的等电点，在溶液 pH 小于其 pI 时带正电，大于其 pI 时带负电。故在一定的 pH 条件下，各种氨基酸的带电情况不同，与离子交换剂上的交换基团的亲和力亦不同。从而可以在洗脱过程中按先后顺序洗出，达到分离的目的。

（三）实验器材

层析柱 1.2cm×19cm、恒流泵、部分收集器、刻度试管 10mL（×1）、烧杯 250mL（×1）、吸管 1.0mL（×2）。

（四）试剂和材料

（1）732 型阳离子树脂。

（2）柠檬酸缓冲液（洗脱液，0.45mol/L，pH5.3）。称取 57g 柠檬酸，用适量的蒸馏水溶解，加入 37.2gNaOH，21mL 浓 HCl，混匀，用蒸馏水定容至 2000mL。

（3）显色剂（0.5%茚三酮）。0.5g 茚三酮溶于 100mL95%乙醇中。

（4）0.1%$CuSO_4$ 溶液。

（5）氨基酸样品。0.005mol/L 的 Asp 和 Lys（用 0.02mol/LHCl 配制）。

（五）操作步骤

1. 树脂的处理

干树脂经蒸馏水膨胀，倾去细小颗粒，然后用 4 倍体积的 2mol/LHCl 及 2mol/L NaOH 依次浸洗，每次浸 2h，并分别用蒸馏水洗至中性。再用 1mol/LNaOH 浸 0.5h（转型），用蒸馏水洗至中性。

2. 装柱

垂直装好层析柱，关闭阀门，加入柠檬酸缓冲液约 1cm 高。将处理好的树脂 12～18mL 加等体积缓冲液，搅匀，沿管内壁缓慢加入，柱底沉积约 1cm 高时，缓慢打开出门，继续加入树脂直至树脂沉积达 8cm 高，装柱要求连续、均匀，无纹路、无气泡，表面平整，液面不得低于树脂表面。否则要重新装柱。

3. 平衡

将缓冲液瓶与恒流泵相连，恒流泵出口与层析柱入口相连，树脂表面保留 3～4cm 左右的液层，开动恒流泵，以 24mL/h 的流速平衡，直至流出液 pH 与洗脱液 pH 相同（需 2～3 倍柱床体积）。

4. 加样

揭去层析柱上口盖子，待柱内液体流至树脂表面 1.0～2.0mm 关闭出口，沿管壁四周小心加入 0.5mL 样品，慢慢打开出口，使液面降至与树脂表面相平处关闭，吸少量缓冲液冲洗柱内壁数次，加缓冲液至液层 3～4cm，接上恒流泵。加样时应避免冲破树脂表面，避免将样品全部加在某一局限部位。

5. 洗脱

以柠檬酸缓冲液洗脱，洗脱流速 24mL/h，用部分收集器收集洗脱液，4mL/管×20。

6. 测定

分别取各管洗脱液 1mL，各加入显色剂 1mL，混合后沸水浴 15min，冷却，各加 0.1%$CuSO_4$ 溶液 3mL，混匀，测 A_{570nm}。以吸光度值为纵坐标，洗脱液累计体积（每管 4mL，故 4mL 为一个单位）为横坐标绘制洗脱曲线。

以已知氨基酸的纯溶液为样本，按上述方法和条件分别操作，将得到的洗脱曲线与混合氨基酸的洗脱曲线对照，即可确定三个峰为何种氨基酸。

（六）结果与讨论

离子层析法包括哪些步骤？操作中应该注意什么？

实验六　凝胶色谱法分离蛋白质

（一）实验目的

（1）掌握凝胶色谱基本原理。

（2）熟悉凝胶色谱法的操作。

(3) 了解目标物质在色谱柱中洗脱行为与分配系数的关系。

(二) 实验原理

本实验将蓝葡聚糖 200 (分子质量 2000kDa)、细胞色素 C (分子质量 17kDa) 和 DNFP-甘氨酸 (分子质量 0.5kDa) 的混合物通过交联葡聚糖凝胶 G-50 (SepHadex G-50) 的色谱柱以蒸馏水为洗脱溶剂进行洗脱。蓝葡聚糖 2000 分子质量最大，全部被排阻在凝胶颗粒的间隙中，而未进入凝胶颗粒内部，因而洗脱速度最快，最先流出柱，其 $V_e=V_o$ 即 $K_d=0$。DNFP-甘氨酸分子质量最小不被排阻而可完全进入凝胶颗粒内部，洗脱速度最慢，最后流出柱，其 $V_e=V_i+V_o$ 即 $K_d=1$。细胞色素 C 分子质量在上述二者之间，其洗脱速度居中。可以直接从蓝、红、黄三种不同颜色直接观察到三种物质分离的情况，并通过洗脱体积可以计算 V_i、V_o 和各自的 K_d。

(三) 实验器材

玻璃色谱柱 1cm×25cm，蠕动泵，收集器。

(四) 试剂和材料

(1) 交联葡聚糖凝胶 G-50，蓝葡聚糖 2000。配成 2mg/mL 溶液。

(2) 细胞色素 C。配成 2mg/mL 溶液。

(3) DNFP-甘氨酸 (二硝基氟苯-甘氨酸)。

① 称取甘氨酸 0.15g 溶于 10% $NaHCO_3$ 1.5mL 中，调节其 pH 在 8.5～9.0。

② 另取二硝基氟苯 (DNFP) 0.15g，溶于微热的 95% 乙醇 3mL 中，待其充分溶解后，立即倒入甘氨酸液管中。将此管置于沸水浴煮沸 5min (防止乙醇沸溢)，待冷却后加 2 倍体积的 95% 乙醇，可见黄色 DNFP-甘氨酸沉淀，离心 2000r/min，2min 弃去上清液，沉淀用 95% 乙醇洗 2 次，所得沉淀用蒸馏水 1mL 溶解，即为 DNFP-甘氨酸液，备用。

(五) 操作步骤

1. 凝胶的准备

称取交联葡聚糖 G-50 约 4g，置于烧杯中，加蒸馏水适量平衡几次，倾去上浮的细小颗粒，于沸水浴中煮沸 1h (此为加热法溶胀，如在室温溶胀，需放置 3h)，取出，倾去上浮的细颗粒，待冷却至室温后进行装柱。

2. 样品制备

取配置好的蓝葡聚糖 2000、细胞色素 C 和 DNFP-甘氨酸各 0.3mL，混合即可。

3. 装柱

将洗净的色谱柱保持垂直位置，关闭出口，柱内留下约 2.0mL 洗脱液。一次性将凝胶从塑料接口加入色谱柱内，打开柱底部出口，接通蠕动泵，调节流速 0.3mL/min。凝胶随柱内溶液慢慢流下而均匀沉降到色谱柱底部，最后使凝胶床沉降达 20cm 高，操作过程中注意不能让凝胶床表面露出液体，以防色谱床内出现“纹路”。在凝胶表面可盖一圆形滤纸，以免加入液体时冲起凝胶。

4. 加样

用滴管吸去凝胶床面上的溶液，使洗脱液恰好流到床表面，关闭出口，小心把样品（约0.5mL）沿壁加于柱内成一薄层。切勿搅动床表面，打开出口使样品溶液渗入凝胶内并开始收集流出液，计量体积。

5. 洗脱并收集

样品流完后，分3次加入少量洗脱液洗下柱壁上样品，最后接通蠕动泵，调节流速为0.3mL/min，用部分收集器收集，每管1mL。仔细观察样品在色谱柱内的分离现象。用肉眼观察并以一、＋符合记录3种物质洗脱液的颜色及深浅程度。

6. 绘制洗脱曲线

以洗脱体积为横坐标，洗脱液的颜色度（一、＋、＋＋、＋＋＋）为纵坐标（相应指示出洗脱液内物资浓度的变化），在坐标纸上作图，即得洗脱曲线。

（六）结果与讨论

分析洗脱曲线，讨论组分分离情况和试验注意点。

第十章　综合实验篇

实验一　从番茄中提取番茄红素和β-胡萝卜素

天然色素的理化性质各不相同，想从天然物质中提取所需色素，需要研究所需色素的理化性质，根据其理化性质，选择相应的分离纯化工艺除去无效和有害成分即可。

目前，常用的天然物质提取方法主要有：浸渍法、渗漉法、煎煮法、回流提取法等；常用的精制方法有：水提醇沉法（醇水法）、酸碱法、盐析法、离子交换法和结晶法等。近年又开发出一些新的分离和纯化技术，如絮凝沉淀法、大孔吸附树脂法、膜分离法、高速离心法等。

本实验是在研究番茄中的番茄红素和β-胡萝卜素理化性质的基础上，选取了乙酸乙酯浸提、氧化铝吸附层析分离番茄红素和β-胡萝卜素，并对结果进行了检验。本实验由以下内容构成：①类胡萝卜素的提取。②类胡萝卜素的柱层析。③类胡萝卜素的薄层层析检验。④类胡萝卜素的分光光度法测定。

（一）实验目的

（1）掌握从番茄中提取分离β-胡萝卜素和番茄红素的原理与方法。

（2）学习用柱层析和薄层层析分离、检测有机化合物的实验技术。

（3）学会用分光光度法测定β-胡萝卜素和番茄红素的方法。

（二）实验原理

番茄中含有番茄红素和少量的β-胡萝卜素，β-胡萝卜素和番茄红素的分子式均为$C_{40}H_{56}$，相对分子质量为536.85，β-胡萝卜素的熔点184℃，番茄红素的熔点174℃。β-胡萝卜素和番茄红素都是不饱和碳氢化合物，难溶于甲醇、乙醇，可溶于乙醚、石油醚、正己烷、丙酮，易溶于氯仿、二硫化碳、苯等有机溶剂。

根据β-胡萝卜素和番茄红素的上述性质，故可利用石油醚、乙酸乙酯等弱极性溶剂将它们从植物材料中浸提出来。然后，根据它们对吸附剂吸附能力的差异，用柱层析进行分离，用薄层层析检测分离效果。并根据它们在可见光区有强烈吸收的性质，用紫外-可见分光光度法进行测定，β-胡萝卜素的最大吸收峰为451nm，番茄红素的最大吸收峰为472nm。

（三）实验器材

三角瓶（50mL），分液漏斗（150mL），蒸馏瓶（50mL），普通蒸馏装置（或减压蒸馏装置），色谱柱，硅胶薄层板，量筒，烧杯，试管，721型分光光度计，层析缸。

（四）试剂和材料

新鲜番茄，食盐，丙酮，乙酸乙酯，石油醚（60～90℃），无水硫酸镁（或无水硫酸钠），氧化铝（层析用，100～200 目），硅胶（层析用，200～300 目），石油醚：丙酮（3∶2）（体积分数）。

（五）操作步骤

1. 原料处理与色素提取

1）脱水

称取 20g 新鲜番茄果肉，捣碎，置于 50mL 三角瓶中，再加入 5g 食盐，用玻棒搅拌，使食盐与番茄果肉充分混合均匀，设置一定时间，便会看到果肉组织中水分大量渗出[1]。脱水时间持续 15～30min。随后将脱除下来的水分滤入 150mL 分液漏斗中。

2）丙酮提取

向经过食盐脱水的番茄果肉加入 10mL 丙酮，用玻璃棒搅拌，并静置 5～10min。然后将丙酮提取液也滤入分液漏斗中。

3）乙酸乙酯浸提

向经过丙酮处理的番茄果肉加入 10mL 乙酸乙酯浸提 5min[2]。浸提过程中应不时振摇三角瓶，使番茄果肉与溶剂充分接触；若室温过低，可将三角瓶置于温水浴中温热，但应注意不能使浸提溶剂明显挥发损失。5min 后将提取液也滤入分液漏斗中，并用玻璃棒轻压残渣尽量使溶剂流尽。再用乙酸乙酯重复提取 2 次，每次 10mL，合并提取液至分液漏斗中。

4）萃取除水

充分振摇分液漏斗中的混合溶液，静置，完全分层后，分去水层，有机层（酯层）再用蒸馏水洗 2 次，每次 8～10mL，弃去水层。酯层自分液漏斗上口倒入干燥的小三角瓶中，加入适量无水硫酸镁（或无水硫酸钠）干燥 15min（注意：应避光）。

5）获取类胡萝卜素样品

干燥后的酯层滤入 50mL 干燥的蒸馏瓶中，水浴加热，小心蒸馏（最好减压蒸馏）[3]浓缩至 1～2mL。所得浓缩液即为类胡萝卜素样品。

2. 柱层析分离

取一支长 1.5cm×20cm 的层析柱，柱内装有用石油醚调制的层析用氧化铝（100～200 目）[4]。待溶剂液面降至氧化铝柱面顶端时，将粗制的类胡萝卜素用滴管在氧化铝表面附近沿柱壁缓缓加入柱中（留 1～2 滴供以后的薄层层析用），打开活塞，至有色物料在拄顶刚流干时即关闭活塞。用滴管取几毫升石油醚，沿柱壁洗下色素，并通过放出溶剂至柱顶刚流干，从而使色素吸附在柱上。然后加大量的石油醚洗脱。黄色的β-胡萝卜素在柱中移动较快，红色的番茄红素移动较慢。第一步收集的洗脱液是黄色的β-胡萝卜素，待洗脱液清亮无色后用石油醚∶丙酮＝3∶2（体积分数）的混合液洗脱，第二步收集到的洗脱液为红色。最后用丙酮将前两步不能洗脱的剩余组分洗脱下来。分别收集三步洗脱液，用作薄层色谱检测及分光光度法测定。

3. 薄层层析检验

对前面得到的类胡萝卜素样品以及柱色谱分离得到的样品分别进行薄层分析，以检查柱色谱分离效果。

在用硅胶 G 铺成的薄板[5]上距离底边约 1cm 处，分别用毛细管点上三个样品，中间点为未分离的混合物，两边分别点上分离得到的β-胡萝卜素和番茄红素。可以多次点样，即点完一次，待溶剂挥发后再在原来的位置上点样。但要注意，必须在同一位置上点，而且样品斑点尽量小。点样时毛细管只要轻轻接触板面即可，切不可划破硅胶层。样品之间的距离为 1～1.5cm。将此板放入装有石油醚（60～90℃）：丙酮＝3∶2（体积分数）作展开剂的层析缸中，盖上盖子。切勿让展开剂浸没样品斑点。待溶剂展开至 10cm 左右时，取出层析板。因斑点会氧化而迅速消失，故要用铅笔立即圈出。计算不同样品的 R_f，比较不同样品 R_f 大小的原因以及分离效果。

在本实验条件下，薄层检测结果为：β-胡萝卜素，黄色，R_f 为 0.89；番茄红素，深红色，R_f 为 0.84。

4. 类胡萝卜素的分光光度法测定

取柱色谱分离后得到的样品，用石油醚适当稀释至仪器测量范围，然后用 721 型分光光度计分别在 420～520nm 范围测定它们的光密度 E，并做出 E-λ 曲线（每隔 10nm 测定一次光密度）。指出各自最大吸收峰 λ_{max}，并与标准吸收对照鉴定。

（六）注释

[1] 新鲜番茄果肉组织中含有大量水分，类胡萝卜素处在含水量很高的细胞环境中，有机溶剂不易渗透进去，因此，为了提高提取效率，减少提取溶剂用量，应首先用食盐对番茄果肉进行脱水处理。经食盐一次脱水处理后，番茄果肉里仍然含有一定量水分，致使所用提取溶剂无法进入细胞内很好地将类胡萝卜素溶出，故选用弱极性溶剂丙酮对之进一步脱水，同时也会溶出部分类胡萝卜素。为了最大限度地减少类胡萝卜素的损失，故应将前步脱除下来的水分及这一步的丙酮浸提液都滤入分液漏斗中合并处理。经丙酮处理后的番茄果肉便可直接加有机溶剂浸提。

[2] 如用乙酸乙酯提取胡萝卜素，提取液浓缩至 1～2mL 后，应停止蒸馏，拆卸仪器，将蒸馏瓶敞口，让剩余的乙酸乙酯挥发至干，然后再加适量石油醚溶解，所得溶液即为类胡萝卜素样品，用于下一步实验。切不可将经过浓缩的乙酸乙酯提取液直接用于柱色谱分离。

[3] 浓缩提取液时应当用水浴加热蒸馏瓶，最好用减压蒸馏，而且不可蒸得太快、太干，以免类胡萝卜素受热分解破坏。

[4] 氧化铝层析柱的装填方法。将层析柱垂直固定于铁架上，铺上一层薄薄的石英砂，关闭活塞。称取 15g 氧化铝置于 50mL 锥形瓶中，加入 15mL 石油醚（顺序不能反）边加边搅，且不断旋摇直至成均匀浆液（稠厚但能流动），向柱内加入溶剂（石油醚）至半满，然后开启活塞让溶剂以每秒一滴的速度流入小锥瓶中，摇动浆液，不断地逐渐倾入正在流出溶剂的柱子中，不断用木棒或带橡皮管的玻璃棒轻轻敲击柱身，使顶部成水平面，将收集到的溶剂在柱内反复循环几次，以保证沉降完全和装紧柱。整个过

程不能让柱流干。待溶剂刚好放至柱顶刚变干时即可上样。

［5］硅胶G薄层板的制备。将4g硅胶G置于一小烧杯中，加入8mL蒸馏水不断搅拌至糊糊状，倾倒在洗净的玻板上（18cm×6cm），流平，或用涂布器铺板，并轻轻敲打均匀，在室温放置0.5h晾干，然后移入烘箱，缓慢升温至105～110℃恒温活化0.5h，取出放入干燥器中备用。

（七）结果与讨论

（1）在本法中，柱层析和薄层层析的操作要点是什么？

（2）根据本实验结果，试提出一个从植物材料中提取、分离、鉴定植物色素的一般流程。

实验二　酵母蔗糖酶的分离纯化

酶的分离制备在酶学以及生物大分子的结构功能研究中具有重要意义。啤酒酵母中蔗糖酶含量丰富，工业生产中，常从其中提取蔗糖酶。酵母蔗糖酶系胞内酶，故提取时应先进行细胞破碎或菌体自溶，然后再经热处理，乙醇沉淀，柱层析等步骤得到较高纯度的酶。

本次实验由以下内容构成：①蔗糖酶的提取。②热处理去杂蛋白。③乙醇沉淀。④离子交换柱层析纯化蔗糖酶。⑤蔗糖酶各级分活性及蛋白质含量的测定。

（一）实验目的

（1）了解酶分离提纯的一般原理和步骤。

（2）掌握有机溶剂沉淀操作。

（3）掌握柱层析的原理和方法。

（4）学习3,5-二硝基水杨酸比色定糖法的原理及操作。

（二）实验原理

1. 细胞破壁

酵母蔗糖酶有胞内酶和胞外酶之分，但胞内酶居多。因此，在酵母细胞中提取蔗糖酶时，需破碎组织和细胞，然后用一定的溶液提取，得到的材料称为无细胞抽提液。本实验利用研磨法及吸胀法将细胞壁破坏，使细胞内的物质释放出来。

2. 实验原理

蔗糖酶催化下，蔗糖可水解为等量的葡萄糖和果糖。因此，可用测定生成还原糖（葡萄糖和果糖）的量来测定蔗糖水解的速度。3,5-二硝基水杨酸比色定糖的原理可用下列方程式表示：

（1）DNS试剂＋D-葡萄糖⟶氨基化合物

还原糖　　棕红色

（2）在一定范围内还原糖的量与反应液的颜色强度成一定比例关系（可用于比色测

定），所以可用DNS比色法测定还原糖的含量。

（三）实验器材

电子天平，台式天平，研钵，离心机，恒温水浴锅，电炉，秒表，721分光光度计，玻璃比色杯，层析柱，梯度洗脱装置，电磁搅拌器，自动部分收集器，冰箱等。

（四）试剂和材料

0.1%葡萄糖溶液，3,5-二硝基水杨酸试剂，二氧化硅，冰冻无水乙醇，DEAE纤维素（DE-32）干粉，0.5mol/L NaOH，0.5mol/L HCl，0.5mol/L NaCl溶液0.02mol/L，pH7.3 Tris-HCl缓冲溶液，0.02mol/L，pH4.6乙酸缓冲液，5%的蔗糖溶液，100μg/mL牛血清标准蛋白溶液，考马斯亮蓝试剂，1mol/L NaOH。

（五）操作步骤

1. 葡萄糖浓度标准曲线的制作

取7支编号的试管按表10-1的顺序加入0.1%葡萄糖溶液、水及3,5-二硝基水杨酸试剂。混匀后在沸水浴中加热5min，然后立即用自来水冷却，转移至血糖管中并用蒸馏水定容至25mL，摇匀，于540nm测光密度。以葡萄糖mg数为横坐标、光密度值为纵坐标，绘制标准曲线。

表10-1 实验数据记录表

试管序号	0	1	2	3	4	5	6
葡萄糖标准液/mL	0	0.2	0.4	0.6	0.8	1.0	1.2
相当于葡萄糖量/mg	0	0.2	0.4	0.6	0.8	1.0	1.2
蒸馏水/mL	2.0	1.8	1.6	1.4	1.2	1.0	0.8
DNS试剂/mL	1.5	1.5	1.5	1.5	1.5	1.5	1.5
OD_{540nm}							

2. 蔗糖酶的分离提纯

1）蔗糖酶的提取

（1）准备一个冰浴，将研钵稳妥放入冰浴中。

（2）将10g湿啤酒酵母，和适量（5g）预先研细的二氧化硅一起放入研钵中。

（3）缓慢加入预冷的30mL去离子水，每次加2mL左右，边加边研磨，至少研磨30min，以使蔗糖酶充分转入水相。

（4）将混合物转入两个离心管中，平衡后，用高速冷离心机在4℃，10000rpm，离心5min。

（5）用滴管小心地取出水相，转入另一个清洁的离心管中，4℃，10000rpm，离心15min。

（6）将清液转入量筒，量出体积，用广泛pH试纸检查上清液pH，用1mol/L醋酸将pH调至5.0，称为“粗级分Ⅰ”。留出1.5mL测定酶活力及蛋白含量，剩余部分转入清洁的离心管中。

2）热处理和乙醇沉淀

（1）预先将恒温水浴调到50℃，将盛有粗级分Ⅰ的离心管稳妥地放入水浴中，50℃下保温30min，在保温过程中不断轻摇离心管。

（2）取出离心管，于冰浴中迅速冷却，用4℃，10000rpm，离心10min。

（3）将上清液转入小烧杯中，放入冰盐浴（没有水的碎冰撒入少量食盐），逐滴加入等体积预冷至－20℃的95％乙醇，同时轻轻搅拌，共需30min，再在冰盐浴中放置10min，以沉淀完全。于4℃，10000rpm，离心10min，倾去上清液，并滴干，沉淀保存于离心管中，盖上盖子或薄膜封口，然后将其放入冰箱中冷冻保存（称为"级分Ⅱ"）。

3. DEAE纤维素柱层析纯化酶蛋白

（1）离子交换剂的处理。称取1.5g DEAE纤维素（DE-32）干粉，加入0.5mol/L NaOH溶液（约50mL），轻轻搅拌，浸泡至少0.5h（不超过1h），用玻璃砂漏斗抽滤，并用去离子水洗至近中性，抽干后，放入小烧杯中，加50mL 0.5mol/L HCl，搅匀，浸泡0.5h，用去离子水洗至。近中性，再用0.5mol/L NaOH重复处理一次，用去离子水洗至近中性后，抽干备用（因DEAE纤维素昂贵，用后务必回收）。实际操作时，通常纤维素是已浸泡过并回收的，按"碱一酸"的顺序洗即可，因为酸洗后较容易用水洗至中性。碱洗时因过滤困难，可以先浮选除去细颗粒，抽干后用0.5mol/L NaOH-0.5mol/L NaCl溶液处理，然后水洗至中性。

（2）装柱与平衡。将密实海绵垫装入玻璃柱底端，作为柱底支持物，装入定量的蒸馏水（约为柱体积的1/5），以避免胶粒直接冲击柱底支持物；用玻璃棒小心排除柱底和柱内的气泡；固定玻璃柱，调整垂直；边搅拌DEAE纤维素颗粒，边向柱内缓慢、连续、均匀地装入（打开柱底端的螺旋夹）不要中断，使DEAE纤维素颗粒均匀沉降，以免胶面倾斜和发生断层。

检查装好的凝胶柱用眼观察有无凝胶分层、沟流和气泡现象，当表观无毛病时，用0.02mol/L，pH 7.3 Tris-HCl缓冲溶液平衡层析柱，流速控制在2～3s/滴；当用此缓冲液洗柱至流出液的pH与缓冲液相同或接近时即可上样。

（3）上样与洗脱。将柱中的缓冲液逐渐放出，当顶部液面达到近于柱床表面时，开始用细长的玻管沿柱壁绕环加入用5mL 0.02mol/L、pH 7.3的Tris-HCl缓冲液充分溶解醇级分Ⅱ3.5mL，其余1.5mL上清液（即醇级分Ⅱ样品）留待下一个实验测酶活力及蛋白含量），待样液达2cm后再在柱中间小心加样，注意控制流速；上样量控制在柱体积的2％～5％。

当样品液面达到近于柱床表面时，开始用适量缓冲液冲洗凝胶柱顶端柱壁，连接上样前先准备好梯度混合器，采用30mL、0.02mol/L、pH7.3的Tris-HCl缓冲液和30mL含0.2mol/L浓度NaCl的0.02mol/L、pH7.3的Tris-HCl缓冲液，进行线性梯度洗脱，连续收集洗脱液，控制流速2.5～3.0mL/10min。测定每管洗脱液的A280光吸收值。

（4）收集酶活力峰。将每管样液取适量稀释后用DNS测活性、考马斯亮蓝法测蛋白浓度，确定酶活力峰的位置。用"＋"号的数目，表示颜色的深浅，即各管酶活力的大小。合并活性最高的2～3管，量出总体积，并将其分成10份，分别倒入10个小试管，用保鲜膜封口，放入冰箱中冷冻保存。使用时取出一管，此即“柱级分Ⅲ”。

3. 蔗糖酶活力及蛋白质浓度的测定

1）活力测定

（1）样品稀释。用0.02mol/L，pH4.6乙酸缓冲液（也可以用pH5～6的去离子水代替）稀释各级分酶液，测出酶活力合适的稀释倍数：Ⅰ：20～40倍；Ⅱ：60～80倍；Ⅲ：100～120倍；以上稀释倍数仅供参考。实际操作中可根据情况稀释。

（2）反应测酶活力。取4支试管分别加入稀释的酶液2mL（即每个样品平行做3份，另一只为对照管）。在对照管中加入0.5mL 1mol/L的NaOH溶液，摇匀，使酶失活；然后将对照管、3支测定管及5%蔗糖溶液放在35℃水浴中预热5min.

分别取2mL5%的蔗糖溶液加入上述4支试管中，并准确及时10min，再在测定管中加入0.5mL 1mol/L的NaOH溶液，摇匀，终止反应。

分别从4支试管取反应混合物0.5mL放入4支血糖管中，加入1.5mL DNS试剂及1.5mL水，摇匀，于沸水浴煮沸5min后，用自来水冷却，并加水稀释至25mL，摇匀，于540nm下测光密度。

在葡萄糖标准曲线上找到所测定光密度值对应的葡萄糖含量，按下面公式计算酶活力。

$$酶活力(U/mL)=\frac{葡萄糖\ mg\ 数\times 4.5\times E\ 的稀释倍数}{10\times 0.5}$$

在给定的实验条件下，每分钟产生lmg还原糖的酶量为一个活力单位。

2）蛋白浓度测定

（1）蛋白质浓度标准曲线的制作。取22支试管，分两组按表10-2平行操作。11支编号的试管按表10-1的顺序加入100μg/mL牛血清标准蛋白溶液，水及考马斯亮蓝试剂试剂，摇匀，于595nm测光密度，以标准蛋白溶液μg数为横坐标、光吸收值为纵坐标，绘制标准曲线。

表10-2　蛋白质浓度标准曲线测试结果

试管序号	0	1	2	3	4	5	6	7	8	9	10
标准蛋白溶液/mL	0	0.2	0.4	0.6	0.8	1.0	1.2	1.4	1.6	1.8	2.0
相当于蛋白含量/μg	0	20	40	60	80	100	120	140	160	180	200
蒸馏水/mL	2.0	1.8	1.6	1.4	1.2	1.0	0.8	0.6	0.4	0.2	0
考马斯亮蓝试剂/mL	5	5	5	5	5	5	5	5	5	5	5
OD_{595nm}											

（2）样品蛋白质含量测定。考马斯亮蓝G-250在酸性溶液时呈茶棕色，最大吸收峰在465nm。当与蛋白质结合后变成深蓝色，最大吸收峰转至595nm，在10～100μg/mL蛋白质浓度范围内成正比。因此在测定各级分蛋白质含量时应稀释适当倍数，使其测定值在标准曲线的直线范围内。根据所测定的OD_{595nm}值，在标准曲线上查出相当于标准蛋白的量，按下式计算出未知样品的蛋白质浓度（mg/mL）。

样品中蛋白质的含量（g/mL）$=c\times V_{\mathrm{T}}\times$样品的稀释倍数$/V_1\times V_{总}\times 10^6$

式中　c——查标准曲线值，μg；

V_{T}——提取液总体积，mL；

$V_{总}$——样品总体积，mL；

V_1——测定时加样量，mL。

3）结果

按表 10-3 要求，把各项数据整理填入表内。

表 10-3　实验结果

步骤	粗级分Ⅰ	级分Ⅱ	柱级分
样品总体积/mL			
酶浓度/(U/mL)			
总酶活度/U			
蛋白质浓度/(mg/mL)			
总蛋白/mg			
比活力/(U/mg 蛋白)			
提纯倍数			
阶段收率/%			
总收率/%			

（六）结果与讨论

（1）简述蔗糖酶分离提取的原理及操作步骤。

（2）简述 3,5-二硝基水杨酸比色定糖法的原理及操作注意事项。

（3）简述用 723 分光光度计制作工作曲线的要求。

（4）简述蔗糖酶活力测定的原理及两个反应。

（5）为什么酶的提取需要低温操作？

（6）热处理的根据是什么？

主要参考文献

邓松之．2007．海洋天然产物的分离与结构鉴定．北京：化学工业出版社．
丁明玉．2006．现代分离方法与技术．北京：化学工业出版社．
傅若农，顾峻岭．1998．近代色谱分析．北京：国防工业出版社．
高福成．2001．食品工程原理．北京：中国轻工业出版社．
高孔荣．1998．食品分离技术．广州：华南理工大学出版社．
葛宜掌，金红．1994．茶多酚提取新方法．中草药，25（3）：124～125．
顾觉奋．1994．分离纯化工艺原理．北京：中国医药科技出版社．
何华，倪坤仪．2004．现代色谱分析．北京：化学工业出版社．
李冬梅，张锦茹．2007．蛋白质沉淀分离．粮食与油脂，（7）：9～11．
李会，宋伟．2007．茶多酚提取和分离研究进展．粮食与油脂，（11）：39～42．
李津，俞泳霆．2003．生物制药设备和分离纯化技术．北京：化学工业出版社．
廖世荣．2004．食品工程原理．北京：科学出版社．
刘冬．2007．生物分离技术．北京：高等教育出版社．
刘国诠．2003．生物工程下游技术．北京：化学工业出版社．
陆美娟．2001．化工原理．北京：化学工业出版社．
毛忠贵．1999．生物工业下游技术．北京：中国轻工业出版社．
欧阳平凯，胡永红．1999．生物分离原理及技术．北京：化学工业出版社．
潘用康．1998．现代干燥技术．北京：化学工业出版社．
邱玉华．2007．生物分离与纯化技术．北京：化学工业出版社．
邵雪玲，毛歆．2003．生物化学与分子生物学实验指导．武汉：武汉大学出版社．
师治贤，王俊德．1996．生物大分子的液相色谱分离和制备．北京：科学出版社．
司晶星，任丽丽．2009．反胶团萃取分离纯化色氨酸的研究．中小企业管理与科技，（5）：275～276．
孙彦．1998．生物分离工程．北京：化学工业出版社．
天津轻工业学院，无锡轻工业学院．1984．食品工艺学（上册）．北京：中国轻工业出版社．
田子卿，邓红．2010．沉淀分离技术及其在生化领域中的应用．农产品加工学刊，（3）：32～33．
汪茂田，谢培山．2004．天然有机化合物提取分离与结构鉴定．北京：化学工业出版社．
王俊德，商振华．1992．高效液相色谱法．北京：中国石化出版社．
吴晓英．2009．生物制药工艺学．北京：化学工业出版社．
吴子生，贾颖萍．1993．反胶团相转移法提取青霉素G的研究．高等学校化学学报，（10）：1427～1431．
辛秀兰．2005．生物分离与纯化技术．北京：科学出版社．
修志龙，苏志国．1993．萃取破碎法提取酵母醇脱氢酶的研究．生物工程学报，9（4）：342～347．
许培雅，邱乐泉．2002．离子交换柱层析纯化蔗糖酶实验方法改进研究．实验室研究与探索，21（3）：82～84．
严希康．2008．生化分离工程．北京：化学工业出版社．
于世林．2000．高效液相色谱方法及应用．北京：化学工业出版社．

于文国，卞进发. 2006. 生化分离技术. 北京：化学工业出版社.
余兆祥，王筱平. 2001. 复合沉淀剂提取茶多酚的研究. 食品工业科技，(3)：32～34.
俞俊棠，唐孝宣. 1992. 生物工艺学. 上海：华东理工大学出版社.
曾庆孝. 2002. 食品加工与保藏原理. 北京：化学工业出版社.
张龙翔. 1989. 高级生物化学实验选编. 北京：高等教育出版社.
张文朴. 2010. 普通食品工艺学. 北京：化学工业出版社.
张雪荣. 2005. 药物分离与纯化技术. 北京：化学工业出版社.
张玉奎，张维冰. 2000. 分析化学手册（第二版），第六分册，液相色谱分析. 北京：化学工业出版社.
张玉奎. 2003. 现代生物样品分离分析方法. 北京：科学出版社.
张志国. 2004. 应用在食品工业中的沉淀分离技术. 食品研究与开发，(4)：71～74.
赵晋府. 2002. 食品技术原理. 北京：中国轻工业出版社.
赵思明. 2009. 食品工程原理. 北京：科学出版社.
周申范，宋敬埔. 1994. 色谱理论及应用. 北京：北京理工大学出版社.
朱勇. 2006. 植物乳杆菌乳酸脱氢酶发酵与提取方法研究（学位论文）. 江南大学.
Hu Z，Gularl E. 1996. Extration of aminoglycoside antibiotics with reverse micelles. Journal of Chemical Technology and Biotechnology，65 (1)：45-48.